失败和痛苦是上天与人们沟通的一
种方式，让你知道自己为何失败。

既然我们不能改变世界，那就改变自己，
用爱心和智慧面对生活中的一切。

每天进步一点点
你的未来终将美好

圣铎☆编著

四川人民出版社

图书在版编目（CIP）数据

每天进步一点点：你的未来终将美好 / 圣铎编著
. -- 成都：四川人民出版社，2021.6
ISBN 978-7-220-11677-3

Ⅰ. ①每… Ⅱ. ①圣… Ⅲ. ①成功心理—通俗读物
Ⅳ. ① B848.4-49

中国版本图书馆 CIP 数据核字 (2019) 第 272130 号

MEITIAN JINBU YI DIAN DIAN : NI DE WEILAI ZHONG JIANG MEIHAO

每天进步一点点：你的未来终将美好

圣铎　编著

出 版 人	黄立新
策划组稿	张明辉
责任编辑	邹　近
特约编辑	柴子凡
营销策划	张明辉
插画绘制	金版文化
封面设计	简明波
责任印刷	李　剑
出版发行	四川人民出版社（成都槐树街2号）
网　　址	http://www.scpph.com
E-mail	scrmcbs@sina.com
新浪微博	@四川人民出版社
微信公众号	四川人民出版社
发行部业务电话	（028）86259624　86259453
防盗版举报电话	（028）86259624
印　　刷	深圳市雅佳图印刷有限公司
成品尺寸	135mm × 180mm
印　　张	14
字　　数	300千
版　　次	2021年6月第1版
印　　次	2021年6月第1次印刷
书　　号	ISBN 978-7-220-11677-3
定　　价	49.90元

前言

Preface

“每天进步一点点”！看似平淡无奇，缺乏雄心和魄力，却具有无穷的威力。“水滴石穿，绳锯木断”，只要你有足够的耐力坚持下去，成功必将属于你，因为成功是诸多要素的叠加。比如，每天笑容比昨天多一点点；每天走路比昨天精神一点点；每天行动比昨天快一点点；每天效率比昨天提高一点点；每天方法比昨天多找一点点……每天进步一点点，假以时日，我们的未来与今天相比将会有天壤之别；每次一点点的放大，最终会带来一场翻天覆地的变化。一个人，如果“每天进步一点点”，哪怕是1%的进步，试想，谁能阻挡他最终取得100%的成功？一个企业，如果把“每天进步一点点”作为其企业文化的一部分，每人每天都能进步一点点，试想，有什么能阻挡住它走向辉煌的脚步？

生活中有阳光，就会有阴雨，我们无法要求完美，无法时刻沉浸在甜蜜中，但每天快乐一点点却很容易实现。只要我们有一双发现快乐的眼睛和一颗感受快乐的心灵，每天都用期待的心情迎接朝霞，用抖擞的精神沐浴阳光雨露，快乐就会洒满生活的每一个角落，渗透生活的每一分每一秒，随时随处都可采撷。一个不经意的关心、一个不经意的欣赏、一个不经意的感激，都会在生活的长河中激起快乐的涟漪，使烦恼和忧伤烟消云散。每天快乐一点点，日积月累，快乐将会和我们相依相伴，而我们每个人都能活得轻松惬意！每天快乐一点点，以快乐的灵泉涤荡自己的心灵，使之纯净、宁静，给生命以慰藉，给生活以关怀，你就能在轻松愉快、潜移默化中逐渐改变自己的人生状态，变得乐观积极起来，对他人充满爱心，对生活充满热情。每天快乐一点点，幸福还会远吗？

人之所以为人，就在于其有感悟的灵性。唯有感悟，才能让我们认识到生命的凝重；唯有感悟，才能让我们去关注生活中的真善美；唯有感悟，才能让我们睁开双眸，感受生活所赐予的美妙景象……在平凡的生活中积累起来的点点滴滴的感悟就是点点滴滴的进步，就是今天比昨天更聪慧，就是对现状有所突破。生命中的每次感悟，往往都是一次成长，让我们随时调整自己的视角、心态甚至身份并逐渐走向成熟。打开心灵的窗户吧，每天感悟一点点，可以分解为自省、转化为自强、升华为创造。多一份留意，多一份真爱，我们匆匆走过的岁月，终将会沉淀更多的美好。每天感悟一点点，成熟还会远吗？

努力即是成功的开端，生命之花的灿烂得益于辛勤汗水的努力浇灌，人生之歌的嘹亮离不开不懈的努力奋斗。人生，只有在经过一个又一个的努力之后，才能一步一步接近巅峰。努力是一个漫长的过程，是对人是否有耐心、毅力的全面考验。今天努力，明天不努力，等于没努力；明天努力，后天再努力，才是真努力。努力不是一蹴而就的，要从“一点点”开始，由点到面，由近到远，由小到大，由弱到强，最终才能抵达成功的终点。“台上一分钟，台下十年功”，没有经历“每天努力一点点”的漫长历程，就不会有让人惊羡的辉煌成就。正如古人所说：“不积跬步，无以至千里；不积小流，无以成江海。”每天努力一点点，你会取得意想不到的收获；每天努力一点点，逐渐培养了你顽强的毅力和良好的习惯。每天努力一点点，成功还会远吗？

今天，你比昨天更快乐一点点了吗？今天，你比昨天更多感悟一点点了吗？今天，你比昨天更努力一点点了吗？只要每天进步一点点，持之以恒，那么即使你现在平凡普通，没有过人的天赋，甚或身陷逆境，你同样可以通过量的积累创造质的飞跃，开创辉煌壮丽的人生！

目录

Contents

上篇 每天快乐一点点

中篇 每天感悟一点点

下篇 每天努力一点点

上篇

每天快乐一点点

PART
01

超越人生的困境

❀ 别为了一棵树而**浪费生命**

一个边远的山区里，一片空地上长着一棵枝繁叶茂的银杏树。秋天的时候，银杏果成熟了就会落在地上。孩子们捡回一些，却都不敢吃，因为人们都认为银杏果有毒。

这棵树不知道是属于空地前两户人家中的哪户，这样的日子过了许多年。

有一年，其中一户人家的主人去了一趟城里，才知道银杏果可以卖钱。于是，他摘了一袋背到城里，换回一大沓花花绿绿的钞票。

银杏果可以换钱的消息不胫而走。于是，另一户人家的主人上门要求两家均分那些钱，但他的要求被拒绝了。情急之下，他找出土地证，结果发现这棵银杏树划在他家的界线内。于是，他再次要求对方交出卖银杏果的钱，因为这棵银杏树是他家的。对方当然不会认输，也开始寻找证据，结果从一位老人处得知，这棵银杏树是他曾祖父当年种下的。

两家争执不下，谁也不肯让步，于是反目成仇。乡里也不能判断这棵树究竟应该属于谁，一个有土地证，白纸黑字，合理合法；一个有证人证言，前人栽树后人乘凉，理所当然。

于是，两家人起诉到法院。法院也为难，建议庭外调解。两家人都不同意，他们都认为这棵银杏树本应属于自己，凭什么要和别人共享呢？案子便拖了下来。他们年年为这棵银杏树吵架，甚至大打出手。

故事就这样延续了10年。10年后，一条公路穿村而过，两户人家拆迁，银杏树也被砍倒了，这场历时10年的纠纷才画上了句号。奇怪的是，当时两户人家谁也不要那棵树，因为树干是空的，只能当柴烧。

为了一棵树，他们竟然斗了10年！3000多个本来可以快快乐乐的日子，难道不比一棵树重要？用来争执的时间、精力，去种一片银杏林都可以了。仔细想想真的很可怕：有的时候，一个人为了得到眼前的利益，往往失去的比这多得多。那么，你呢？你是否也在为了一些不重要的事情而徒劳？

每个人都会努力追求一些自己以为很重要的东西，并为之付出了艰辛的努力，放弃了快乐、健康、爱情、友情。而等到真正获得它的时候，却发现它已经不是那么重要了。

就好比爬山，当你爬到一个高度的时候，你会为自己定一个更高的高度，因为你觉得或许高处还有更好的风景，然后你继续挣扎，再爬，再挣扎，如此反复，直到自己爬不动了为止。然后忽然回头，却发现山下的人过着很快乐的生活，山顶却一片荒凉和单调，高处不胜寒，想再回去已经不可能了。

人之所以有痛苦，是因为你在忙忙碌碌的追求过程中无视身边的美好，让幸福远离了我们。大多时候，我们需要静下来，不妨想想，什么才是自己人生中真正重要的东西。

每日一点

有时候我们要冷静地问问自己：我们在追求什么？我们活着为了什么？如果我们只是忙忙碌碌地追求而无视身边的美好，那么幸福也会远离我们。

上天给谁的都一样多

欧洲有一位著名的女高音歌唱家，仅仅 30 岁就已经誉满全球，令许多人羡慕。一次，她到国外举办了一场独唱音乐会，入场券早在半年以前就被抢购一空，当晚的演出也非常成功。演出结束后，她和丈夫、儿子从剧场里走出来的时候，被早已等候在那里的观众和记者团团围住，记者争着与歌唱家攀谈，多是赞美和仰慕之辞。

有的人羡慕她大学刚毕业就开始走红，进入了国家级的歌剧院；有的人恭维她 27 岁就成为世界十大女高音歌唱家之一；也有人赞美她有个腰缠万贯的丈夫，还有个脸上总带着微笑的儿子……

她默默地听着，没有任何表示。等人们把话说完以后，她才缓缓地说："谢谢大家对我和我的家人的赞美，我希望在这些方面能够和你们共享快乐。但是，你们看到的只是一个方面，还有一个方面你们没有看到，这就是受到你们夸奖的我的儿子。不幸的是，他是一个不会说话的哑巴。他还有一个姐姐，是一个常年被关在铁窗房间里的精神分裂症患者。”说完，女高音歌唱家一脸平静。

人们听完她的话，面面相觑，一时间都无法接受这个事实。见此情景，歌唱家心平气和地说道：“这一切说明了什么呢？这一切说明了一个道理——上天给谁的都一样多。”

听完她的话，人们陷入了沉思之中。是啊，上天给谁的都一样多。只要我们用心观察，我们就会发现：给了你甜美的嗓音，却很难再给你圆满的幸福；没给你美丽的脸蛋，却会给你智慧

的头脑；给了你欢聚的美好，也会给你分别的痛苦……上天不能把人造得十全十美，任何人也不应该是一无是处的。这样的世界，才是真实的，才是多姿多彩的。

地球是圆的，有太阳照射的光明，但也有太阳照不到的阴影！看到别人的光辉，也要看到光辉背后的影子；看到自己的困境，也要看到自己在颠簸过程中的成长。

所以，从现在开始，你要微笑着面对生活，不要抱怨生活给了你太多的磨难，不要抱怨生活中有太多的曲折，更不要抱怨生活中存在的不公。因为，生命中的每个挫折、每个伤痛、每个打击，都自有它的意义。要知道：大海如果缺少了巨浪的汹涌，就会失去其雄浑；沙漠如果缺少了飞沙的狂舞，就会失去其壮观；生活如果只有两点一线，就会平淡无味。只有酸甜苦辣咸五味俱全才是生活的真谛，只有悲喜哀痛、七情六欲全部经历才算是完整的人生……

每日一点

上天给沙漠披上了一层黄沙，让它荒迹萧然，但同时让它蕴藏着世界上最大的宝藏——石油。

别摔倒在**熟悉的路上**

野兔是一种十分狡猾的动物，缺乏经验的猎手很难捕获它们。但是一到下雪天，野兔的末日就到了。因为野兔从来不敢走没有自己脚印的路，从窝中出来觅食时总是小心翼翼的，一有风吹草动就会逃之夭夭。但走过一段路后，如果它认为这是安全的，它会按照原路返回。猎人就是根据野兔的这一特性，通过野兔在雪地上留下的脚印，在它走过的路上做一个机关，第二天早上就可以去收获猎物了。

野兔的致命缺点就是太相信自己走过的路了。许多时候，我们不是跌倒在自己的缺陷上，而是跌倒在自己的优势上。因为缺陷常常给我们以提醒，让我们小心翼翼；而优势和经验却常常使我们忘乎所以、麻痹大意。

三个旅行者早上出门时，一个旅行者带了一把伞，另一个旅行者拿了一根拐杖，第三个旅行者什么也没有带。

晚上归来，拿伞的旅行者被淋得浑身是水，拿拐杖的旅行者跌得满身是伤，而第三个旅行者却安然无恙。前两个旅行者很纳闷，问第三个旅行者："你怎会没有事呢？"

第三个旅行者没有正面回答，而是问拿伞的旅行者："你为什么会淋湿而没有摔伤呢？"

拿伞的旅行者说："大雨来到的时候，我因为有了伞，就大胆地在雨中走，却不知怎么淋湿了；而当我走在泥泞坎坷的路上时，因为没有拐杖，所以走得非常仔细，专拣平坦的地方走，所以没有摔伤。"

然后，他又问拿拐杖的旅行者："你为什么没有淋湿而摔伤了呢？"

拿拐杖的旅行者说："大雨来临的时候，我因为没带雨伞，便拣能躲雨的地方走，所以没有淋湿；而我走在泥泞坎坷的路

上时，我便用拐杖拄着走，也不知道怎么搞的就摔了好几跤。”

第三个旅行者听后笑笑说：“为什么你们拿伞的淋湿了，拿拐杖的跌伤了，而我却安然无恙？这就是原因。大雨来时我躲着走，路不好时我非常小心，所以我没有淋湿也没有跌伤。你们的失误就在于你们因自以为有优势而大意了。”

从上面的故事，我们可以知道：有时候盲目相信自己的优势反而会起反作用。经验同样也是如此。

许多人喜欢登山这项可以挑战自我、挑战极限的运动。当人们把自己的足迹留在山顶上的时候，征服的成就感油然而生。登山的过程中时刻伴随着危险，这是勇敢者的运动。但是要成功登顶，只靠勇敢是不够的，还需要力量、细心等多种因素。在登山运动中，攀登雪山更是危险。

在亚洲，著名的珠穆朗玛峰每年都会迎来许多勇气可嘉的登山者来试图征服它。

有一年，一个登山队来到了这里。在他们准备好了食品、药品及其他登山器材，即将上山的时候，一位专家提醒他们说：“多带几根钢针，燃气炉的喷嘴在严寒的状况下极易堵塞，只有钢针才能解决这个问题。不要小看了这根钢针，如果燃气炉堵塞，就意味着全队人的生命将要受到威胁。”

遗憾的是没有人听专家的话，因为按照经验，他们认为带一根钢针就够了，何必再多此一举呢！

到半山腰的时候，燃气炉真的堵塞了。带着钢针的人把钢针拿了出来，但是天气太冷，钢针变得很脆，崩断了——全队的饮食由此就断了。最后，这个登山队没有一个人从山上走下来。

由此可见，经验确实很重要，但不要一味相信经验，完全凭借自己的经验办事。经验不足或是过于自负都可能导致行动失败，造成无法挽回的损失。

有的时候，优势是靠不住的，经验是会欺骗人的。所以要相信事实，多做准备，绝不能偏信所谓的经验，更不能依赖自己的优势。能正确看待自己的优势、懂得倾听他人经验的人，才是真正的智者。

每日一点

许多时候，我们不是跌倒在自己的缺陷上，而是跌倒在自己的优势和经验上。

❀设身处地，**换位思考**

圣诞节到了，一位母亲带着5岁的儿子去买礼物。大街上回响着圣诞赞歌，橱窗里装饰着彩灯，可爱的小精灵载歌载舞，商店里五光十色的玩具应有尽有。

“来，宝宝，看，多漂亮的圣诞夜景啊！”母亲对儿子说道。然而儿子却紧拽着她的衣角，呜呜地哭出声来。

“怎么了？宝贝，要是总哭个没完，圣诞老人可就不到咱们这儿来啦！”

“我……我的鞋带散了……”

母亲不得不在人行道上蹲下身来，为儿子系好鞋带。母亲无意中抬起头来，啊，怎么什么都没有？——没有绚丽的彩灯，没有迷人的橱窗，没有圣诞礼物，也没有装饰华丽的餐桌……原来那些东西都太高了，孩子什么也看不见。出现在孩子视野里的只是一双双粗大的鞋和妇人们低低的裙摆，在街上互相摩擦、碰撞、摇曳……

这位母亲第一次从5岁儿子视线的高度观察世界，她感到非常震惊，立刻起身把儿子抱了起来……从此这位母亲牢记，再也不要把自己以为的“快乐”强加给儿子。“要站在孩子的立场上看待问题”，这位母亲通过自己的亲身体会认识到了这一点。

其实，不仅一位好母亲需要站在孩子的立场上看待问题，每个人都需要站在他人的角度上看问题。只有换位思考、将心比心，才能够真正了解他人的所思所想。

在生活中，我们决不要轻易地将自己的喜好、逻辑强加于他人。站在不同的角度看风景，各有各的感受，冷暖自知。能站在他人的角度上看问题，多为他人着想的人，总是能赢得人们的喜爱和尊重。其实，学会体谅他人并不困难，只要你愿意认真地站在对方的角度和立场看问题。

有一次，戴尔·卡耐基在报上刊登了聘请一位秘书的广告。大约有三百封求职信涌来，内容几乎是一样的："我看到周日早报上的广告，我希望应征这个职位，我今年二十几岁……"只有一位女士特别聪明，她的信函是这样的："敬启者：您所刊登的广告可能已引来两三百封回函，而我相信您一定很忙碌，没有时间一一阅读，因此，您只需拨个电话……我很乐意过来帮忙整理信件，以节省您宝贵的时间。我有 15 年的秘书经验……"

卡耐基收到这封信后，真是欣喜若狂。他立即打电话请她前来。卡耐基说，像她那样的人，永远不用担心找工作。

真诚地从他人的角度看事情，就是一个人遇事要先设身处地地站在别人的立场和处境思考问题，了解他人的观点和感受，体察和认知他人的情绪和情感。这里所讲的"他人"，可以包括任何与你相处、打交道的人，如你的父母、领导、同事、朋友、顾客等。

每日一点

每个人都需要站在他人的角度上看问题。只有换位思考、将心比心，才能够真正了解他人的所思所想。

❀ 战胜内心的恐惧

一个年轻人准备离开故乡，开创自己的事业。他动身前拜访了本族的族长，请求指点。老族长正在练字，他听说本族有位后辈即将踏上人生的旅途，就写了三个字“不要怕”。然后抬起头来，望着年轻人说：“孩子，人生的秘诀只有六个字，今天先告诉你三个，供你半生受用。”

三十年后，这个当年的年轻人已是人到中年，有了一些成就，也添了很多伤心事。归程漫漫，到了家乡，他又去拜访那位族长。他到了族长家里，才知道老人家几年前已经去世，家人取出一封密封的信对他说：“这是族长生前留给你的，他说有一天你会再来。”三十年前他在这里听到人生的一半秘诀，拆开信，里面赫然写着三个大字“不要悔”。

中年以前不要怕，中年以后不要悔。这就是人生的秘诀。勇气和胆量，使我们在建立婚姻家庭，取得学业上的进步，面对经济的困境，寻求事业的突破时，都不会被未知的恐惧所困扰。成功的人都一定会战胜恐惧，让自己的信念一往无前，排除万难。

这个世界根本就没有什么“勇敢的气”，只有无所畏惧的强大的心。其实，很多时候，我们害怕的不过是自己内心凭空生出的恐惧。而我们战胜的正是自己。只有直面恐惧，才能战胜它。

有句歌词说得好："我收藏恐惧，爱上恐惧，那就再没有恐惧。"日常生活中克服恐惧的最好方法是：开诚布公地交谈。通过不断地问自己"为什么"来找原因。只要你能勇敢地、自信地面对恐惧，就一定会战胜它。

怎样才能克服恐惧心理呢？恐惧心理可以通过自我调适和训练来克服。具体方法如下：

1. 把能引起你紧张、恐惧的各种场面，由轻到重依次列成一张表（越具体越好），分别抄到不同的卡片上，把最不令你恐惧的场面放在最前面，把最令你恐惧的放在最后面，卡片按顺序依次排列好。

2. 进行放松训练。方法为坐在一个舒服的座位上，有规律地深呼吸，让全身放松。进入松弛状态后，拿出第一张卡片，想象上面的情景，想象得越逼真越好。

3. 如果你觉得紧张和害怕，就停止想象，做深呼吸使自己放松。等到完全放松后，重新想象刚才失败的情景。若不安和紧张再次发生，就再停止后放松，如此反复，直至卡片上的情景不会再使你觉得不安和紧张为止。

4. 按同样方法继续下一个场面（下一张卡片）。注意，每进入下一张卡片的想象，都要以你在想象上一张卡片时不再感到不安和紧张为标准，否则不得进入下一个阶段。

5. 当你想象最令你恐惧的场面也不感到害怕时，便可再按由轻至重的顺序进行现场锻炼。若在现场出现不安和紧张，就做深呼吸来调整放松，直到不再恐惧为止。

恐惧让我们知道灵魂得以放松是多么重要。要真正去除内心的恐惧，唯有增强自信，寻求内心的安宁，才是最好的释放自己的方法！

每日一点

其实，很多时候恐惧都是我们自己强加给自己的。

❀改变不了环境，**就改变自己**

托尔斯泰说：“世界上只有两种人：一种是观望者，一种是行动者。大多数人都想改变这个世界，但没人想改变自己。”要改变现状，就得改变自己。要改变自己，就要改变自己的观念。一切成就，都是从正确的观念开始的；一连串的失败，也都是从错误的观念开始的。要适应社会、适应变化，就要改变自己。

哥伦布发现美洲大陆后，欧洲人不断向美洲移民。为了得到足够的食物，欧洲人在美洲大量种植苹果树。但是在19世纪中期，美国的苹果大面积减产，原因是出现了一种新的害虫——苹果蛆蝇。刚开始，人们以为害虫

是从欧洲带过来的，后来经过研究发现，苹果蛆蝇是由当地一种叫山楂蝇的害虫演变而来。由于苹果树的大量种植，许多本地的山楂树被砍掉了，以山楂为生的山楂蝇为了适应这种情况，改变了自己的生活习性，开始以苹果为食物。在不到100年的时间里，山楂蝇进化成了一种新害虫。

山楂蝇为了适应环境，竟不惜改变自己的习性。生物适应环境的能力令人可敬可叹，那么人又该如何适应环境呢？

一个小男孩在他父亲的葡萄酒厂看守橡木桶。每天早上，他用抹布将一个个木桶擦拭干净，然后一排排整齐地摆放好。但令他生气的是：往往一夜之间，风就把他排列整齐的木桶吹得东倒西歪。

小男孩很委屈地哭了。父亲摸着男孩的头说："孩子，别伤心，我们可以想办法去征服风。"

于是小男孩擦干眼泪，坐在木桶边想啊想啊，终于想出了一个办法，他去井边挑来一桶一桶的清水，把它们倒进那些空橡木桶里，然后他就忐忑不安地回家睡觉了。

第二天，天刚蒙蒙亮，小男孩就匆匆爬了起来，他跑到放桶的地方一看，那些橡木桶一个个排列得整整齐齐，没有一个被风吹倒的，也没有一个被风吹歪的。小男孩高兴地笑了，他对父亲说："要想木桶不被风吹倒，就要加重木桶的重量。"男孩的父亲向他投来赞许的目光。

是的，我们可能改变不了风，改变不了这个世界和社会上的许多东西，但是我们可以改变自己，给自己加分，让我们不断适应变化，不被打败。

在威斯敏斯特大教堂的地下室的墓碑林中，有一块墓碑上刻着这样一段话：

当我年轻自由的时候，我的想象力没有任何局限，我梦想改变这个世界。

当我渐渐成熟明智的时候，我发现这个世界是不可能改变的，于是我将眼光放得短浅了一些，那就只改变我的国家吧！但是，我的国家似乎也是我无法改变的。

当我到了迟暮之年，抱着最后一丝努力的希望，我决定只改变我的家庭、我亲近的人——但是，唉！他们根本不接受改变。

现在，在我临终之际，我才突然意识到：如果起初我只改变自己，接着我就可以依次改变我的家人；然后，在他们的激发和鼓励下，我也许就能改变我的国家；再接下来，谁又知道呢，也许我连整个世界都可以改变。

人生如水，人只能去适应环境。如果不能改变环境，就改变自己。只有这样，才能克服更多的困难，战胜更多的挫折，实现更好的自我。如果不能看到自己的缺点与不足，只是一味地埋怨环境不利，从而把改变境遇的希望寄托在改换环境上面，这实在是徒劳无益的。

每日一点

既然我们不能改变世界，我们就改变自己，用爱心和智慧来面对生活中的一切。

❀ 学会信任，**停止猜忌**

勇敢和智慧孕育成功，而信任和支持增添动力。信任是人生中最伟大的力量，而被人信任也是人生中最大的幸福。

一艘货轮在烟波浩渺的大西洋上行驶。一个巨浪袭来，一个在船尾清洗甲板的小男孩掉进了波涛滚滚的大西洋。孩子大喊救命，无奈风大浪急，船上的人谁也没有听见。求生的本能让小男孩在冰冷的海水中拼命地游。后来，小男孩力气快用完了，他实在游不动了。

小男孩觉得自己要沉下去了，几乎就要放弃了。这时候，他想起了老船长那张慈祥的脸和友善的眼神。“不，船长知道我掉进海里后，一定会来救我的！”想到这，小男孩鼓足勇气用最后的一点力量又朝前游去……

过了一段时间，船长终于发现那个小男孩失踪了，当他断定小男孩是掉进海里后，下令返航回去找。这时，有人说道：“这么长时间了，就是没有被淹死，也让鲨鱼吃了……”船长犹豫了一下，还是决定回去找。又有人说：“为了一个小孩，值得吗？”船长大喝一声：“住嘴！”终于，在那孩子就要沉下去的最后一刻，船长赶到了，救起了孩子。

孩子苏醒过来后，船长扶起他问：“孩子，你怎么能坚持这么长时间？”小男孩回答：“我知道您会来救我的，一定会的！”“你怎么知道我一定会来救你呢？”“因为我知道您是那样的人！”原来，正是这种伟大的信任，使小男孩在冰冷的海水中坚持了几个小时，从而救了自己。

一个人能被他人相信也是一种幸福。他人在绝望时想起你，相信你会给予拯救，更是一种幸福。信任别人，也值得别人信任，这就是快乐的密码。信任是一种伟大的力量。信任的力量到底有多大？也许，几句坦诚的话语便能打开一扇紧闭的心门，改变一个人的人生。如果说信任是人际交往中的润滑剂，那么猜疑就是隔在彼此间的毛玻璃。

一个人借了1000块钱给同事，另一个朋友说：“万一他不还呢？”朋友特自信地说：“放心，他人品特好。”但就在朋友列举了很多借钱不还的例子后，那人就变得紧张起来，最后竟然惶恐地认定这1000块钱打水漂了，郁闷至极。然而转天，同事就还了钱，那人自我解嘲地说：“真是没事找事，净瞎想！”

也许，这就是很多人的通病吧——当客观事实与我们悲观的想象冲突的时候，后者马上就占了上风，于是就出现了很多莫名的烦恼。

有句俗语说：“猜疑把你我都变成了傻瓜。”然而，我们还是经常推断别人的反应和行为。我们常以为事物是不变的、人是不变的，有时我们根本观察不到事情已发生了微妙的变化，而这些变化可能促使人们采用与过去不同的行为方式。

所以，遇到问题要调查研究再做出判断，绝对不能毫无根据地猜疑。

阿布·卡恩说过："信任就像一根细丝，弄断了它，就很难把两头再接回原状。"所以不管在生命的哪个阶段，你能拥有的最伟大的幸福，就是信任。猜忌是社会的毒素，无声无息却充满负能量，足以销蚀人的勇气和友善。信任的建立，需要真诚的日积月累；而信任的崩塌，一次猜忌就够了。

每日一点

信任才是人生最高的美德，猜忌只会让人走火入魔。

做人要耐得住寂寞

日本近代有两位一流的剑客，一位是宫本武藏，一位是柳生又寿郎，宫本是柳生的师傅。当年柳生拜宫本学艺时，就如何成为一流剑客，师徒间有这样的一段对话。

"师父，我努力学习的话，需要多少年才能成为一名剑师？"柳生问道。

"你的一生。"宫本答道。

"我不能等那么久。"柳生解释说，"只要你肯教我，我愿意下任何苦功去达到目的。如果我当你的忠诚仆人，需要多久？"

"哦，那样也许要 10 年。"宫本轻缓地答道。

“家父年事渐高，我不久就得服侍他了。”柳生不甘心地继续说道，“如果我更加刻苦地学习，需要多久？”

“嗯，也许30年。”宫本答道。

“怎么会这样呢？”柳生又继续说道，“您先说10年而现在又说30年。那么，我决心不惜任何苦功，要在最短的时间内精通此艺！”

“嗯，”宫本说道，“那样的话，你得跟我70年才行，像你这样急功近利的人多半是欲速不达。”

“好吧，”柳生这才明白自己太过心急，“我明白了。”

开始训练后，宫本对柳生的要求是：不但不许谈论剑术，连剑也不准他碰一下。只要他做饭、洗碗、铺床、打扫庭院和照顾花园，对于剑术只字不提。

三年的时光就这样过去了，柳生仍是做着这些苦役。每当他想起自己的前途，内心不免有些凄惶、茫然。

有一天，宫本悄悄从他

背后溜过去，以木剑给了他重重的一击。第二天，正当柳生忙着煮饭的当儿，宫本再度出其不意地对他袭击。自此以后，无论日夜，柳生都得随时随地提防突如其来的袭击。一天二十四小时，他时时刻刻都有可能“品尝”遭受剑击的滋味，但他总算悟出了剑道的奥妙。通过辛勤的练习之后，柳生终于成了全日本剑术最精湛的剑手。

可见，要想成就一番事业，只有耐得住寂寞，潜心苦练，才能达到目标。

“十年寒窗无人问，一朝成名天下知。”耐得住寂寞，无论处于人生的巅峰还是低谷，这句话都是人生的最佳忠告。刘墉曾经说过:“年轻人要过一段‘潜水艇’似的生活，先短暂隐形，找寻目标，耐住寂寞，积蓄能量，日后方能毫无所惧、成功地‘浮出水面’。”

司马迁受宫刑后，潜心努力 19 年，方有传世巨著《史记》；李时珍历时几十年的辛苦著述，才造就了医学巨著《本草纲目》；爱迪生失败了无数次，才发明了电灯泡。

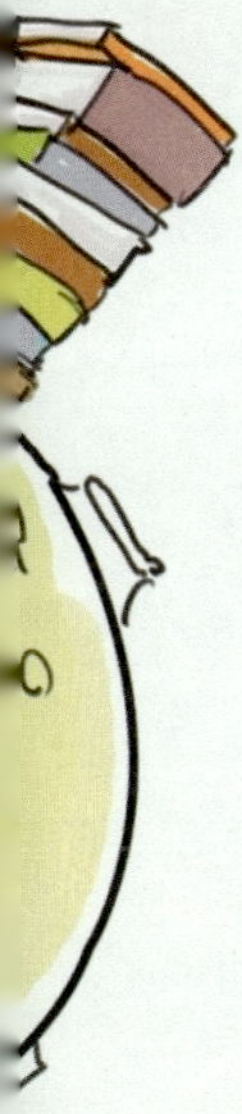

这个世界充满了各种诱惑。小孩子会受到糖果的诱惑，学生会受到游戏的诱惑，官员会受到金钱的诱惑，减肥者会受到食物的诱惑，每个成年人都会受到各种诱惑。在诱惑和欲望面前，人不是做欲望的奴隶，就是做欲望的主人。做奴隶还是主人，这取决于你是否耐得住寂寞，否则，你早晚会被这些诱惑所俘虏，丧失自我。

经常流传一些创业故事，人们传来传去，最后只剩下了他在成功的那一刻拥有几家公司、几处房、几辆车……其实，一夜之间就大获成功的故事，即使有，也很少见。让他人艳羡不已的成功，背后是很多年的设计、经营和努力。想一想这漫漫的奋斗征程，克服寂寞，抵御诱惑，清除障碍，解决问题……这一切，需要非凡的执着和定力。有一句话说得好："如果你想出人头地，你要耐得住寂寞，因为成功的辉煌就隐藏在寂寞的背后。"

人生在世，难免寂寞，很难不为寂寞所困、不在寂寞中消沉。学会走出寂寞，把生活调节得有滋有味，那一定是个幸福的人。对平常人而言，郁郁寡欢时与心境开朗时，世界并没有发生什么变化，山还是山，水还是水，寂寞只是一种心境，像一层薄薄的雾，撩开你就会发现，外面仍然很热闹、很精彩，只需走进去，投入其中，生活便会变得情趣盎然。

每日一点

如果你想闯出自己的天地，你要耐得住寂寞，因为成功的辉煌就隐藏在寂寞的背后。

❀ 思路决定出路

有这样一个故事：有一个人从小就惹是生非，长大后成为当地的流氓，吃喝嫖赌五毒俱全，整天无所事事，最后因为抢劫被判了 15 年。他有一个妻子两个儿子，后来妻子与他离了婚。两个儿子，其中一个儿子学他，整天到处瞎混，最后锒铛入狱；另外一个儿子则发奋图强，最后在一家公司当上了副总，拥有一个幸福的家庭。

一个记者采访了兄弟二人，为什么他们会走上不同的道路？令人颇感意外的是，他们的回答竟是同样的一句话：有一个这样的父亲，我还能怎样呢？

同样的一个事实却得出了不同结果：一个自暴自弃，另一个则奋斗不息。看来，有什么样的思路就有什么样的人生，是思路决定了他们的出路。

所以，当你遇到麻烦束手无策的时候，不妨换一种思路，跳出惯性思维，也许马上就能找到一条新的道路，一个新的目标，一种新的境界。换个思路，也许就有了出路！否则，你的人生道路只会越走越窄。

两个老板在一起聊天的时候，说起自己的员工。一个老板说：“我的公司有这样三个人，一个喜欢寻根究底，嫌这嫌那；另外一个总是忧心忡忡，为一些莫名其妙的事情担忧；第三个人每天无所事事，喜欢到处乱逛。我实在受不了，过几天我一定要炒了他们。”

另外一个老板想了想说：“这样吧，你干脆让他们到我的公司来上班吧，省得麻烦。”第一个老板高兴地答应了。

那三个人到了第二个老板的公司后，喜欢寻根究底的那个人被安排去做质量监督，总是忧心忡忡的那个人被安排去做安全保卫，而喜欢闲逛的那个人则被安排去做业务和宣传。

一段时间以后，这三个人都取得了非常出色的成绩，而他们所在的公司也迅速发展。

同样的一个人，在不同的岗位，就会有不同的表现。所以说，只要你的方向走对了，没有走不通的路；只要你的思路对了，没有做不成功的事。

有一家不起眼的小餐馆，老板与员工招呼客人、点菜、报菜名，感觉完全就是说笑话、讲评书，而且每个很普通的菜都有一个很另类的“雅号”。因此，客人在这里吃饭、喝酒，完全是一种超值的精神享受。

假如8位客人刚到门口，负责招呼客人的员工就扯起嗓子大吼：“英雄8位，雅座伺候！”点菜时，客人点两个卤兔脑壳，他就转身对厨房喊：来两个“帅哥”！客人点“猪拱嘴”，在招呼客人的员工嘴里就成了“相亲相爱”。这些别致的另类菜名，让来店里吃饭的各路“英雄”莫不捧腹！

在这里，土豆丝——“吃里扒外”，豆腐干——“黄龙缠腰”，鸡鸭鹅翅膀——“展翅高飞”，脚掌——“走遍天涯”，卤舌头——“甜言蜜语”，炒莴笋丁——“星星点灯”，炖乳鸽——“向往神鹰”，醋——“忘情水”，啤酒——“梦醒时分”，白酒——“留半清醒留半醉”……

酒过三巡、菜过五味之后，店家免费给每桌客人赠送一份

“迟来的爱”——一盘普通的泡菜！客人酒足饭饱之后呢？还会给每桌的客人们奉送几根“抠门”——牙签！

据说这家小店原来生意并不好，而且店里面也没有什么出名的特色菜，就是给菜改了改名字，生意就出奇火爆。

通过这家小店的转变，我们可以知道：成功与失败，富有与贫穷，只不过是一念之差；不怕做不到，只怕想不到。

人与人最大的差别是脖子以上的部分，不同的观念最终导致了不同的人生。我们必须有新的观念、新的方法、新的创造，才能在激烈的竞争中立于不败之地！

每日一点

有什么样的思路就有什么样的人生，思路决定了一个人的出路。

PART

02

突破人性中的弱点

凡事不要自我设限

几年前，李莉南下深圳求职，以她的经验和能力，负责一个部门绝对没有问题。

李莉的一个朋友对通信行业比较熟悉，人脉也广。于是，朋友通过一家电信公司的张总工程师为李莉争取了一个面试的机会。李莉感觉自己没有在大电信公司工作过，怕面试无法通过，又担心做不好工作，会损了朋友的面子，只好婉言拒绝，想通过招聘渠道自己找工作。

李莉先后给几家用人单位寄去简历，都石沉大海。接着，李莉又去人才市场和职业介绍所，参加了几家用人单位的面试，但结果往往是“高不成低不就”。

一晃一个月过去了，李莉也急了。最后，李莉决定打电话给张总工程师。秘书接过电话问道：“请问您找哪一位？”

李莉回答说：“我找张总。”

秘书说：“对不起，张总正在开会，可以请您留下口信吗？”李莉觉得彼此不熟，又不好意思留口信，只好挂了电话。

李莉在求职过程中处处碰壁，朋友看在眼里，急在心上，决定和李莉进行一次长谈，并给她讲了一个“跳蚤的故事”。

有人曾经做过这样一个实验。他往一个玻璃杯里放进一只跳蚤，发现跳蚤轻易地跳了出来。再重复几遍，结果还是一样。根据测试，跳蚤跳的高度一般可达它体长的400倍左右。

接下来实验者再次把这只跳蚤放进杯子里，不过这次是立即在杯子上加一个玻璃盖，“嘣”的一声，跳蚤重重地撞在玻璃盖上。跳蚤十分困惑，但是它不会停下来，因为跳蚤的生活方式就是“跳”。一次次被撞，跳蚤开始变得“聪明”起来了，它开始根据盖子的高度来调整自己跳的高度。一段时间以后，实验者发现这只跳蚤再也没有撞击到这个盖子，而是在盖子下面自由地跳动。

一天后，实验者把这个盖子轻轻拿掉了，但跳蚤还是在原来的这个高度继续地跳。3天以后，他发现这只跳蚤还在那里跳。

一周以后发现，这只可怜的跳蚤还在这个玻璃杯里不停地

跳着。其实它已经无法跳出这个玻璃杯了。

让这只跳蚤再次跳出这个玻璃杯的方法十分简单，只需拿一根小棒子突然重重地敲一下杯子，或者拿一盏酒精灯在杯底加热，当跳蚤热得受不了的时候，它就会“嘣”的一下跳出来……

李莉很快就领悟到其中的意思，默然半晌，没有作声。

第二天一早，李莉就给张总打电话，又是秘书接的电话，但听她直呼张总的名字，秘书不敢怠慢，很快接通电话……面试很顺利，李莉最终应聘成功。

现在，李莉已成为该公司的资深主管，公司高层正准备提升她为副总经理。张总多次对李莉的朋友说：“真该好好感谢你啊，要不我上哪儿去找这么好的得力助手啊？”

在“跳蚤”的故事里，它真的不能跳出这个杯子吗？绝对不是。而是因为，它的心里面已经默认了这个杯子的高度是自己无法逾越的。在科学界，这种现象被称为“自我设限”。

在生活中，是否有许多人像这只跳蚤一样，不断自我设限呢？年轻时雄心万丈，意气风发，一旦遭遇挫折，便开始怀疑自己的能力，抱怨上天不公。慢慢地，他们不是想方设法去达成目标，而是一再地降低成功的标准。他们已经在挫折和困难面前屈服了，或者已习惯了。他们往往因为害怕而放弃追求成功，而甘愿忍受糟糕的生活。他们害怕失败和挫折，在他们眼里，一切都是那么困难。慢慢地，他们的心里已经默认了一个“高度”，这个高度常常暗示自己的潜意识：成功是不可能的，这是没有办法做到的。“自我设限”是人无法取得成就的根本原因之一。

所以，要塑造一个全新的自我，就要打破这种“心理高度”，停止自我设限。

每日一点

失败常常不是因为我们不具备这样的实力，而是我们在心理上设置了一个“不可跨越”的高度。

❀ 很多事其实很简单

天下无难事，只要行动了，问题迟早会得到解决；不去做，那么任何事都难于上青天。

有一个人，在他的一生中遭受过两次惨痛的意外事故。第一次不幸发生在他 46 岁时。一次飞机意外事故，使他身上 65% 以上的皮肤都被烧坏了。在 16 次手术中，他的脸因植皮而毁容。他的手指没有了，双腿特别细，而且无法行动，只能瘫在轮椅上。谁能想到，6 个月后，他又亲自驾驶着飞机飞上了蓝天！

4 年后，不幸再一次降临到他的身上，他所驾驶的飞机在起飞时突然摔出跑道，他的 12 块脊椎骨全部被压得粉碎，腰部以下永久瘫痪。

但他没有把这些灾难当作自己消沉的理由，他说：“我瘫痪之前可以做 1 万种事，现在我只能做 9000 种，我还可以把注意力和目光放在能做的 9000 种事上。我的人生遭受过两次重大的挫折，所以，我只能选择把行动和努力拿来作为自己排除不幸和缺陷的力量。”

这位生活的强者，就是米契尔。正因为他永不放弃努力，最终成为一位知名的企业家和公众演说家，还在政坛上获得一席之地。

可见，在同样的环境、同样的条件下，不同的人会产生不同的结果。事在人为，只要尝试了，就没有难事。证严法师说过一句话：“做，就是对的！不做就永远是错的！”是的，去做了虽然不一定能成功，但是你不去做，连成功的可能性都没有！一个真正热爱生活的人，只会马上去做自己想做的事，而不会去问该如何做，更不会给自己找借口推三阻四。

米契尔的故事在我们看来匪夷所思，但是很多事情都是这样：只要你去努力尝试了，就会发现——原来成功这么简单！

亚历山大大帝在进军亚细亚之前，路过著名的宙斯神庙。宙斯神庙有个著名的

预言，这个预言说的是：谁能够将宙斯神庙的一串复杂的绳结打开，谁就能够成为亚细亚的帝王。在亚历山大大帝到来之前，这个绳结已经难倒了来自很多国家的智者和国王。因为军队即将开拔，能否打开这个神秘的绳结，关系到军队整体的士气。

亚历山大大帝仔细观察着这个绳结，果然是天衣无缝、无懈可击。这时，他灵光一闪："既然前人没人能够解开，那么我为什么不用自己的行动来打开这个绳结呢？"于是，他拔剑一挥，绳结被一劈两半，这个困惑了世人几百年的难题就这样被轻易地解决了。亚历山大也因此成为亚细亚的帝王，众人心服口服。

亚历山大大帝勇于行动，不墨守成规，显示了非凡的智慧和勇气，成就了他亚细亚帝王的伟业。可见，即使是再棘手的难题，在行动面前都不堪一击。

从前有一户人家的花园里摆着一块大石头，一不小心路过的人就会踢到那块大石头。

儿子问："爸爸，为什么不把那块讨厌的石头挖走？"

爸爸这么回答："你说那块石头？从你爷爷时代，就一直放到了现在，没事无聊挖石头，还不如走路小心一点。"

过了几年，这块大石头留到下一代，儿子娶了媳妇，当了爸爸。

有一天，儿媳妇气愤地说："爸爸，菜园里的那块大石头，我越看越不顺眼，改天请人搬走好了。"

爸爸回答说："算了吧！那块大石头很重的，可以搬走的话在我小时候就搬走了，哪会让它留到现在啊？"

儿媳妇心里非常不是滋味，那块大石头不知道让她跌倒多少次了。

有一天早上，儿媳妇又被绊倒了一次，她忍无可忍，于是带着锄头来到花园。结果，她用锄头轻轻一撬，石头就松动了。再看看大小，这块石头没有想象得那么大，都是被那个巨大的外表蒙骗了。

万事为之则易，不为则难。目标有难有易，但只要付诸行动，多么难的事情也会变得容易。不行动的话，容易的也会变得很困难。做了，你才会发现，原来问题没有想象中那么困难。

每日一点

事情很少有根本做不成的，之所以做不成，与其说条件不够，不如说行动力不足。

莫要庸人自扰

一个人被烦恼缠身，于是四处寻找解脱烦恼的方法。

有一天，他来到一个山脚下，看见在一片绿草丛中，有一位牧童骑在牛背上，吹着横笛，逍遥自在。他走上前去问道："你看起来很快活，能教我解脱烦恼的方法吗？"

牧童说："骑在牛背上，笛子一吹，什么烦恼也没有了。"

他试了试，却无济于事。于是，他继续寻找。

不久，他来到一个山洞里，看见有一个老人独坐在洞中，面带满足的微笑。

他深深鞠了一躬，向老人说明来意。

老人问道：“这么说，你是来寻求解脱的？”

他说：“是的！恳请不吝赐教。”

老人笑着问：“有谁捆住你了吗？”

“……没有。”

“既然没有人捆住你，谈何解脱呢？”

他蓦然醒悟。

古时候，在深山里有座庙，庙里住着小和尚和老和尚，他们每天都要打坐修行。

一天，小和尚对老和尚说：“我每次打坐入定的时候，都有一只大蜘蛛来打扰我，害得我心烦意乱，还有点害怕，请您给点化一下。”

老和尚说：“这样吧。那蜘蛛再来你就在它肚子上画个圆圈，我要看它到底是个什么妖魔鬼怪。”

小和尚答应照办，时间不久，小和尚很快入定了。当他打坐完的时候，他看到自己的手放在腹部，肚子上竟然有很多自己画的小圈圈。原来骚扰自己的“蜘蛛”竟然就是他自己。

人生就像一面镜子，你对它笑，它就对你笑；你对它哭，它就对你哭。人的一生太短暂宝贵了，千万

不要去浪费时间自寻烦恼。

任何的快乐都是自己找的，任何的痛苦也都是自己找的。人之所以痛苦，往往是因为追求错误的东西，或是没能领悟人生的真谛。世间本无事，庸人自扰之，明白了这个道理，你的人生怎能不快乐？

每日一点

同样的瓶子，何不装满鲜花？同样的心，何不让它充满快乐呢？

❀我们需要朋友，**更需要对手**

一位动物学家在考察生活于非洲奥兰治河两岸的动物时，注意到河东岸和河西岸的羚羊不太一样，前者繁殖能力比后者更强，而且奔跑起来每分钟要快 15 米。他感到十分奇怪，既然环境和食物都相同，为什么差别如此之大？

为了解开其中的秘密，动物学家和当地动物保护协会进行了一项实验：在河两岸分别捉 10 只羚羊送到对岸生活。结果，送到西岸的羚羊繁殖到了 15 只，而送到东岸的羚羊只剩下 4 只，另外 6 只被狼吃掉了。

通过分析和研究，谜底终于被揭开了：原来东岸的羚羊之所以身体强健，是因为它们附近居住着一个狼群，这使羚羊天天处在一个“竞争氛围”之中。为了生存下去，它们变得越来越有战斗力。而西岸的羚羊长得弱不禁风，恰恰就是因为缺少天敌，没有生存压力，生存能力开始慢慢退化。

羚羊的故事让我们可以知道，拥有一个强劲的对手真是一件幸事。我们需要朋友，更需要对手。朋友可以从感情上为我们带来最好的鼓励，对手则可以从理智上为我们带来最深的刺激，对手的刺激往往可以给我们带来长久的成长。

美国人金·吉列长着一脸大胡子，隔两三天就要刮一次。当时的剃须刀很不好用，用不了几次就会变钝，磨得太锋利又容易割破脸。

吉列在烦恼之余就想："能不能发明一种安全剃须刀呢？"于是，他在20世纪初创办了金·吉列剃须刀公司，并很快获得了成功。

当金·吉列的产品在市场上大红大紫时，一家名叫盖斯门的小企业悄悄地与金·吉列较上了劲。它与别的竞争者的做法不一样，没有公开叫板，而是抢在金·吉列公司之前，不动声色地组织力量在市场上进行广泛深入的调查，收集金·吉列剃须刀的缺陷。金·吉列公司当然不会善罢甘休，马上研发出新的双面刀片。

这时候，盖斯门公司的决策者们巧妙地避开正面的刀片之战，而是在刀架上狠下功夫。不久，该公司就推出了一种新式刀架。

面对盖斯门公司咄咄逼人的攻势，金·吉列公司凭借自己财大气粗的实力，不再小打小闹，干脆将原来剃须刀的设计全部推翻，重新设计，研制出一种刀架通用、双面刀片的剃须刀。

盖斯门公司为在市场上占有一席之地，也不甘示弱，发明了与之抗衡的带轻型刀架、不锈钢双面刀片的剃须刀。

就是在这种互为压力、激烈竞争的环境下，经过几番较量和厮杀，金·吉列公司和盖斯门公司都取得了巨大的进步，市场也得到了充分的开拓。纵观盖斯门公司发展壮大的整个历程，不难发现强有力的竞争对手所起的重要作用。

生物的进化、社会的发展需要对手，人的每一次进步都有对手的一份功劳。

邓亚萍和乔红，曾经是世界上排名最靠前的两名乒乓球运动员。乔红“出道”较早，稳居第一，但随着邓亚萍的出现，她就一直屈居第二，直至退役也没有拿到过第一。常有人替乔红遗憾：“如果没有邓亚萍，这几年的世界冠军不就是你的了？”乔红总是笑着说：“若不是她，我也不会天天感到有压力，拼命

提高技术，水平会比现在差得多。”如果有人去问邓亚萍，她的回答一定也差不多。可见，正是有了对手，才有了她们的进步。

其实，如果你是一枚硬币的正面，那么你的对手就是硬币的另一面。虽然存在着竞争，但如果失去一方，另一方的存在就变得没有意义。欧那西斯说，要成功需要盟友，要非常大的成功就需要敌人和战友。

每日一点

要成功需要盟友就行了，而要非常大的成功就需要敌人和战友。

有些事不是你想象的那样

世界上有很多事都是你认为对的，却不一定是对的。其实，很多事情不是你想象的那样的。有时候，我们往往会被自己的主观思维所误导。

一天，一个盲人带着他的导盲犬过街时，被一辆失去控制的大卡车撞上，盲人和狗都惨死在车轮下。

主人和狗一起到了天堂门前。一个天使拦住他们：“对不起，现在天堂只剩下一个名额，你们两个只能有一个上天堂。”

主人一听，连忙问：“我的狗又不知道什么是天堂，什么是地狱，能不能让我来决定谁去天堂呢？”

天使鄙视地看了这个主人一眼，皱起了眉头，说：“很抱歉，先生，每一个灵魂都是平等的，你们要通过比赛决定由谁上天堂。”

主人失望地问：“哦，什么比赛呢？”

天使说：“这个比赛很简单，就是赛跑，从这里跑到天堂的大门，谁先到达目的地，谁就可以上天堂。不过，你也别担心，因为你已经死了，所以不再是盲人，而且灵魂的速度跟肉体无关，越单纯善良的人速度越快。”

主人想了想，同意了。

天使让主人和狗准备好，就宣布赛跑开始。天使以为主人为了进天堂，会拼命往前奔，谁知道主人一点也不忙，慢吞吞地往前走着。更令天使吃惊的是，那条导盲犬也没有奔跑，它配合着主人的步调在旁边慢慢跟着，一步都不肯离开主人。

天使恍然大悟：原来，多年来这条导盲犬已经养成了习惯，永远跟着主人行动，在主人的身边守护着他。可恶的主人，正是利用了这一点，才胸有成竹，稳操胜券，他只要在天堂门口叫他的狗停下，就能轻轻松松赢得比赛。

天使看着这条忠心耿耿的狗，心里很难过，她大声对狗说：“你已经为主人献出了生命，现在，你这个主人不再是盲人，你也不用领着他走路了，你快跑进天堂吧！”

可是，无论是主人还是他的狗，都像是没有听到天使的话一样，仍然慢吞吞地往前走，好像在街上散步。

果然，离终点还有几步的时候，主人发出一声口令，狗听话地坐下了，天使用鄙视的眼神看着主人。

这时，主人笑了，他扭过头对天使说：“我终于把我的狗送到天堂了，我最担心的就是它根本不想上天堂，只想跟我在一起……能够用比赛的方式决定真是太好了，只要我再让它往前走几步，它就可以上天堂了，那才是它该去的地方。所以我想请你照顾好它。”

天使愣住了。

说完这些话，主人向狗发出了前进的命令。就在狗到达终点的一刹那，主人像一片羽毛似的落向了地狱的方向。他的狗见了，急忙掉转头，追着主人狂奔。满心懊悔的天使张开翅膀追过去，想要抓住导盲犬，不过那是世界上最纯洁善良的灵魂，速度远比天堂中所有的天使都快。

最后，导盲犬又跟主人在一起了，即使是在地狱，导盲犬也永远守护着它的主人。

天使久久地站在那里，才知道自己从一开始就错了。

一百个人眼里就有一百个哈姆雷特。同样，同一件事情，在不同的人看来，就有不同的是非曲直。因为每个人在看待事物时，都会或多或少地戴上有色眼镜，用自己的喜好、经验和标准来进行评判，结果就是——我们往往看到了假象。这一点，就连圣人也不能避免。

有一次，孔子和弟子一起出游。大家都非常饿，但是只有一点点粮食，于是就让颜回煮了一锅粥。

孔子经过厨房的时候，看见颜回正在拿勺子喝粥。孔子非常生气，心想：大家都饿，就这么点粥，没想到你倒先吃起来了，亏你还以贤良闻名天下……孔子越想越气，正要发作，却听见颜回说：“哎呀，又脏了，烟灰真大啊！”

孔子仔细一看，原来颜回舍不得被烟灰弄脏的粥，就自己吃了。孔子不由感叹，单凭眼睛就莽撞地做出判断，差点造成了无法挽回的伤害啊。

眼见不一定为实，有时候，我们连自己的眼睛都不能相信。因为眼睛看到的只是最表面的东西，它代表的不一定就是真相。

世界上有太多的假象，我们虽不能做到事事通透明白，但至少可以做到“凡事多思考，多问几个为什么”。只有这样，我们才能不被假象蒙蔽，造成不必要的误会。

每日一点

眼见不一定为实，有时候，我们连自己的眼睛都不能相信。

在争论中**没有赢家**

西方人都知道这么一句俚语:“当你用食指指着别人的时候，别忘了另外四个手指正指着你自己。”如果你争论、反对，你或许有时获得胜利，但这胜利是空洞的，因为你永不能得到对方的好感。卡耐基说过：“天下只有一种方法能得到辩论的最大利益，那就是避免辩论！”

美国波士顿《临摹杂志》曾刊登了一首打油诗：“这里躺着威廉的尸体，他死还带着他的对——他死时认为自己是对的，永远是对的，但他的死就像他的错误一样。”在进行争辩时，你或许是对的，但对于事实来说，你将得不到任何东西，你只是口头占上风而已，并没有改变别人的观点，谬误永远是谬误，真理还是真理。因此，与人争辩，实在没有任何实际意义。

所以，如果你要让对方认同你，你就要谦和，避免争论。千万不要一上来就宣称："我要证明什么给你看。"那等于是说：我比你聪明，我要让你改变想法。

1981年，被业内人士称为"成本屠夫"的王永庆为了节省PVC原料的运费，决定成立一支船队，直接从美国和加拿大运回PVC原料二氯乙烷（EDC），所以需要采购一批化学运输船。

章永宁是当时中船公司的董事长，他意识到如果能够争取到国际闻名的台塑的订单，那就证明中船具有承造要求极其严格的化学船的能力。于是，章永宁与其他九家知名的造船公司展开了激烈的竞争。十家公司竞标时，中船并非最低标价，但是在议价时，中船为了取得订单，一再忍痛降价。双方讨价还价，眼看就要成交，最后王永庆希望中船能将价格的零头——50万美元去掉。

章永宁听后欲哭无泪，中船经过几个月的千辛万苦，价格已经到了赔本的地步，王永庆还要压价。章永宁虽然悲愤交加，很想痛斥王永庆一番，但还是忍痛和气地说："王董事长，我们还是好朋友，这笔生意我不做了，我不能对不起我的员工。"没想到王永庆感动之余，还是把造船的订单给了中船。

章永宁之所以能获得特大订单，最重要也是首要的一条就是：在整个谈判过程中，即使王永庆的要求非常过分，他也一直没有争论，避免了与王永庆正面冲突，从而一举中标，中船也因此一战成名。

诗人波普说："你在教人的时候，要好像若无其事一样。事情要不知不觉地提出来，好像被人遗忘了一样。”在争论中没有赢家。因为如果你失败，你就失败了；如果你赢得争论，却失去了朋友，达不到目的，那么你还是失败了。

有一个保险业务员，曾经多次向一位大客户推销保险，但任凭他磨破了嘴皮，客户就是不买他的账。后来他听说那位客户投保了另一家保险公司，而且数额不小。推销员百思不得其解，这是为什么呢？原来他第一次向客户推销不成时，在离开时说了一句表示决心的话：“我将来一定会说服你的。”而那位客户也回敬了一句：“年轻人，别太自以为是！”推销员就这样永远失去了一位大客户。

胜负心人人都有，但如果我们硬要争出个子丑寅卯、胜负成败的话，事情非失败不可。人都是喜欢对方谦和的。如果你能以谦和的态度对待别人，就能把事情处理好。科学家伽利略说得好：“你不能教人什么，你只能帮助他们去发现。”

你要促成别人的意见同你一致吗？下面是卡耐基总结的八项原则，有些我们从上面的故事中已经认识到，有些我们还可以细细品味。

1. 得到辩论最大利益的唯一方法，就是避免辩论，所以一定要控制自己的情绪。

2. 尊重别人的意见。千万别说“你错了”，更不要自以为是。

3. 如果你错了，就应该迅速而真诚地承认错误。

4. 要以友善的态度和人交流，要保持微笑。

5. 要立刻让别人说：“是的。”这是苏格拉底的方法。他会先问一些对方同意的问题，让对方不断地回答“是”，等到对方

觉察到时，你们已经得到一致的肯定结论了。

6. 让对方多说话，并且肯定他的意见。

7. 时刻站在他人的角度思考问题，作决定时要让别人觉得那是他们的主意。

8. 保持倾听的姿态，千万不要随便打断他人。

每日一点

一切都不需争论，只需给出结果。

❀ 别把生活**搞得太复杂**

谢凯去一位朋友家做客，朋友出了一道考题：“有四条小虫子排成一条直线往前走，排在最前面的虫子说它的后面有三条虫，排第二位的小虫说它的后面有两条虫，第三条虫子说它的后面有一条虫，而最末尾的一条虫子却说它的后面有三条虫，这是怎么回事？”

谢凯想了半天，把以前回答脑筋急转弯的智慧都用上了，也想不出合理的答案，只好认输。

谢凯问朋友答案，朋友笑着说：“答案很简单，因为那最后一条虫子在撒谎。”

谢凯恍然大悟：是啊，这么简单的道理，我怎么就没想到呢！容易的问题，我怎么还偏把它想复杂了。

朋友得意地说：“这是给6岁孩子出的题目。几乎没有难住孩子们，却差不多难住了所有的大人。很多人都表示，自己想到过这个答案，但是觉得问题没这么简单，于是纷纷钻牛角尖……”

谢凯听了有点羞愧，不由得回想起一件事情：“记得我大学毕业后第一次去上班，到公司后，却发现怎么也推不开玻璃门。我憋足了劲用力推，还是打不开。我很纳闷，这门没锁啊，怎么打不开呢。我想问问另外房间的同事，但是连个门都打不开，那人家怎么看我……正想着，一个同事路过，提醒我：这门是拉开的，不是推的。我当时难堪死了……这么简单的道理，我怎么就没想到呢？”

说完，谢凯和朋友感慨不已，更多的是沉思。

当我们是孩子的时候，遇到类似1加1等于几这样的问题很快会给出答案。但是，随着年龄的增长，当我们拥有了丰富的知识和阅历后，我们反而变得茫然而无所适从了，对于很简单的问题，总是想得那么复杂。

经常有人羡慕小孩子的单纯快乐和无忧无虑，而纳闷自己为什么总是郁郁寡欢。造成这种状况的往往不是生活本身的问题，而是我们自己把生活复杂化了。在生活这件事上，我们这些自命不凡的成年人，往往还不如在我们眼里不屑一顾的“小屁孩”。

有这样一个故事。外国有一家杂志社悬赏一万美金向全球征集最佳答案：有一架直升机载着三个人，其中一个是美国著名的物理学家，另外两个分别是德国著名的生物学家和英国的作家。直升机在穿越海峡的时候发生了意外，为了挽救飞机和生命，把损失降到最小，必须把一个人扔下去，那么应当把谁扔下去呢？

这件事引起全世界人民的极大兴趣，杂志社收到了来自各地的不同答案。人们各抒己见，侃侃而谈。但绝大多数都是从不同的方面论证他们各自的重要性，一时间谁也无法说服谁。公布结果的那天到了，奖金的得主竟是一个年仅八岁的小男孩，他的答案很简单：把那个最胖的扔下去！

很多事，其实并不复杂，就如同这个简单的答案一样。可是，如今的社会，复杂的人已经将简单的事复杂化了。

要得到内心的那份坦然和快乐，就从现在起，做一个简单的人，率性而为，永远保持着纯真和童心。

简单是一种平淡，却不是枯燥；简单是一种平凡，却不是平庸；简单是一种原汁原味的美。简单做人，洒脱自在。简单生活，逍遥一生。

每日一点

很多事，其实并不复杂，但是我们却把它们复杂化了。

❀ 换个角度，大不相同

詹姆斯在一家俱乐部里演奏萨克斯，收入虽然不高，但他总是乐呵呵的，对什么事都表现出乐观的态度。他常说："太阳落下去，还会升起来；太阳升起来，也会落下去。世事无常，所以还是看开点好。"

詹姆斯很喜欢汽车，但是靠他的收入想拥有一辆汽车是不太可能的。他常对朋友们讲："要是有一部汽车该有多好啊。"这个时候，他的眼里总是充满了向往。于是有人建议他："詹姆斯，你可以去买彩票啊，也许上帝可以让你梦想成真！"

詹姆斯抱着试一试的态度去买了彩票。可能真的是上帝优待他，詹姆斯买的那张彩票居然中了大奖。

詹姆斯用全部的奖金为自己买了一辆汽车，并常常开着一尘不染的它在大街上兜风。碰到需要搭车的人，他总是愿意送他们一程。但是他没有忘记从前，仍旧每天去俱乐部。

然而有一天，詹姆斯的车丢了。那天晚上，他把车停在房子外边，第二天，当他走出房子的时候，发现心爱的汽车被盗了。

朋友们得知这个消息，想到詹姆斯爱车如命，而现在一夜之间车丢了，都担心他受不了这个打击。便安慰他："詹姆斯，不要太难过了，以后还有机会的。"

詹姆斯大笑着说："我为什么要难过？"

朋友们都疑惑地面面相觑，心里在想："也许，他可能是受到了强烈的刺激，有些失常。"

"如果你们有谁丢了两块钱，会难过吗？"詹姆斯问。

"当然不会！"朋友们说。

"是啊，我丢的就是两块钱啊！"詹姆斯笑着说。

"对，你丢的只是两块钱而已！"朋友们笑了，他们知道不用再为詹姆斯担忧了。

看吧，只要换一个角度思考，丢掉生活中的负面情绪，悲哀也可以变成快乐。

很久很久以前，人类都还赤着双脚走路。有一位国王到某个乡村巡视，路面的碎石头刺得他的脚又痛又麻。于是，他下了一道命令，要将国内的所有道路都铺上一层牛皮。他认为这样能让所有人走路时不再痛苦。

但即使杀尽国内所有的牛，也没有那么多牛皮。一位聪明的仆人向国王建议："国王啊！为什么您要杀那么多头牛，花那么多钱呢？您何不只用两小片牛皮包住您的脚呢？"

国王听了，茅塞顿开，于是立刻收回成命，改用这个建议。据说，这就是皮鞋的由来。

尽管是一国之王，但想改变整个世界，很难；而改变自己的思维，则较为容易。换个角度，海阔天空。同样一件事情，从不同的角度考虑，就会产生不同的行动，产生截然相反的结果。角度是何等奇妙的东西啊！

同样的道理，当我们从不同的角度去看问题时，就会产生不同的心态。站在别人的立场看一看，或换个角度想一想，你可以有更大的突破，也会有更多的回报。

上司安排额外的工作给你做，你不要满心不悦，而应该认为：这说明上司看重我，要不为什么不找别人做？而且这也是一个锻炼能力的好机会啊。东西掉地上了，你应该这么想：这是上天给了我一个弯腰锻炼身体的机会。阳台上掉下衣架，砸中了脑袋，与其对满脸歉意的邻居发火，不如调侃一下：下次能不能掉根火腿啊？女朋友迟到了，如果发火只会让约会不欢而散，不妨挖苦她一下：幸亏你来了，有只鸟一直在我头上飞，它把我当成一棵树，正打算在我头上筑巢呢！

……

看看吧，只要我们换个角度去看待生活，那么人生将是多么美好！有了快乐的心境和正确的态度，人生才会圆满。在现实生活中，我们往往太习惯于自己既定的思维方式，从而得出结论。其实，很多事情，换个角度，也许结果就会不同。只有敢于冲破传统思维的束缚，我们才可以打开新的视野，创造新的天地。

每日一点

从窗户往外看，有的人只看到了泥土，而有的人却看到了星星。角度不同，看到的东西也大不相同。

PART

03

苦难是一种财富

大海上没有不带伤的船

痛苦、失败和挫折是人生必须经历的阶段。受挫一次，对生活的理解便加深一层；失误一次，对人生的领悟便增添一级；磨难一次，对成功的内涵便透彻一遍。从这个意义上说：想获得成功和幸福，想过得快乐和充实，首先就得真正领悟失败、挫折和痛苦。

英国一家保险公司曾经从拍卖市场上买下一艘船，这艘船原来属于荷兰的一家船舶公司，它 1894 年下水，在大西洋上曾 138 次遭遇冰山，116 次触礁，13 次失火，207 次被风暴折断桅杆，但是从来没有沉没过。

据英国《泰晤士报》报道，截至1987年，已经有1200多万人次参观了这艘船，仅参观者的留言就有170多本。在留言中，最多的一条就是——在大海上航行没有不带伤的船。

在大海上航行没有不带伤的船，我们在生活中同样不可能一帆风顺，难免会有伤痛和挫折。失败和挫折其实本来就是人生不可或缺的一部分。失败和痛苦是人们成长的必经阶段，它让你知道自己为何失败。迈向成功的转折点，通常是由失败或挫折所决定的。

追求成功的过程中一定充满挫折与失败。你不打败它们，它们就会打败你。任何人在到达成功之前，没有不遭遇失败的，每一个成功的故事背后都有无数失败的故事。伟大的发明家爱迪生在经历了一万多次失败后才发明了灯泡；而沙克也是在试用了无数介质之后，才研制出了小儿麻痹疫苗；约翰·克里斯在出版第一本书之前，曾写过564本书，并遭到了1000多次的退稿，但他并没有灰心放弃，终于在写到第565本书时获得了成功，成为英国著名的多产作家。

所以，接受失败，正确对待失败，危机就能成为转机，总会有云开雾散的一天。失误其实也是一种特殊的教育、一种宝贵的经验，换个角度去面对它，可能会有意想不到的收获。

宝洁公司有这样一个规定：如果员工三个月没有犯错误，就会被视为不合格员工。对此，宝洁公司全球董事长白波先生的解释是：那说明他什么也没干。

人的一生不可能一帆风顺，挫折、失败是人生中必然的过程与代价。只有经历挫折的考验，人才能展翅高飞，走向成熟。

每日一点

失败和痛苦是人们成长的必经阶段，它让你知道自己为何失败。

❀ 挫折是成功的入场券

我们每个人都会面临各种挑战、各种挫折，这时候你能承受挫折的能力，就是你未来的命运。成功不是一个海港，而是一次埋伏着许多危险的旅程，人生的赌注就是在这次旅程中要做个赢家，成功永远属于不怕失败的人。

有一个博学的人遇见上帝，他生气地问上帝："我是个博学的人，为什么你不给我成名的机会呢？"上帝无奈地回答："你虽然博学，但样样都只尝试了一点儿，不够深入，用什么去成名呢？"

那个人听后便开始苦练钢琴，后来虽然弹得一手好琴，却还是没有出名。他又去问上帝："上帝啊！我已经精通了钢琴，为什么您还不给我机会让我出名呢？"

上帝摇摇头说："并不是我不给你机会，而是你抓不住机会。第一次我暗中帮助你去参加钢琴比赛，你缺乏信心，第二次你又缺乏勇气，又怎么能怪我呢？"

那人听完上帝的话，又苦练数年，建立了自信心，并且鼓足了勇气去参加比赛。他弹得非常出色，却由于裁判的不公正而被别人占去了成名的机会。

那个人心灰意冷地对上帝说："上帝，这一次我已经尽力了，看来注定我不会出名了。"上帝微笑着对他说："其实你已经快成功了，只需最后一跃。"

"最后一跃？"他瞪大了双眼。

上帝点点头说："你已经得到了成功的入场券——挫折。现在你得到了它，成功便成为挫折给你的礼物。"

这一次那个人牢牢记住上帝的话，后来他果然成功了。

如果将幸福、欢乐比作太阳，那么，不幸、失败、挫折就可以被比作月亮。人不能只企求永远在阳光下生活，在生活中从没有失败和挫折是不现实的。挫折是成功的入场券，能使人走向成熟，取得成就，但也可能破坏信心，让人丧失斗志。对于挫折，关键在于你怎么看待。

山里住着一家猎户。父亲是个老猎手，在山里闯荡了几十年，猎获野物无数，走山路如履平地，从未出过事。然而有一天，因下雨路滑，他不小心跌落山崖。

两个儿子把父亲抬回了破旧的家，父亲已经快不行了，在弥留之际，他指着墙上挂着的两根绳子，断断续续地对两个儿子说："给你们两个，一人一根。"他没说出用意就咽了气。

掩埋了父亲，兄弟二人继续打猎生活。然而猎物越来越少，有时出去一天连个野兔都打不回来，俩人艰难地维持着生活。一天，弟弟与哥哥商量："咱们干点别的吧？"哥哥不同意："咱家祖祖辈辈都是打猎的，还是本本分分地干老本行吧。"

弟弟没听哥哥的话，拿上父亲给他的那根绳子走了。他先是砍柴，用绳子捆起来背到山外换几个钱。后来他发现，山里一种漫山遍野的野花很受山外人喜欢，且价钱很高。从此，他不再砍柴，而是每天背一捆野花到山外卖。几年下来，他盖起了自己的新房子。

哥哥依旧住在那间破旧的老屋里，还是干着打猎的营生。由于常常打不到猎物，生活越来越拮据，他整天愁眉苦脸，唉声叹气。一天，弟弟来看哥哥，发现他已经用父亲留给他的那根绳子吊死在房梁上。

如果给你一根绳子，你将如何使用？

每日一点

挫折是成功的入场券。得到了它，成功便成为挫折给你的礼物。

痛苦是通往成功的梯子

在这个世界上，没有人喜欢痛苦。然而，人生就是痛苦和幸福的综合体，每一个人都摆脱不了痛苦。痛苦是一种折磨，同时又是一种力量。舒适、悠闲远不如坎坷与磨难更能锻炼人，更能发挥人的长处。痛苦造就人的禀赋，痛苦也磨炼人的禀赋，痛苦更能教人靠耐心和韧劲，从苦难之海中顽强跋涉出来。

生物学家发现，飞蛾在由蛹变成幼虫时，翅膀萎缩，十分柔软；破茧而出时，必须要经过一番痛苦的挣扎，身体中的体液才能流到翅膀上去，翅膀才能坚韧有力，支持它在空中飞翔。

一天，有个小孩凑巧看到一棵小树上有一只蛹在蠕动，好像有飞蛾要从里面破茧而出。小孩觉得很好奇，于是他饶有兴趣地停下来，准备见识一下由蛹变飞蛾的过程。

时间一点点过去，飞蛾在茧里奋力挣扎，却一直不能挣脱茧的束缚，似乎是再也不可能破茧而出了。小孩子变得不耐烦了，心想，我干脆帮它个忙吧。于是，他就用一把小剪刀把茧上的丝剪了一个小洞，让飞蛾摆脱束缚容易一些。果然不一会儿，飞蛾就从茧里很容易地爬了出来，但是它的身体非常臃肿，翅膀也异常萎缩，耷拉在两边伸展不起来。

小孩想看着飞蛾飞起来，但那只飞蛾只是跌跌撞撞地爬着，怎么也飞不起来，过了一会儿，它就死了。

不经历痛苦的洗礼，飞蛾脆弱不堪。人生没有痛苦，就会不堪一击。正因为有痛苦，成功才那么美丽动人；正因为有灾患，欢乐才那么令人喜悦；正因为有饥饿，佳肴才变得那么美味。痛苦的存在，可以激发我们人生的力

量，使我们的意志更加坚强。

在报纸上看过这么一则新闻：美国巴拉马州有一个 12 岁的小男孩，他的名字叫杰森，他 10 岁的时候患了脑癌，已经动过三次大手术并进行了数十次化疗。主治医生认为他的病情不容乐观，但是杰森却勇敢地面对他的绝症。他喜欢画画，即使在病床上也坚持作画，他的作品曾经数次获得全国大奖。为了在生前开第一次也许是最后一次个人画展，他每天都抽出 4 个小时绘画。他说："我一定要坚持活下去。贝多芬不是在耳聋后，仍创作出美妙的《命运交响曲》吗？"

经过多次化疗后，杰森的视力持续衰退，耳朵开始溃烂，但是他的画展依然如期开幕了。杰森因为手术无法亲临现场，只能请一位同学代念了一封他写的信。他在信中是这么写的："我会好起来的，我相信我一定会好起来的。痛苦虽然很可怕，但我现在已经学会习惯它了。正是痛苦让我知道了人生的宝贵，我将努力珍惜以后的时光。"

勇敢的杰森已开过三次刀，都是直接在脑袋上开刀。做第三次手术时，他主动要求不要麻醉药，因为癌症带来的痛苦远超过开刀的痛苦。

坚强的杰森，不由得让人肃然起敬。人，一旦超越了痛苦，痛苦就不再是牵绊，而是一种伟大的力量。

高尔基一生历经坎坷，吃了不少苦，也收获了不少人生阅历，充实的人生经历为他的成就打下了基础。在回顾往事时，高尔基说道："一个人如果没有他吃不了的苦，那么就没有他做不成的事情。"人如果能正视苦难，是一种人生的豪迈。善待苦难，苦中作乐，是一种人生的乐趣！

痛苦，是一把成长的钥匙，让你迅速成长；

痛苦，是飞翔的翅膀，让你更接近梦想；

痛苦，是人生的催化剂，让你更有力量；

痛苦，是一扇通往智慧的门，将人带入心灵的殿堂；

痛苦，是一个炼钢的火炉，让你更加刚强；

……

痛苦是一架梯子，对于强者来说，它通向成功的殿堂；对于弱者来说，它则通向黑暗的地狱。

每日一点

痛苦是一架梯子，对于强者来说，它通向成功的殿堂；对于弱者来说，它则通向黑暗的地狱。

失败是一种人生财富

有一次古埃及国王举行盛大的国宴，厨工在厨房里忙得不可开交。一名小厨工不慎将一盆羊油打翻，吓得他急忙用手把混有羊油的炭灰捧起来往外扔。扔完后去洗手，他发现双手滑溜溜的，特别干净。小厨工发现这个秘密后，悄悄地把扔掉的炭灰捡回来，供大家使用。后来，国王发现厨工们的手和脸都变得洁白干净，便好奇地询问原因。小厨工便把自己的事情告

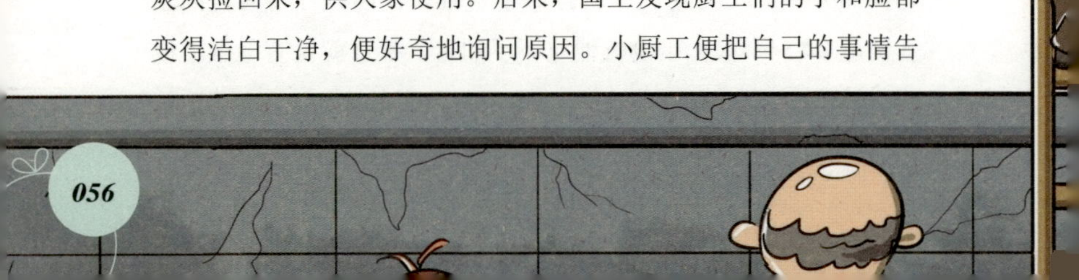

诉了国王。国王试了试，效果非常好。很快，这个发现便在全国推广开来，并且传到希腊、罗马。没多久，有人根据这个原理研制出流行全世界的肥皂。

错误，绝对没有想象中的那么可怕，它其实是一种特殊的教育、一种宝贵的经验。错误中往往孕育着机会。换个念头去面对错误，可能是另一个更圆满的成果。

2002 年 10 月 10 日，一条消息在全球迅速传播开来——瑞典皇家科学院 2002 年诺贝尔化学奖授予了日本的田中耕一先生。他是日本岛津制作所电气工程师。田中耕一的获奖一时成为引人瞩目的新闻和热门话题。

他不是科学界的泰斗，也非学术界的精英，甚至不是优等生，大学时还留过级；他找工作时未通过面试而被索尼公司拒之门外，后经老师的极力推荐才有机会走进现在的这家研究所。他是那样的平凡，获奖前，就连同事都不知道有田中耕一这个人。接到获奖通知，他还以为是谁在跟他开玩笑呢。

面对众多记者的追问，田中耕一笑着说：“说来惭愧，一次失败却创造了让世界震惊的发明……”

事实的确如此。当时，田中耕一的工作是利用各种材料测量蛋白质的质量。有一次，他不小心把丙三醇倒入钴中，他没有立即推翻重来，而是将错就错对其进行观察，于是意外地发现了可以异常吸收激光的物质，为以后震惊世界的发明“对生物大分子的质谱分析法”的产生奠定了成功的基础。

失败在悲观者眼里是灾难，在乐观者眼里却是一次改正的机会。有失败的痛苦，才有成功的欢乐；有失败的考验，才有成功的豁达。所以，失败也是一种财富，因为它又一次磨炼了你自己，完善了自我，又一次体味到坚韧的宝贵价值。

每日一点

一个人经历的失败越多，他的经验就越丰富，做人就越成熟，能力也就越强。

❀ **坦然面对**是人生的一门必修课

20 世纪 80 年代，年逾古稀的曹禺已是蜚声海内外的戏剧大家。有一次，美国同行阿瑟·米勒应约来京执导新剧本，作为老朋友的曹禺特地邀请他到家做客。

吃午饭时，曹禺突然从书架上拿来一本装帧讲究的册子，上面裱着画家黄永玉写给他的一封信，曹禺逐字逐句地把它念给阿瑟·米勒和在场的朋友们听。

这是一封措辞严厉且不讲情面的信，信中这样写道：“我不喜欢你现在的戏，一个也不喜欢。你的心不在戏剧里，你失去伟大的通灵宝玉，你为地位所误！命题不巩固、不缜密，演绎分析也不够透彻，过去数不尽的精妙休止符、节拍、冷热快慢的安排，那一箩筐的隽语都消失了……”

阿瑟·米勒后来详细描述了自己当时的迷茫：“这封信对

曹禺的批评，用字不多却相当激烈，还夹杂着明显羞辱的味道。然而曹禺念信的时候神情激动。我真不明白曹禺恭恭敬敬地把这封信裱在专册里，现在又把它用感激的语气念给我听时，他是怎么想的。”

阿瑟·米勒的不理解是可以理解的。毕竟把别人羞辱自己的信件装裱起来，并且满怀感激地念给他人听，这样的行为太过罕见，很难让人接受。但阿瑟·米勒不知道的是：在这种“傻气”的举动中，透露的是曹禺对“羞辱”的真诚的感激。这样的“羞辱”对他而言是一笔宝贵的财富，所以他要当众感谢这一次“羞辱”。

生活源源不断地制造羞辱，这是永恒的命题，没有人能一生不遭到羞辱，而这时你的态度则显得极为重要。有人一辈子被羞辱淹没，自暴自弃；而有些人则因羞辱而奋发，成就一番事业，这才是人生的强者。

战国时期的政治家苏秦，早年一直得不到赏识。一次去秦国游说失败后，苏秦落魄到了极点，回家还受到全家人的白眼。妻子不从织机上下来迎接，嫂子不给他做饭，父母不跟他说话，还说了不少风凉话，苏秦非常伤心。但面对这样的打击和羞辱，苏秦并不怨天尤人，只是重重地叹了口气：“妻子不把我当丈夫，嫂子不认我这个小叔子，父母不把我当儿子，都是我的过错啊。”从此以后他闭门自学，头悬梁，锥刺骨，刻苦读书。

后来，苏秦身佩六国相印，再次回家的时候，他家人听说苏秦要回来，把路扫得干干净净，准备了丰盛的酒宴，特地赶到洛阳城外 30 里的地方，跪着迎接他。妻子不敢正眼看他，侧着耳朵听他说话；嫂子则匍匐在地，行跪拜大礼；父母更是嘘寒问暖，热情得不得了。苏秦看到这情景，不由百感交集地说：“唉！同是一个苏秦，穷困的时候，没人理睬，父母也不把我当儿子，妻子不把我当丈夫看待。如今身居高位，他们都来捧我，如此奉承于我。人生在世，对权势、金钱、名利又怎能不追求呢？”

心胸狭窄者把羞辱当作心理包袱，而豁达乐观者则会把它看作是激励的别名。所以，你应该感谢人生道路上的羞辱：是它刺激你用执着战胜了自己内心深处的失败感。感谢羞辱，你的斗志和毅力才能得以升华；感谢羞辱，你才能从羞辱中提炼出自身的短板与缺陷；感谢羞辱，你才能激励完善自我……羞

辱是人生道路上一种伟大的力量，它能击溃弱者，更能成就强者。

所以，当你遭遇羞辱，任何的反击都是疲软无力的。你只有通过加倍的努力获得成功，才是对羞辱最有效的反击。当你有一天功成名就，你才会明白，原来坦然面对羞辱是人生的一门必修课。

每日一点

羞辱是人生道路上一种伟大的力量，它能击溃弱者，更能成就强者。

有缺陷，**就勇敢地面对**

一只毛毛虫向上帝抱怨："上帝啊，你也太不公平了。我作为毛毛虫的时候，相貌丑陋又行动缓慢，而当我变成了蝴蝶后，却美丽又轻盈。前期遭人厌恶，后期又招人赞美。这也太不公平了吧！"

上帝点了点头，说："那你准备怎么办？"

毛毛虫接着说："这样吧，平衡一下。我现在虽然丑陋点，但你让我行动轻盈点；当我化为蝴蝶后，让我行动迟缓一点。"

"这样啊，那恐怕你活不了多久啊！"上帝摇了摇头。

"为什么啊？"毛毛虫焦急地反问。

"如果你有蝴蝶的漂亮却只有毛毛虫的速度，是不是很容易就被人捉了去呢？现在之所以没人碰你，就是因为你的丑陋啊。"

上帝语重心长地说。

毛毛虫想了想，决定还是做一只缓慢而丑陋的毛毛虫。

在这个世界上没有任何一个人是完美的。不要害怕自己有缺陷，会受到别人的嘲笑，要勇敢地去面对它，并将这些缺陷化作自己前进的动力。

布莱克从小双目失明，那时候他还不知道失明的后果。当他长大的时候，他知道他将永远看不到这个世界。

“为什么要这样对我？难道是我做错了什么吗？我看不到小鸟，看不到树木，看不见颜色。失去了光明，我还能干什么？”布莱克常常这么问自己。

他的亲人和朋友，还有许多好心人都来关心他，照顾他。当他坐公共汽车的时候，常常有人给他让座。当他过马路的时候，会有人来搀扶他。但布莱克把这一切都看成是别人对他的同情和怜悯，他不愿意一直这样被同情怜悯。

直到有一天，一件事情改变了他对世界的看法。那是莱恩神父讲给他的一句话："世上每个人都是被上帝咬过一口的苹果，都是有缺陷的。有的人缺陷比较大，因为上帝特别喜爱他的芬芳。"

“我真的是上帝咬过的苹果吗？”他问莱恩神父。

“是的，你不是上帝的弃儿。上帝肯定不愿意看到他喜欢的苹果在悲观失望中度过他的一生。”莱恩神父轻轻地回答道。

“谢谢你，神父，您让我找到了力量。”布莱克高兴地对神父说道。从此他把失明看作是上帝的特殊钟爱，开始振作起来。

若干年后，当地传诵着一位德艺双馨的盲人推拿师的故事。

事实上，有许多先天条件并不优秀的人之所以取得成功，是因为开始的时候有一些阻碍他们的缺陷促使他们加倍努力而得到更多的补偿。

一个男孩，从小到大都是坐在教室的最前排，因为他的个子一直是班上最矮的，只有一米二，而这个身高从此没有再改变过。他患的是一种奇怪的病，医学上认为是内分泌失常导致的。

他的家境不好，父母都是农民，却要供养三个孩子念书。他上中学了，父母决定从学校抽回一个孩子，他们的目光首先落到了矮小的他身上。可他倔强地回绝了父亲："我要上学，学费我自己想办法！"从此，他拎着一个大大的塑料袋开始了自己的拾荒生涯，将一包包的废品换成学费。

在后来的一次事故中，父亲不幸丧失了劳动能力，矮小的他不得不连照顾兄妹的担子也替父母扛起来。很显然，卖破烂的钱已远远不够。偶然的机会，他听人说烟台一带拾荒的人少，就和父亲来到了烟台。为了生计，他边拾荒边乞讨，有空的时候，他就坐在人来车往的大街边捧着书本看。

父亲说，讨饭的看书有什么用。他反驳道，乞丐也有两种，一种是形式上的，一种是精神上的，他是第一种。

在拾荒与乞讨的间隙，他以超乎常人的毅力与决心，学完了高中的所有课程，因为他有一个梦想。工夫不负有心人，在2003年，他以超出本科线30分的成绩被重庆工商大学录取。他就是袖珍男孩——魏泽阳。

有人问他为什么能改变自己的命运。他从容地说："我可以贫穷，却不可以低贱，我可以矮小，却不可以卑微！"

赖斯利说："人生的意义不在于拿到一副好牌，而在于怎么样打好一副烂牌。”缺陷不一定都是坏的，有可能就是你的长处和优点。只要会利用，可能还会给你带来意想不到的效果，但是，前提是你必须得正视缺陷。

人不可能十全十美，但人要永远追求完美。如果有缺陷，就要勇敢地面对，并战胜它。

每日一点

人生的意义不在于拿到一副好牌，而在于怎么样打好一副烂牌。

PART

04

危机就是转机

学会在困境中**逆势而行**

一天，狮子来到了天神面前："我很感谢你赐给我如此雄壮威武的体格、如此强大无比的力气，让我有足够的能力统治整座森林。"

天神听了，微笑着问："但是这不是你今天来找我的目的吧！看起来你似乎被某事困扰着呢！"

狮子轻轻吼了一声，说："天神真是了解我啊！我今天来的确是有事相求。因为尽管我是百兽之王，但是每天天亮的时候，我总是会被鸡叫声给吵醒。神啊！祈求您，不要让鸡在天亮时叫了！"

天神摊了摊手，无奈地说道："你去找大象吧，它会给你一个满意的答复的。"

狮子跑到湖边找到大象，看到大象正在气呼呼地直跺脚。

狮子问大象："你干吗发这么大的脾气？"

大象拼命摇晃着大耳朵，吼着："有只讨厌的小蚊子，钻进我的耳朵里，我都快痒死了。"

狮子离开了大象，心里暗自想着：“原来体型这么巨大的大象，还会怕那么瘦小的蚊子，那我还有什么好抱怨的呢！毕竟鸡叫也不过一天一次，而蚊子却是无时无刻地骚扰着大象。这样想来，我可比他幸运多了。”

狮子一边回头看着暴躁的大象，一边想：“谁都会遇上麻烦事，相比于别人的大麻烦，我这点麻烦就算不上什么了。以后只要鸡一叫，我就当作是鸡在提醒我该起床了，对我还有好处呢。天神要我来看看大象的情况，应该就是想告诉我：只要想通了，困境就不再是困境，而是机遇了。”

一个障碍，就是一个新的已知条件，只要你愿意，任何障碍都会成为一个超越自我的契机。所以，困境有时候反而是一个机遇。

生活中，我们只要碰上一些不顺心的事，就会习惯性地抱怨上天亏待我们，希望自己能得到更多的力量和幸运，渡过难关。但实际上，上天是最公平的，每个困境都有其存在的价值。

有一个10岁的小男孩儿，在一次车祸中失去了左臂，但是他很想学柔道。

后来，小男孩拜柔道大师为师父，开始学习柔道。他学得不错，可是练了 3 个月，柔道大师只教了他一招，小男孩有点弄不懂了。

他终于忍不住问师父：“我是不是应该再学学其他招数？”

师父回答说：“不错，你的确只会一招，但你只需要会这一招就够了。”小男孩并不是很明白，但他很相信师父，于是就继续练了下去。

几个月后，师父第一次带小男孩去参加比赛。小男孩想都没有想到他居然轻轻松松地赢了前两轮。第三轮稍稍有点艰难，但对手还是很快就变得有些急躁，连连进攻，小男孩敏捷地施展出自己的那一招，又赢了。就这样，小男孩顺利地进入了决赛。

决赛的对手比小男孩高大、强壮许多，也似乎更有经验，小男孩一度显得有点招架不住。裁判担心小男孩会受伤，就叫了暂停，并打算就此终止比赛，然而他的师父不同意，坚持让比赛继续下去。

比赛重新开始后，对手放松了戒备，小男孩立刻使出他的那一招，制服了对手，赢了比赛，获得冠军。回家的路上，小男孩和师父一起回顾每场比赛的每一个细节，小男孩儿鼓起勇气说出了心里的疑问：“师父，我怎么凭一招就赢得了冠军？”

师父回答道：“有两个原因：第一，你几乎完全掌握了柔道中最难的一招；第二，破解这一招唯一的办法是对手抓住你的左臂。”小男孩最大的劣势变成了他最大的优势。

世界上并没有所谓绝对的缺陷和弱点，只要懂得扬长避短，就能海阔天空。这才是真正的取胜之道，也是智者的选择。

每日一点

世界上并没有所谓绝对的缺陷和弱点，只要懂得扬长避短，就能海阔天空。

打开人生的另一扇窗

强子家里有一只盛水的瓦罐，用了十多年，父亲一直舍不得扔掉。一次，强子倒开水，一不小心把瓦罐摔在地上，瓦罐被摔出了一条长长的裂缝。强子想，这下父亲该把瓦罐扔掉了吧。可父亲没有，而是把它小心地收起来，说以后也许能派上用场。

过了一段时间，父亲在阳台上养了很多盆花，其中有一盆花长得特别艳丽。强子一看花盆，正是那只有裂缝的瓦罐。父亲见他疑惑不解，就说："瓦罐有了裂缝，不能用来盛水，但用来养花最合适。花盆里的水一旦多了，水就会顺着裂缝自动地渗透出来，使花盆不至于积水，花也就有了一个良好的生长环境，所以长出来的花也就比其他的更美丽了。"

如果你在生活中遭遇了失败或者挫折，千万别"破罐子破摔"，只要你灵活运用，扬长避短，发挥你的特长，生命之花照样可以盛开。

人生的道路有很多条，当一条路走不通的时候，不要灰心丧气，鼓起勇气去尝试其他的道路。上天总是在给我们关上一扇门的同时，又会为我们开启另一扇窗，只要我们用心地去找寻，就一定会找到属于自己的出路。

这一天，49 岁的伯尼·马库斯像往常一样，提着公文包去公司上班。在 20 多年的职业生涯中，他勤勤恳恳，兢兢业业，才坐到今天职业经理人的位子上，其中充满了艰辛困苦。他只要再这样工作 11 年，就可以安安稳稳地拿到退休金了。可是，他万万没有想到，这是他在公司工作的最后一天。

“你被解雇了！”

“为什么？我犯了什么错？”他惊讶地问。

“不，你没有过错，公司发展不景气，董事会决定裁员，仅此而已。”

是的，仅此而已。他在一夜之间，从一名受人尊敬的公司经理成了一名在街上流浪的失业者。和所有的失业者一样，繁

重的家庭开支迫使伯尼·马库斯必须找到生活来源。那段日子，他常常去洛杉矶一家街头咖啡店，一坐就是几小时，化解内心的痛苦、迷茫和巨大的精神压力。

有一天，他遇到了自己的老朋友——和他一样，同是经理人现在也同样遭到解雇的亚瑟·布兰克。两个人互相安慰，一起寻求解决的办法。

“为什么我们不自己创一家公司呢？”

这个念头像火苗一样，在伯尼·马库斯心中一闪，点燃了压抑在他心中的激情和梦想。于是两个人就在这家咖啡店里，策划建立新的家居仓储公司，两位失业的经理人为企业制定了一份发展规划和一个“拥有最低价格、最优选择、最好服务”的经营理念，并制定出了使这一优秀理念在企业发展中得以成功实践的一套管理制度，然后就开始着手创办企业。时值1978年春天。

这，就是美国家居仓储公司。仅仅20多年的时间就发展成拥有775家分店、16万名员工、年销售额300亿美元的世界500强企业，成为全球零售业发展史上的一个奇迹。这个奇迹始于20年前的一句话：你被解雇了！

是的，“你被解雇了”是我们每个人在人生旅途中最不愿听到的一句话，但正是这句话，改变了伯尼·马库斯和亚瑟·布兰克两个人的一生。如果不是被解雇，他们无论如何也不能跻身世界500强！如果不是被解雇，他们现在只是靠每月领退休金度日的老人。

人生是一次长途旅行，当一扇门关上了，你千万不要把自己也关在里面。因为世界上不止一扇门，一定还有另外一扇窗，在等待为你开启！

每日一点

人生哪里有死结？想通了才发现，人生不过就是：饥来餐，渴来饮，倦来眠。

发现你**人生中的“兔子”**

电视台曾经播过一个农民通过养殖致富的故事。这位北方的农民张有庆先是种苹果树，种苹果树在当时被公认是农民致富的主要途径。张有庆便买来优质树苗种在几十亩果园里，为了便于看护管理，他还在果园四周垒起了围墙。可种苹果的人太多，一窝蜂地上，两三年后果树挂果，当年认为的摇钱树成了农民们的伤心树。苹果价低，挂在树上也没有人愿意去摘，因为摘果卖的钱还不够付摘果人的工资。许多人开始绝望地砍树。

果子不能赚钱，全家人的希望全部落空了，不但一家人几年的心血白费了，打水漂的还有买树苗、买化肥、买农药和垒围墙的钱。这些钱可都是贷款，现在都无法归还。更令人气愤的是，张有庆套种在果园中的小麦苗都被野兔吃了，就连自己家吃粮还得去市场上买。围墙四周到处都是野兔打的洞。

张有庆欠的债，有些是银行的，有些是亲戚朋友的，每天都有来讨债的。他真是走投无路呀，彻底绝望了。

绝望的张有庆准备在给他带来灾难的果园里悬梁自尽。张有庆已绑好了绳子，准备告别这个世界，抬头却看见离自己几米之外，几只野兔跳来跳去。这些使他走上绝路的东西此刻竟然还在他面前肆无忌惮、悠然自得地吃着小麦苗，张有庆气极了，迅速关上门，开始在院子里打兔子。可能是野兔太多了，一会儿就打了一大筐。打下的兔子实在吃不完，他便拿到集市上去卖。

因为是野生兔子，城里的餐馆争着要。野兔比家兔值钱，一斤竟然卖到 12 元。从集市上回来的路上，张有庆寻思：为什么不可以养野兔卖钱呢？

回到家里，张有庆便把围墙上所有的野兔洞堵上，利用围墙内现有的兔子，开始养殖野兔。反正野兔遍地都是，不需要花大价钱去引种，只需要每天到集市上拣些菜叶或去割些青草。

从此，果园成了野兔们的乐园。野兔的繁殖能力远远超出了张有庆的想象。何况野兔有先天的基因优势，不像家兔，容易得病，动不动会成群死亡。张有庆主要喂一些菜叶青草，养殖成本很低。

没多久，张有庆成了远近闻名的野兔养殖户，就连野兔的粪便也被人花大价钱买去做肥料。几年工夫，他就还清了所有建果园的欠款，过上了别人羡慕的富裕生活。

张有庆的故事虽然有些戏剧性，却很有哲理。在生命的旅途中，我们常常遭遇各种挫折和失败。当你在人生低谷中徘徊，感觉自己支持不下去的时候，往往就是黎明的前夜。只要坚持下去，你人生的“兔子”往往就会在这时候出现。

所以，很多事往往并不像当事人想象得那么悲观。困难背后，往往隐藏着机遇。在绝望时，坚持下去，努力发现给你带来机遇的“兔子”。

每日一点

塞翁失马，焉知非福。灾难背后，往往隐藏着机会。

没有绝对的好事，**也没有绝对的坏事**

从前，有一个很会治理国家的国王，他有一个非常聪明的大臣，每当国家有什么重要事件的时候，他都会谦虚地向大臣请教。但无论国王问什么事情，这个大臣总爱说“好”。这令国王非常生气，他要找个理由治治大臣的这个毛病。

有一次，国王在打猎的时候，不小心被猎刀斩断了一截拇指，他连忙问大臣：“我的拇指被斩断了一截，好不好？”大臣不假思索地回答：“好！国王陛下。”这个回答使国王满腔怒火，他将大臣关了起来，并问大臣：“现在你被关在牢房里了，好不好？”大臣毫不犹豫地回答：“好！”国王说：“既然你觉得好，便在牢房里多住几天吧！”

过了两天，国王又想外出打猎了，他不想释放这个倔强的大臣，只好一个人单独出发了。没有熟悉地形的大臣做伴，国王很快迷了路，并且掉进了一个捕捉动物的陷阱里。

这个陷阱是当地的一个食人族部落挖的。当天晚上，食人族的几名大汉把赤身裸体的国王绑在了一个十字架上，然后将周围堆满了木材，准备将他烤了吃。一名巫师引导着众人举行了祭礼，他把清水喷到国王身上，逐步检查他身体的各个部位。当他检查到国王的手指时，这个巫师开始摇头叹息。检查完毕，巫师向族长报告说："我们族人只吃完整的动物，这个人断了一根指头，是个不祥之物，我们不能吃他。"族长不得已，只好放了国王。

国王白白捡回了一条命，非常激动，回去后做的第一件事情就是到监牢里看望大臣。他懊恼地说："现在我明白了你为什么说我的断指是件好事，它救回了我一条命，我错怪了你。"稍后，国王又心有不甘地问大臣："我把你关在牢里十多天，好不好呢？"

大臣回答："好，很好！"

"为什么呢？"国王问。

"我尊敬的陛下，如果您不抓我进监牢，我一定会随从您去打猎，我们会一起被食人族抓走，您可以因为断指而保全性命，但我必死无疑，因为我很完整呀！"

国王听后，茅塞顿开：每件事都有它的两面性，好和坏是随时可以转换的呀。

塞翁失马，焉知非福。天下没有绝对的好事，也没有绝对的坏事，任何事情的好与坏总是相对的。富足优越的生活更容易让人丧失上进心，而一贫如洗的日子更能激发人们去奋斗，所以，对于一件事，我们很难分辨它究竟是好是坏。当你面对所谓的坏事时，只要认真去发掘其中的闪光点，就能化险为夷，变危机为转机。

每日一点

没有绝对的好事，也没有绝对的坏事，生活的意义就是不断品味、不断琢磨。

缺憾也许**就是幸运**

人的一生中，在有意无意之间会错过许多，也许是一个重要的机会，也许是一趟回家的火车，也许是一个等待中的电话，也许是一次重要的约会，或者是一段美好的爱情……但你不必为此而抱怨和叹息——错过了漂亮，你还拥有健康；错过了智慧，你还拥有善良；错过了财富，你还拥有自由……

说不定哪一天你会忽然发觉：错过了，反而是一种幸运，就像太阳错过乌云，换来的是光芒四射。“塞翁失马，焉知非福”，说的就是这个道理。

一个国王有7个女儿，这7位公主个个都美若天仙，是国王的骄傲，特别是她们那一头乌黑亮丽的长发，更是远近闻名。好马配好鞍，国王也没含糊，送给她们每人100个漂亮的发夹。

有一天早上，大公主醒来，一如往常地用发夹整理她的秀发，却发现少了一个发夹，怎么也找不到了。于是，她偷偷地到了二公主的房里，拿走了一个发夹。

二公主发现少了一个发夹，便到三公主房里拿走一个发夹；

三公主发现少了一个发夹，也偷偷地拿走四公主的一个发夹；

四公主如法炮制拿走了五公主的发夹；

五公主一样拿走六公主的发夹，六公主只好拿走七公主的发夹。于是，七公主的发夹只剩下99个。

隔天，邻国英俊潇洒的王子忽然来到皇宫，他对国王说：“昨天我养的百灵鸟叼回了一个非常漂亮的发夹，我想这一定是属于公主们的。这真是一种奇妙的缘分，不知道是哪位公主掉了发夹呢？”

公主们听到了这件事，恨不得马上说：“是我掉的，是我掉的。”但头上明明完整地别着100个发夹，所以都懊恼得很。

这时候，七公主走出来说：“我掉了一个发夹。”一抬头，王子不由得看呆了，他觉得这是他见过的最美丽的女子，当场就向公主求婚。从此，王子与公主一起过着幸福快乐的日子。

为什么一有缺憾就想方设法去弥补呢？100个发夹，就像是完美圆满的人生，少了一个发夹，这个圆满就有了缺憾；但正因缺憾，未来就有了无限的转机，这何尝不是一件值得高兴的事呢！

人生不如意，十之八九。每当你遭遇缺憾的时候，请记住：车到山前必有路，我们永远有路可以走，缺憾也许就是转机。

每日一点

错过，有时候反而是一种幸运。

PART 05

参透人生的真谛

修养是受益一生的财富

在一次新闻发布会上，人们发现坐在前排的美国传媒巨头麦卡锡突然蹲下身子，钻到了桌子底下。大家目瞪口呆，不知道这位大亨为什么会在大庭广众之下做出如此有损形象的事情。

不一会儿，他从桌子底下钻了出来，扬扬手中的雪茄，平静地说："对不起，我的雪茄掉到桌子底下了，母亲告诉过我，应该爱惜自己的每一分钱。"

麦卡锡是亿万富翁，照理说，应该不会理睬这根掉在地上的雪茄，但他却给了我们意想不到的答案。麦卡锡表现出来的是一种最基本的成功修养，这种修养正是他创造巨大财富的源泉所在。

关于修养，人们普遍认为最重要也最基本的是尊重——尊重自己，也尊重他人。白金法则是美国最有影响的演说人之一托尼·亚历山德拉博士与人力资源顾问迈克尔·奥康纳博士研究的成果，白金法则的精髓就在于"别人希望你怎样对待他们，你就怎样对待他们"。

白金法则启示我们：在社交中和处理人际关系时，一定要尊重他人。有许多人有这样一种想法：值得我尊重的人我才去尊重，不值得我尊重的人，我没有必要尊重他。其实，尊重与某个人是否优秀能干完全是两码事。尊重不存在值得不值得的问题，我们应当尊重每一个人的人格，就像我们希望自己受到别人的尊重一样。尊重别人，就是尊重自己；尊重别人，给别人一个机会，往往也给了自己一个机会。

有一个人经过热闹的火车站，看到一个双腿残疾的人摆了一个卖地图的小摊，他漫不经心地丢下了 100 元，当作施舍。但是走了不久，这人又回来了，他抱歉地对这残疾者说："不好意思，你是一个生意人，我竟然把你当成一个乞丐。"这个人拿起几份地图走了。

过了一段时间，他再次经过这个火车站，一个店家的老板在门口微笑着喊住他："我一直期待您的出现。您是第一个把我当成生意人看待的人，您看，我现在是一个真正的生意人了。"

你怎么看一个人，那人可能就会因为你的看法而有所改变。一份尊重和爱心，常会产生意想不到的善果。所以，不妨用心地看待这个世界，用心地去尊重每一个人，你将会发现尊重别人带来的力量。

卡夏·内维尔牧师见人总是会热情地打招呼。内维尔每天都要经过一个叫米勒的农夫的土地，每次看到米勒他都会说:“早上好，米勒先生。”

刚开始米勒不太搭理这个牧师，在内维尔持续的热情和温暖的笑容的感化下，米勒也经常脱帽示意回礼，露出笑容：“早上好,内维尔先生。”这个习惯一直延续到几年后纳粹党上台为止。

纳粹上台后，开始了对犹太人的迫害。这时候内维尔全家和村中的犹太人都被送往集中营。到达集中营之后，纳粹党人便开始发配犹太人。指挥官指向左边则意味着死路一条，指向右边则代表还有生还的希望。

马上轮到内维尔了，指挥官转过身来，两人目光相遇了。

内维尔习惯性地说了句：“早安，米勒先生。”

米勒听到后，嘴角抽动了几下，静静地答道：“早安，内维尔先生！”然后手指向代表生存的右边。

这是一个真实的故事，修养的力量大到可以挽救一个人的生命。

著名CEO拉斯托姆吉说过：“领导人有权力命令下级做事，但若用说服的办法，用尊重员工的态度去说，就会事半功倍。谁也不愿意被人指使,最好的办法是在布置工作任务时加上‘请你’‘如果不介意的话’‘不知道你是否愿意’这类的话语。这样做，定会产生理想的效果，下级也会心悦诚服。”

有比快乐、艺术、财富、权势、知识、天才更宝贵的东西值得我们去追求，这极为宝贵的东西就是修养。修养让你受益终身，是相伴一生的财富，更是走向成功的有力保障。有了修养做指南针，你永远不会在成功的道路上迷失方向。

每日一点

修养让你受益终身，是相伴一生的财富，更是走向成功的有力保障。

爱心能创造奇迹

一天，一个贫穷的小男孩为了攒够学费正挨家挨户地推销商品。饥寒交迫的他摸遍全身，却只有一角钱。于是，他决定向下一户人家讨口饭吃。

然而，当一位美丽的年轻女子打开房门的时候，这个小男孩却有点不知所措了。他没有要饭，只乞求给他一口水喝。这位女子看到他饥饿的样子，就倒了一大杯牛奶给他。男孩慢慢地喝完牛奶，问道："我应该付多少钱？"

年轻女子微笑着回答："一分钱也不用付。我妈妈教导我，施以爱心，不图回报。"男孩说："那么，就请接受我由衷的感谢吧！"说完，小男孩就离开了这户人家。此时的他觉得自己浑身是劲儿，对生活充满了自信。

数年之后，那位女子得了一种罕见的重病，当地医生对此束手无策。最后，她被转到大城市医治，由专家会诊治疗。大名鼎鼎的霍华德·凯利医生也参加了医疗方案的制定。当他听到病人来自的那个城镇的名字时，一个奇怪的念头霎时闪过他的脑际，他马上起身直奔她的病房。

身穿手术服的凯利医生来到病房，一眼就认出了恩人。回到会诊室后，他决心一定要竭尽所能来治好她的病。从那天起，他就特别关照这个对自己有恩的病人。

经过艰苦的努力，手术成功了。凯利医生要求把医药费通知单送到他那里，他看了一下，便在通知单的旁边签了字。当医药费通知单送到这个女人的病房时，她不敢看，因为她确信，治病的费用将会让她用整个余生来偿还。最后她还是鼓起勇气，翻开了医药费通知单，旁边的那行小字引起了她的注意，她不禁轻声读了出来：

“医药费已付：一杯牛奶。

（签名）霍华德·凯利医生。”

喜悦的泪水溢出了她的眼睛，她默默地祈祷着：“谢谢你，上帝，你的爱已通过人类的心灵和双手传播了。”

爱的力量是所向无敌的，以爱为武器的人无往不胜。在人的情感世界中，最能打动人的就是爱。不要认为它在现实的经济社会中毫无意义，怀着一颗爱心与人交往，总会赢得双份的回报，就是因为它在不知不觉中为你前进的道路扫清了许多障碍。用爱心关爱他人，不但能赢得人们的爱戴和人脉，更能得到加倍的回报。

一天晚上，一对老年夫妇走进当地唯一一家旅店，他们经过长途奔波，需要一间客房休息。但是很遗憾，当时客房已经满了。

老夫妇俩失望地转身准备离开——或许他们得露宿街头了。

忽然，服务生叫住了他们："谢天谢地，经过我的调配，现在还有最后一间单人房，请问你们要吗？"

他们喜出望外，马上答应了，毕竟他们太需要一间房子休息了。

经过一晚的休息，老年夫妇俩清早就起床了，他们还得赶早班火车。当他们走过旅店大堂时，吃惊地发现那位服务生盖着毛毯，缩在沙发上睡觉。夫妇俩一问才知道，原来这位服务生把自己的房间让给了他们，而自己睡沙发。老年夫妇俩被深深地感动了。

半个月后，这位服务生收到了一位金融富豪的来信。在信里，金融富豪首先感谢年轻人善待了他的父母，同时邀请这位服务生去做他的助手。因为金融富豪相信，一个有爱心的人能做好一切事情。原来，这对老年夫妇就是金融富豪的父母。

可见，爱心不仅可以得到丰厚的回报，更可以创造出奇迹。

特蕾莎修女说过："随处散播你的爱心，就从对你的家人开始，多一点关爱给你的孩子、你的另一半，然后你的邻居……让每个接近你的人都有如沐春风的感觉。给别人一个关怀的眼神、一个灿烂的微笑、一个温暖的拥抱，为上帝的仁慈做见证。"

那么就从现在开始行动，关爱你身边的每一个人吧！

每日一点

拥有一颗无私的爱心，便拥有了一切。爱心不仅可以得到丰厚的回报，更可以创造出奇迹。

❀工作着就是**幸福的**

石油大王洛克菲勒给儿子的信中有这么一个故事。在古老的欧洲，有一个人在他死的时候，发现自己来到一个美妙而又能享受一切的地方。他刚踏进那片乐土，就有个侍者模样的人走过来问他："先生，您有什么需要吗？在这里您可以拥有一切您想要的——所有的美味佳肴，所有可能的娱乐以及各式的消遣，都可以让您尽情享受。"

这个人听了以后，感到有些惊奇，但非常高兴，暗自窃喜：这不正是我在人世间的梦想吗？一整天他都在品尝所有的佳肴美食，同时尽情消遣。然而有一天，他却对这一切感到索然乏味了，于是就对侍者说："我对这一切感到很厌烦，我需要做一些事情。你可以给我一份工作做吗？"

没想到，他得到的回答却是："很抱歉，我的先生，这是我们这里唯一不能为您做的。这里没有工作可以给您。"

这个人非常沮丧，愤怒地挥动着手说："这真是太糟糕了，还算是天堂呢！那我干脆就留在地狱好了！"

"您以为，您在什么地方呢？这里就是地狱。地狱与天堂的唯一区别就是没有工作。"侍者温和地说。

这个故事告诉我们：失去工作就等于失去快乐。但是令人遗憾的是，有些人却要在失业之后，才能体会到这一点。

有一个年轻人，总是抱怨工作压力大，活得累，总想着不用去上班能天天玩就好了。后来年轻人继承了一笔遗产，不用工作就可以生活得很好。年轻人疯狂地玩乐，但最后还是自己开了个公司，因为他不能忍受没有工作的空虚和无聊。他说：“刚开始玩乐的时候，我觉得很自由，很痛快，但是时间一长，我就觉得我像是与世隔绝了，心里空荡荡的，空虚得很，这种感觉太难受了。”

人一生有三分之一的时间在工作。我们工作，不仅仅是为了取得维生之资，也是为了使生活有重心、对社会有贡献、使生命有价值，更是为了我们内心的安宁和充实。日本著名企业家松下幸之助说过：真正的幸福就是能愉快地工作。

有一个盲人，为了生存，他不得不继续从事他父亲的职业——园丁。

他从来不知道花的样子和颜色，别人告诉他花是五彩缤纷、美丽娇艳的，于是他有空就用手指去轻轻触摸花朵，用鼻子小心地去闻花香，然后在心里想象花的色彩，描绘花的娇态。

他比普通人更加爱花，每天都定时给花浇水，隔一段时间给花施肥除草，甚至下雨天替花挡雨，晴天为花遮阴……他对花的过分呵护让很多人不解：不就是花吗，有必要这样去伺候吗？但人们都认可，他种的花是全市最好的，满园的牡丹、玫瑰……五彩斑斓，娇艳欲滴，从园子旁走过，老远就能闻见醉人的花香。每当花开满园时，他是最开心的，尽管他什么也看不到。

人们对于幸福的追求和体验各不相同，有的人看重业绩，有的人看重薪水，有的人则看重地位。要提高工作的幸福感，就要留心、留意，珍惜自己眼前所拥有的，对生活有所感恩。对每一件事认真地去做、去体验，你所经历的各种感情元素，甚至包括愤怒、悲伤、委屈等，这一切都可以丰富你的人生，这就是幸福。

每日一点

如果你爱自己的工作，你就是它的主人；如果你恨它，它就会成为你的主人。

❀说老实话，**办老实事**

做人就应该说老实话，办老实事。真正取得大成就的人都是诚实的。夺人之美，可能会嚣张一时，却不可能永远立于不败之地。说老实话，办老实事，才是成功者的基本行动原则。

美国密歇根航运公司总裁尼古拉斯，20 岁的时候正好赶上美国的经济危机，他好不容易才找到能在一辆大运货卡车上每天要向 100 家商店运送特别食品的工作，他每天工作 12 个小时只能挣一个三明治、一杯饮料和 50 美分。在没有食品运送的日子里，他就在街角的一家糖果店工作。一天，他在桌底下捡到 5 美元，把它交给了老板。老板拍着他的肩膀告诉他，钱是老板故意放在那儿的，以检测他是否诚实。后来，尼古拉斯一直在糖果店工作到上完高中，是诚实使他在美国经济最困难的时期保住了自己的工作。

后来，尼古拉斯做过许多工作：搬运工、侍者甚至清洁工，等等。再后来，他创办了自己的航运公司，在他的航运生意连续四年亏损时，他就会回想起自己在糖果店学到的关于诚实的一课，秉承这一信念，让他在逆境中迎风破浪，扭亏为盈并获得成功的动力。

与人为善，老实做人，必然得到好报。如果心存恶念，结果必然是赔了夫人又折兵，得不偿失。所以，为人还是说老实话、办老实事为好。

李嘉诚在生意场上纵横半个世纪，由一个小商人做成华人首富，这与他深谙老实做人做事的道理不无关系。

李嘉诚在教导自己的儿子做生意时，说："你们一定要照顾

到竞争对手。如果你们能获得10%的利润，你们可以努力去争取11%，也可以守住10%，更可以只拿9%，但是哪种更好呢？我会只拿9%，让1%给你的竞争对手。这样，你会在生意场上广交朋友，这点是非常重要的。”为此，有人评价李嘉诚说：“他在生意上只有对手，从没有敌人。”

在生意场上，老实做人做事能赢得朋友和生意；而在人生的道路上，诚实更能为你赢得尊重和声誉。

一次，维多利亚女王在白金汉宫为正在英国访问的德国作曲家门德尔松举行了盛大的招待会，欢迎这位著名的作曲家。

当《伊塔尔兹》演奏完后，这支曲子备受女王赞赏。女王开言道：“单凭这一首曲子，就可证明你是一位伟大的天才。”

门德尔松并没有喜形于色，而是诚实地对女皇说：“不，那是我妹妹的作品。”

原来，他妹妹芬妮亚也是个有极深音乐造诣的人，是她写了这首曲子。因为他的几位兄弟不赞成曲谱署女人的名字，才一致商定用门德尔松的名字发表。

尽管门德尔松誉满世界，艺术才华出类拔萃，但他并不想掠人之美，贪他人之功为己功。正是凭借着这种诚实为人的态度，门德尔松赢得了人们的尊敬，获得了巨大的成就。

拥有诚实的品质能得到人们的尊敬，获得人们的信任。虽然初看起来，诚实有时会使人吃亏，但放眼将来，诚实将使人受益终身。人们多喜欢那些老实人，因为他们忠实可靠，可以挑大担、负重任。所以说，说老实话、办老实事是不会吃亏的。

老实做人，永远是我们做人的基本准则。诚实者，会保持一个谦虚、谨慎的心态。以说老实话、办老实事的态度去行动，定能得到他人的欣赏和器重，能融洽地与人合作，成就美满人生。

每日一点

说老实话、办老实事，定能得到他人的欣赏和器重，能融洽地与人合作，成就美满人生。

一诺千金，说到做到

在中国传统文化中，诚信是一个非常重要的核心观念。《礼记》的“诚者，天之道也；诚之者，人之道也”，民间的“一言既出，驷马难追”，都是在说诚信的重要性。

那么，什么是诚信呢？“诚信”的含义其实是相当广泛的，是人格因素中那些美好的东西，包括遵守诺言、实践成约、老老实实、诚实可信、讲真话、不虚饰、办实事、不撒谎、守信用、不食言等。通俗地表述，就是“一诺千金，说到做到”。

在繁华的纽约，曾经发生过这样一件震撼人心的事情。

星期五的傍晚，一个贫穷的年轻艺人仍然像往常一样站在地铁站门口，专心致志地拉着他的小提琴。琴声优美动听，时不时地会有一些人往年轻艺人跟前的礼帽里放一些钱。

不久，年轻的小提琴手的周围站满了人，人们都被铺在地上的那张大纸上的字吸引了，有的人还踮起脚尖看。上面写着：“昨天傍晚，有一位叫乔治·桑的先生错将一份很重要的东西放

在我的礼帽里，请您速来认领。”

人们看了之后议论纷纷，都想知道是一份什么样的东西，有的人甚至还等在一边想看一个究竟。过了半小时左右，一位中年男人急急忙忙跑过来，拨开人群就冲到小提琴手面前，抓住他的肩膀语无伦次地说：“啊！是您呀，您真的来了，我就知道您是个诚实的人，您一定会来的。”

年轻的小提琴手冷静地问：“您是乔治·桑先生吗？”

那人连忙点头。小提琴手又问：“您遗落了什么东西吗？”

那个先生说：“奖票，奖票。”

小提琴手于是从怀里掏出一张奖票，上面还醒目地写着乔治·桑，小提琴手举着奖票问：“是这个吗？”

乔治·桑迅速地点点头，抢过奖票吻了一下，然后又抱着小提琴手在地上疯狂地转了两圈。

原来事情是这样的。乔治·桑是一家公司的小职员，他前些日子买了一张某家银行发行的奖票，昨天上午开奖，他中了50万美元的奖金。昨天下班后，他心情很好，觉得音乐也特别美妙，于是就从钱包里掏出50美元，放在了礼帽里，可是不小心把奖票也扔了进去。小提琴手是一名艺术学院的学生，本来打算去维也纳进修，已经定好了机票，时间就在今天上午，可是他昨天整理东西时发现了这张价值50万美元的奖票，想到失主会来找，于是就退掉了机票，又准时来到这里。

后来，有人问小提琴手："你当时那么需要一笔学费，为了赚够这笔学费，你不得不每天到地铁站拉小提琴。那你为什么不把那50万美元的奖票留下来呢？"

小提琴手说："虽然我没钱，但我活得很快乐；假如我没了诚信，我一天也不会快乐。"

面对诱惑，不为其所惑，而极力坚持自己的原则。小提琴手的语言虽平淡如行云、质朴如流水，却让人领略到一种山高海深的做人宗旨和成功智慧。这是一种闪光的品格——诚信。

在今天，守信更成为一个人事业成功的重要因素。松下电器创始人松下幸之助说过："信用既是无形的力量，又是无形的财富。"

信守承诺、说到做到是我们做人的基础。杰克·韦尔奇在《赢》这本书里面，大篇幅地讲述了"信守承诺"这一原则。可见在美国，信守承诺也是非常重要的。法国的皮尔·卡丹因为有良好的品牌信誉做保障，皮尔·卡丹的名字通过授权每年就能获得数亿美元的收入，这是诚信为企业带来的巨大财富。

诚信是个人立身之本、社会运行之规。信用是人之所以为人的基础，是人的立身之本。一个人如果失去信誉，在社会上是很难立足的。

每日一点

可信的人说的一个字，比一般人的千言万语更有用。

❀把握现在，**掌控未来**

伟大的心理学家威廉·詹姆斯说：“以行动播种，收获的是习惯；以习惯播种，收获的是个性；以个性播种，收获的是命运。”既然如此，想要改变自己的命运，你就要从最基本的行动做起，养成马上去做的习惯，从而改变个性，获得成功。

一个美国人到墨西哥旅游，一天黄昏他在一个海滩漫步，忽然看见远处有一个人在忙碌地做着什么。走近些时，他看清楚了，原来有个印第安人在不停地拾起被潮水冲到沙滩上的鱼，一条条用力地把它扔回大海去。

美国人于是好奇地问这个印第安人:“朋友，你在干什么呢？”

那人说：“我在把这些鱼扔回海里。你看，现在正在退潮，海滩上的这些鱼全是被潮水冲到岸上来的，很快这些鱼便会因缺氧而死掉！”

“我明白。不过这海滩上有数不尽的鱼，你能把它们全部送回大海吗？你可知道你所做的作用不大啊！”

这位印第安人微笑着，继续拾起另一条鱼，一边拾，一边说：

“但起码我改变了这条鱼的命运啊！”

美国人恍然大悟，陷入了沉思！的确，虽然有很多美好的事情我们不能立即去实现，但是如果把握现在，就能勇敢迈出改变的第一步！

向前看，好像时间漫长无边；却回首，才知生命如此短暂！过去不能重新找回，将来还一直遥遥无期，唯一能把握、能利用的，也只有现在了！这个人生道理既直白又明确。

霍勒斯·格里利说过：“做事的方法就是马上开始。过去的已成历史，未来还遥不可及，我们能把握的只有现在。”什么事情一旦拖延，就总是会拖延，而你一旦开始行动，事情就有了转变。凡事及时行动就是成功的一半。

著名作家茅盾说过：“过去的，让它过去，永远不要回顾；未来的，等来了时再说，不要空想；我们只抓住了现在，用我们现在的理解，做我们所应该做的。”

每个人都希望梦想成真，成功却遥不可及，倦怠和不自信让我们怀疑自己的能力。其实，我们不必为未来担忧，只要把握现在，开始行动，成功的喜悦就会慢慢浸润我们的生命。要想人生没有遗憾，那就从现在开始，朝着你的目标，开始行动，成就你的卓越人生吧！

每日一点

过去的已成历史，未来还遥不可及，我们能把握的只有现在。如果你希望掌握未来，那你必须控制现在。

❀ 拥有希望，就拥有创造奇迹的力量

美国作家欧·亨利在他的小说《最后一片叶子》里讲了这样一个故事：

病房里，一个生命垂危的病人从房间里看见窗外的一棵树，在秋风中树叶一片片地掉落下来。病人望着眼前的萧萧落叶，身体也随之每况愈下，一天不如一天。她说："当树叶全部掉光时，我也就要死了。"一位老画家得知后，用彩笔画了一片叶脉青翠的树叶挂在树枝上。最后一片叶子始终没掉下来。

只因为生命中的这片绿，病人竟奇迹般地活了下来。

人生可以失去很多东西，却绝不能失去希望。只要心存希望，总有奇迹发生，希望虽然渺茫，但它永存人间。所以，当你遇到困境的时候，你一定要相信自己，给自己希望，才能柳暗花明，走出困境。

多克是一个信差，他始终坚信自己的使命就是向人们传递快乐，因此他的口袋里总是装着许多小纸条，上面写着一些鼓励性的话。他将信件和电报送到人们手中的同时，也留给他们一张小纸条，告诉他们"今天是美好的一天""要笑口常开""别再烦恼"。

第二次世界大战期间，多克因为年龄太大而没有入伍，但他自告奋勇到野战医院做了一名志愿者，协助医院救死扶伤。

有一天，他突发奇想，在医院的墙上写了一句话："没有人会死在这里。"他的行为引起了大家的注意。医院的人说他疯了，也有人认为这句话无伤大雅，不必擦掉。

那句话一直没有人去管，就一直留在了那面墙上。后来，不但伤员，就连医生、护士包括院长，都渐渐地记住了这句话。

伤病员们为了不让这句话落空而坚强地活着，医生和护士为了这句话，尽力地给予病人最精心的医治和护理。这个医院变成了一个坚强的医院，每个人的脸上都有一种盼望和坚毅的表情。

有时候，创造奇迹的不是巨人，也许只是心中埋藏的希望。一句鼓励的话语，就能给对方一个免费却珍贵的礼物——希望。希望在我们的生命里，微不足道，却往往重如千钧。

一个俄国人做过一个试验：将两只大白鼠丢入一个装了水的器皿中，它们拼命地挣扎求生，结果只维持了 8 分钟左右。然后在同样的器皿中放入另外两只大白鼠，在它们挣扎了 5 分钟左右的时候，放入一个可以让它们爬出器皿的跳板，这两只大白鼠得以活下来。若干天以后，再将这对大难不死的大白鼠放入器皿中，结果真的有些令人吃惊：两只大白鼠竟然可以坚持 24 分钟，是一般情况下能够坚持时间的 3 倍。这位俄国的心理学家总结说：前面的两只大白鼠没有任何逃生经验，只能凭自己本来的体力挣扎求生；而有过逃生经验的大白鼠却多了一种精神的力量，它们相信在某一个时候，会有一个跳板救它们出去，这使得它们能够坚持更长的时间。这种精神力量，就是希望。

试验还没有讲完。有人想着那两只大白鼠，总觉得不是滋味，就略带反感地对那位心理学家说："有希望又怎么样？那两只大白鼠最后还不是死了。"心理学家出人意料地回答说："没有死。在第 24 分钟时，我看它们实在不行了，就把它们捞上来了。有积极心态的大白鼠更有价值，更值得活下去。我们人类应该尊重一切希望，哪怕是一只大白鼠内心的希望。"

这个实验虽然残酷了一点，但给人很大的教益。我们不必做那样的试验就可以知道，在艰难困苦之中，心中有希望和心中没有希望，对我们的行为会有完全不同的影响，结果当然也就完全不一样了。大白鼠的希望，是人给它们的；而我们人类自己，在任何时候、任何地点、任何困难的情况下，都能够自己给自己希望。希望是一种伟大的力量，在很多情况下，希望的力量比知识的力量还要强大。因为只有在有希望的前提下，知识才能被更好地利用。一个人，即使他一无所有，只要他有希望，他就可能拥有一切；而一个人即使拥有一切，却不拥有希望，那就可能丧失他已经拥有的一切。

漫漫人生，难免会遇到荆棘和坎坷，但风雨过后，一定会有美丽的彩虹。所以，你在任何时候都要抱有乐观的心态，都不要丧失希望。要知道，挫折只是人生的插曲，虽然机遇总是飘忽不定，但只要你坚持，保持乐观，就能拥有希望。

每日一点

有时候，创造奇迹的不是巨人，也许只是心中埋藏的希望。

❀做事先做人，**人品最关键**

中国有句老话:“做事先做人。”的确,学会做人是成事之道，人品人格是谋事之基。我们既然以“人”的身份在人世间生活，所以一个人若要成功，首要问题就是学会做人，如果连做人都不会，怎么能把事做好呢？比尔·盖茨曾说过：“我把人品排在人所有素质的第一位，超过了智慧、创新、情商、激情等，我认为如果一个人的人品有了问题，这个人就不值得一个公司去考虑雇用他。”

正直的人能信守诺言，相互尊重，彼此帮助，从而把自己的事业做大做强。因此，不管遇到什么情况，你一定要记住做人之本：善良正直，坚持人品第一。

1860年，作为美国共和党的总统候选人，林肯参加了总统竞选。他独自一人四处发表巡回演讲，为自己做宣传——他没钱雇人为他服务。而林肯的最大对手民主党候选人道格拉斯则是个有钱人，拥有专用竞选列车，带着乐队，浩浩荡荡地在美国做巡回宣传,很是风光。火车上还配有礼炮,每到一地,便鸣放32响礼炮,发表演说，向人们炫耀显赫的贵族出身和雄厚的经济基础。

有人在林肯演说的时候问起他的家庭情况，林肯正色说道:“我有一位值得我钟爱一生的贤妻，三个聪明的孩子，他们是我的无价之宝。此外，我还租有一间办公室，里面有桌子一张，椅子三把，墙角有书柜一个，书柜里的书，每一本都值得大家好好读读。我的大概情况就是这样。我实在没有什么可以依靠的，唯一可以依靠的，就是你们。”

林肯发自内心的演讲，深深感动了听众，赢得了万千美国人的心，他终于击败了财大气粗的道格拉斯，成为美国历史上第一位平民总统。

这个故事告诉我们，只有内在的美才可靠长久，值得我们追求和尊崇。虽然外在的容貌、身材、风采和权位、财产等也很吸引人，可内在的品德、学识、才能和真诚、自信等给人的感受则更有魅力。

在职场上流传着这么一个关于求职者的离奇故事。在这个人面试的最后关头，老板亲自问了一个问题——10减1等于几？参加面试的共有三个人，另外两位是研究生，只见第一位很快信心满怀地说："你想等于几就等于几。"第二位则滔滔不绝："10减1等于8，那是消费；等于12，那是经营；等于15，那是金融；等于100，那是中奖。"望着神采飞扬的他们，第三位求职者脑子里一片空白，最后只好黯然答道"10减1等于9"，并作好了落选的准备。谁知老板当场宣布他被录取了。事后问其原由，竟是他的诚实，这个理由简单得让人吃惊。

在当今社会，企业用人的原则也越来越趋向于人品第一。著名企业家何伯权说："我们用人的原则是德才兼备，以德为先。打个比方说，品德就像火车的方向、路轨，才能就像马力。如果方向、路轨偏了，马力越大，造成的危害也就越大。"

做生意要讲究产品品质，但更重视人品。被《福布斯》杂志称之为"美国销售大师"的美国菲力普·莫里斯公司总裁阿尔弗雷德·莱昂有句名言："要记住，你的顾客购买的不是你的产品，他们购买的是你个人的魅力，然后他们帮助你销售你的产品。”比如，和客户谈生意的时候，推销的不仅仅是商品，更多的是推销你的人品，如果他人认可了你的人品，自然也就信任你的产品。

日本企业家小池先生曾说过："做生意和做人一样，首先都要讲究品质，正直做人会给你带来一本万利的回报。"

小池出身贫寒，20 岁的时候在一家机械公司当推销员。刚开始的时候，因为机器质量优良，一个月的时间就做成了 30 笔生意。但是后来小池发现自己卖的机器比外面同样质量性能的机器贵了一点。

小池想："如果顾客知道了，以为我做生意不厚道，肯定会影响以后的合作。"于是深感不安的小池立即带着订单，逐家拜访客户，说明情况后，坚决要返回多出来的款项。

小池的举动使客户们都非常感动，都认为小池是一个值得信赖的人。慢慢地，由于人品可靠，小池的生意做得越来越好。一直到后来独立创业，这些客户还和他保持着合作关系。

因此，成功之路上的重要忠告是：先做人，后做事。能力当然重要，人品同样不可或缺。人品好的人总是能赢得人缘和信任。有了人品做航标，你的人生之舟就能乘风破浪，到达成功的彼岸。

每日一点

品格如同树木，名利如同树荫。我们常常考虑的是树荫，却不知树木才是根本。

❀ 责任到此，不能再推

《迈阿密先驱报》的幽默专栏作家戴夫·巴里讲述了他年轻时的一个故事：

17岁时，我在一个营地里担任辅导员，主要负责管理一群10～12岁的孩子，让他们在一起时不要闹事。此外，我还要带着他们到森林里郊游。能够到迷宫一样的森林里玩自然令人兴奋，可是当你要带着一群比自己小的孩子同行时，你的兴奋感一定会抛到九霄云外。因为他们的生命安全似乎全部系在了你一个人身上。你必须运用自己所有的能量和胆量，帮助他们应付遇到的突发情况。这对向来有些胆小的我不是一件容易的事情，可是我必须这么做。

我带着一群孩子在湖边安营扎寨，当时我是这群人中唯一的白人。我们在湖里游泳时，碰上了一艘载着白人孩子的摩托艇，艇上的白人孩子向我们的队伍叫嚷着带有种族歧视的话语，并企图用水溅湿我们的帐篷。

当时，我也不知哪儿来的勇气，和自己的助手一起警告他们："如果你们再敢靠近这些孩子，我们将抄下你们的艇号，打电话叫警察来。"那些挑衅者最后还是离开了。

那个夏天，我回学校后，发现自己似乎不再像以前那么胆小了，而且忽然间明白了责任感是什么。

一个人真正成熟的标志就是有责任感。克雷格·霍尔说过："财富意味着责任，唯其承担了无穷的责任，才会获得无尽的尊敬。"

在营救驻伊朗的美国大使馆人质的作战计划失败后，当时美国总统吉米·卡特立即在电视里郑重声明："一切责任在我。"仅仅因为上面那句话，卡特总统的支持率骤然上升了10%以上。

一个没有责任心的人，实质是一个没有控制能力，没有决定能力的人，同时也是一种自私、无能、懦弱、胆小的表现，他无法掌握自己的快乐、幸福、健康和财富，做不了自己的主人，也无法获得他人的信任和尊重。

有一个木匠，因为敬业和勤奋而深得老板的信任。木匠年纪大了，就告诉老板说，自己想退休回家和家人安享晚年。老板虽然十分舍不得他走，看他十分坚决，还是成全了他，但是希望在他走之前能够再帮老板盖一座房子，木匠答应了。

木匠归心似箭，心早就不在房子上面了。用料没有平时严格，做出的活也完全没有平时的水准。老板看在眼里，没说什么。

房子盖好后，木匠向老板告辞。老板送给他一样东西作为他的退休礼物——房子的钥匙，并且告诉他："这是你的房子，你也为我工作这么多年了，这是我送给你的退休礼物！"

木匠愣住了，满脸悔恨和羞愧。他这一生盖了这么多漂亮房子，最后却为自己造了这样一座马虎粗糙的房子。

同样一个人，可以盖出漂亮华丽的房子，也能建造出粗陋不堪的房子，原因在哪儿？技艺不如以前？不是！是因为责任心！失去了责任心，即使是自己最拿手的工作，也会做得一塌糊涂。

我们每一个人从诞生那天起，就生活在复杂的社会关系中，和他人、集体、社会之间存在着这样那样的责任关系。因此，在生活中当我们做出某种行动的时候，都应该考虑对个人、对家庭、对他人、对社会甚至对整个人类所应当承担的责任。这种高度的责任感是我们应该具备的基本品德，是我们学会做人的根本。

中国WTO首席谈判代表龙永图到瑞士访问的时候，在一个洗手间里，他听到隔壁小间里一直有一种奇怪的声音。于是，在好奇心的驱使下，他通过小门的缝隙向里面看了看。结果，这一看使龙永图惊叹不已。

原来，厕所的小间里有一个七八岁的小男孩正在修理马桶的冲刷零件。一问才知道，是这个小男孩上完厕所以后，因为冲刷设备出了问题，没有把脏东西冲下去，因此他就一个人蹲在旁边，千方百计地想修复冲刷设备，当时他的父母、老师并不在他的身边，可见他的举动完全是自觉自愿的。这件事令龙永图非常感慨，一个只有七八岁的小男孩，竟然有如此强烈的责任感，这种负责精神已经渗透到了他全身的每个细胞，已经完完全全成了习惯。

美国杜鲁门总统，在他的办公桌上摆着一个牌子：Book of stop here（责任到此，不能再推）！责任感不仅是你立足于社会的必要条件，也是至关重要的人格品质。

每日一点

人一旦受到责任感的驱使，就能创造出奇迹。

PART

06

心态决定人生的高度

❀ 成败取决于你的心态

三个和尚在破庙里相遇。“这庙为什么荒废了？”不知是谁提出了问题。

“必是和尚不虔诚，所以菩萨不灵。”甲和尚说。

“必是和尚不勤快，所以庙产不修。”乙和尚说。

“必是和尚不尊敬，所以香客不多。”丙和尚说。

三人争执不下，最后决定留下来各尽所能，改变这座破庙。

于是甲和尚礼佛念经，乙和尚整理庙务，丙和尚化缘讲经。没多久，果然香火渐盛，破庙换了新颜。于是，三个人的想法也就慢慢发生了变化。

“都因我礼佛虔心，所以菩萨显灵。”甲和尚心里想。

“都因我勤加管理，所以庙务周全。”乙和尚心里想。

“都因我劝世奔走，所以香客众多。”丙和尚心里想。

三个人都觉得自己功劳大，做事就慢慢懈怠了。甲和尚念经开始有口无心了，乙和尚整理庙务也开始三天打鱼两天晒网了，丙和尚化缘也推三阻四了。很快，庙里香火旺盛的场面又逐渐消

失了。

庙已经维持不下去了，三个人只好各奔东西。走的那天，他们总算得出一致的结论：这庙的荒废，既非和尚不虔，也非和尚不勤，更非和尚不敬，而是和尚的态度出现了问题。

成也人心，败也人心；得也人心，失也人心。一切的成败得失，只在人心！人心，真的很重要。

很久以前，为了开辟新的街道，伦敦拆除了许多陈旧的楼房。然而因为种种原因，新路久久没能开工，旧楼房的废墟晾在那里，任凭日晒雨淋。

有一天，一群博学之士来到了这里，发现在这一片废墟上，竟长出了一片野花野草。令人惊奇的是，其中有一些花草在英国从来没有见到过的，它们通常只生长在地中海沿岸国家。这些被拆除的楼房，大多都是古罗马人沿着泰晤士河进攻英国的时候建造的。

这些花草的种子多半就是那个时候被带到了这里，它们被压在沉重的石头砖瓦之下，一年又一年，丧失了生长发芽的机会。而一旦见到阳光，它们就立即恢复了勃勃生机，绽放出了一朵朵美丽的鲜花。

只要保持一颗坚韧的心，一旦时机来临，你的生命之花必将绽放。

有两位年届 70 岁的老太太，一位认为到了这个年纪可算是人生的尽头，于是便开始料理后事；另一位却认为一个人能做什么事不在于年龄的大小，而在于怎么想。于是，她在 70 岁高龄之际开始学习登山。令人惊讶的是，她以 95 岁高龄登上了日本的富士山，打破了攀登此山年龄最高的纪录。

她，就是著名的胡达·克鲁斯夫人。

70 岁开始学习登山，这乃是一大奇迹。看来，一个人能否成功，就看他的态度了。一个人如果是个心态积极者，喜欢挑战，自强乐观，那他就成功了一半。胡达·克鲁斯夫人的壮举正验证了这一点。而一个人如果凡事都抱着消极的态度，疑虑悲观，那么，他只好和成功无缘了。

每日一点

一个人如果是个心态积极者，喜欢挑战，自强乐观，那他就成功了一半。

幸福与否全在于你的心态

有一个人，他生前善良且热心助人，所以他死后升入天堂，做了天使。他当了天使后，仍时常到凡间帮助人，希望感受到幸福的味道。

一日，他遇见一个农夫，农夫的样子非常苦恼，他向天使诉说："我家的水牛刚死了，没它帮忙犁田，我怎能下田作业呢？"

于是天使赐给他一头健壮的水牛，农夫很高兴，天使在他身上感受到了幸福的味道。

又一日，他遇见一个男人，男人非常沮丧，他向天使诉说："我的钱被骗光了，没盘缠回乡。"

于是天使给他银两做路费，男人很高兴，天使在他身上感受到了幸福的味道。

又一日，他遇见一个诗人，诗人年轻、英俊，有才华且富有，妻子貌美而温柔，他却过得不快活。

天使问他："你不快乐吗？我能帮你吗？"

诗人对天使说："我什么都有，只欠一样东西，你能够给我吗？"

天使回答说："可以。你要什么我都可以给你。"

诗人直直地望着天使："我要的是幸福。"

这下子把天使难倒了。天使想了想，说："我明白了。"然后把诗人所拥有的都拿走。

天使拿走诗人的才华，毁去他的容貌，夺去他的财产和他妻子的性命。

天使做完这些事后，便离去了。

一个月后，天使再回到诗人的身边，

他那时饿得半死，衣衫褴褛地躺在地上挣扎。

于是，天使把他的一切还给他。

然后，又离去了。

半个月后，天使再去看望诗人。

这次，诗人搂着妻子，不住地向天使道谢。

因为，他得到幸福了。

很多人都向往幸福，但是什么才是幸福呢？电影《求求你表扬我》的开场白解释得不错：

王志文："什么叫幸福？"

范伟："幸福就是——你饿了，看见别人手里有馒头，他就比你幸福；你冷了，看见别人身上穿着厚棉袄，他就比你幸福；你想上茅房，就一个坑，有人蹲那了，他就比你幸福……"

王志文笑了："哈哈……"

范伟："可笑吗？"

这可笑吗？其实，幸福就是这么简单。

人很奇怪，每每等到失去，才懂得珍惜。其实，幸福早就放在你的面前。

肚子饿坏的时候，有一碗热腾腾的拉面放在你眼前，幸福。

累得半死的时候，扑上软软的床，也是幸福。

哭得要命的时候，旁边温柔地递来一张纸巾，更是幸福。

幸福本没有绝对的定义，平常一些小事也往往能撼动你的心灵，幸福与否只在乎你的心怎么看待。你认为自己贫穷，并且不可改变，那么你的一生都将穷困潦倒；你认为贫穷是可以改变的，一切都会改观，并且努力去改变，那么你的一生将是充实快乐的。

草原上有对狮子母子，它们无忧无虑地生活着。一天，小狮子问母狮子："妈，幸福在哪里？"

母狮子笑了笑说："幸福就在你的尾巴上。"

于是，小狮子不断追着尾巴跑，跑了整整一天，累得气喘吁吁，但始终咬不到。

母狮子笑道："傻瓜！幸福不是这样得到的。只要你昂首向前走，幸福就会一直跟随着你！"

美好的东西如果刻意去追求，它总是与你擦肩而过。但是如果你怀有一颗平常心，脚踏实地走好每一步，那么，快乐幸福就在你左右。

每日一点

美好的东西如果刻意去追求，它总是与你擦肩而过。但是如果你怀有一颗平常心，脚踏实地走好每一步，那么，快乐幸福就在你左右。

热情点燃成功的火焰

能力、忠诚、敬业、态度——所有这些特征，对准备在事业上有所作为的年轻人来说，都是不可缺少的，但是更不可或缺的是热情——将奋斗、拼搏看作是人生的快乐和荣耀。热情是真诚的精髓，它不仅能激励自己，更能感染他人。你只要稍加注意，就会发现在世界历史中，每一个伟大而高贵的胜利都是某种热情的结果。对于成功者来说，尤其如此。

著名音乐家亨德尔年幼时，家人不准他去碰乐器，不让他去上学，哪怕是学习一个音符。但这一切又有什么用呢？他每天都在半夜里悄悄地跑到秘密的阁楼里去弹钢琴。

莫扎特孩提时，每天要做大量的苦工，但是到了晚上他就偷偷地去教堂聆听风琴演奏，将他的全部身心都融入音乐之中。

富兰克林说过："没有热情，不可能赢得任何一场竞争。"热情是一种伟大的力量。它可以补充你的精力，并发展出一种坚强的个性；它能给你以信心和动力，带领你迈向成功。

英国政治家本杰明·迪斯雷利说过："当一个人因热情而行动，他才真的伟大。"多一点热情，人生就会大不一样。

有个生意人做生意一直不顺利，最后破产了。他心灰意冷，把剩下的钱在郊区给自己买了块墓地，一心等死。谁知他刚买下墓地没多久，政府计划修路，而他的墓地正好处于道路的十字路口，这一带的地价暴涨，商人通过卖墓地居然发了一笔财。

"我买墓地都能发财，看来我注定是要做大事的。"这样一想，商人充满了希望，热情被激发出来了，开始用卖墓地的钱投资房地产。短短几年的时间里，他就成为著名的房地产商。

阿诺德说："没有了热情，你能打动谁？世界上最糟糕的破产就是一个人丧失了热情。"没人愿意整天和一个没精打采冷若冰霜的人打交道，也没有哪一个领导愿意提升一个毫无热情的下属。热情是战胜所有困难的强大力量，它使你保持清醒，使全身所有的神经都处于兴奋状态，去进行你内心渴望的事。高度的热情是成功的诀窍，爱迪生连结婚时都想着自己的发明创造，怎么会不成功呢？

所以，要想获得成功，无论你的才能、知识多么卓越，如果缺乏热情，成功只能是空中楼阁。当你做好成功的准备时，你不妨问问自己：自己有足够的热情去获取成功的喜悦吗？

拿破仑说过："如果你拥有热情，那几乎就所向无敌了。"有人用补品来维持精力，有人一天到晚都无精打采。只有热情才能使人神采奕奕、精力过人。充满热情和活力，别人就会被你吸引，因为人们总是喜欢跟积极乐观的人在一起。而没有热情，无论你拥有什么能力，都发挥不出来。要想获得最大的成功，你必须拥有最大的热情，来开拓、发挥自己的才能。

一个人的热情就如同油灯上的火焰，有人给它加油，它便能一直燃烧下去。热情来自远大的目标和对工作的乐趣。培养热情最好的方法就是，心存"热情"之念，热爱生活，热爱工作，用行动表现热情。凡事不做则已，做就必定全力以赴，以最大的热情行动到底。那么，如何才能让热情之火不灭呢？卡耐基提出了以下几个建议：

1. 热爱生活，热爱工作，保持好奇心；
2. 做事要充满热情；
3. 多传播好消息，多想想开心的事情；
4. 培养"我很重要"的态度；
5. 让自己行动起来，行动表现出来的热情才最有说服力；

6. 坚持锻炼，身体健康是产生热情的基础；

7. 认为自己是天生的优胜者，要自信点；

8. 要用希望和梦想来激励自己。

最后请记住：热情是世界上最有价值的感情，也是最有感染力的情绪。热情增加一点点，人生就大不一样。充满激情，最后你自己也将被激情点燃，没有任何东西能阻止你成功的脚步，你的生活也会因为热情而多姿多彩！

每日一点

当你被欲望控制时，你是渺小的；当你被热情激发时，你是伟大的。

❀ 失去了勇气，就失去了全部

狭路相逢，勇者胜。这句话是说，在任何时候，勇气都是必不可少的精神。人生没有智慧不行，没有勇气也不行。谁也不敢说有智慧的人一定有勇气；但缺少智慧的人，大约也没有勇气，或者其勇气亦是一种冒失。

一个死者来到天堂，天使为他放映他在人间的一生。结果他发现，每当演到那些他缺乏勇气的时刻，画面就会停格中断。停格的画面包括：他年轻时爱上一个女孩子却不敢表白；有一次做错事想对父亲道歉却始终没有说出来；他爱自己的孩子，但很少表达出来。影片放完了，天使告诉他：“你几乎是完美的，但是你的生命里缺乏勇气，所以我们要让你回到人间，等你学会了爱和勇气后再回到天堂。”

温斯顿·丘吉尔说过：“勇气很有理由被当作人类德行之首，因为这种德行保证了所有其余的德行。”有了勇气，就有了战胜一切困难的力量，勇气是成为一个优秀的人的必备条件。如果没有勇气，就永远只是个纸上谈兵的空想家，就像蜗牛一样，很难爬出背上的家园。

勇气的力量可以改变一个人的人生。有一个人从小就胆小，什么事也不敢做，同学和朋友都嘲笑他。为了让他鼓起勇气，父母让他报了军校。可是在军校里他还是一样胆小，老师看不起他，同学们嘲笑他，经常出他的洋相。一次，他们在手雷实弹投掷训练中，一个爱恶作剧的同学拿了一个仿真的手雷，告诉大家要让他出丑。开始训练了，那个同学“不小心”将仿真的手雷扔到了同学中间，大叫“小心”，同学们也很配合地“乱作一团”。

那个人也很惊慌，大家本来想看他出丑，可没想到他竟勇敢地扑向手雷，将它压在身下，同学们震住了。

半晌他脸通红，爬了起来，不敢看大家。回过神后，同学们都为他的勇气鼓掌。他的一生也从此改变了。他就是美国著名的刚烈将领——巴顿将军。

想到的事情经过努力未能做成不会让人后悔，而很容易做到的事情不去尝试，则会终生遗憾。其实人世间好多事情，只要敢做，多少都会有收获。尤其是在困境中，如果能拿出你视死如归的勇气，必能化险为夷，任何困难都将迎刃而解。

秦朝末年，天下纷乱，各路人马为了不同的利益相互混战，其中项羽的巨鹿之战至今为人们长久传诵。

当时，赵王歇被秦军围困在巨鹿（今河北平乡西南），请求楚怀王救援。而秦军强大，几乎没人敢前去迎战。项羽为报秦军杀父之仇主动请缨，楚怀王封项羽为上将军。

项羽先派部将英布、蒲将军率领两万人做先锋，渡过漳水，切断秦军运粮通道。然后，项羽率领主力渡河。渡过了河，项羽命令将士，每人只带三天的干粮，把军队里做饭的锅碗全砸了，把渡河的船只全部凿沉，连营帐都烧了，并对将士们说："咱们这次打仗，有进无退，三天之内，一定要把秦兵打退。"

项羽破釜沉舟的决心和勇气，对将士起了很大的鼓舞作用。楚军把秦军的军队包围起来，个个士气振奋，越战越勇，一个人抵得上十个秦兵。经过九次激烈战斗，项羽活捉了秦军首领王离，其他的秦军将士有被杀的，也有逃走的，围困巨鹿的秦军就这样瓦解了。

可见，像项羽那样的盖世英雄，身上总少不了超出常人的勇气。勇气是人生的发动机，勇气能创造奇迹，勇气能战胜一切困难。试想，如果我们事事都能拿出破釜沉舟的勇气和决心，那么对我们来说还有什么困难可言！

如果人生失去了金钱，可以重头再来；如果人生失去了荣誉感，便会失去前行的动力；而人生失去了勇气，那就失去了全部。

每日一点

如果人生失去了金钱，可以重头再来；如果人生失去了荣誉感，便会失去前行的动力；而人生失去了勇气，那就失去了全部。

❀时刻提醒自己：**我只懂一点点**

宋朝大文学家王安石，曾做过宰相，晚年闲居在金陵。他喜欢一个人游览山景，一天，他遇到十多个人在山路旁的树下围在一起谈论文学，便凑过去坐在一旁的一块石头上静静地听。一个年轻人见他坐了很久，一言不发，就以不屑的语气问："你懂文学吗？就是词啊、诗啊、赋啊什么的。"

王安石微笑着望着他，没说话。

年轻人以为王安石不懂，又说："不懂文学，何必在这里浪费时间呢？"

王安石淡淡地说："也算懂吧。我懂一点，只懂一点点。"

那人见他说懂文学，就问："您能把大名告诉我吗？"

王安石说："可以。卑姓王，字介甫，号半山，名安石。"

众人闻听坐在他们面前的这位老人就是大名鼎鼎的王安石，都慌忙站起来，纷纷向他施礼，谦虚地向他请教。

大文学家王安石旁听人们谈论文学，一言不发，回答问题时不卑不亢，表现出一种谦虚的品格。谦虚不会使人失去什么，反而能焕发出你的人格魅力，使知识更加丰富。

孔子带着学生到鲁桓公的祠庙里参观，看到了一个可用来装水的器皿，形体倾斜地放在祠庙里。

守庙的人告诉他："这是欹器，是放在座位右边，用来警诫自己，如'座右铭'一般的器皿。"

孔子说："我听说这种用来装水的伴坐的器皿，在没有装水或装水少时就会歪倒；水装得适中、不多不少的时候就是端正的；

里面的水装得过多或装满了，它也会翻倒。”

说着，孔子回过头来对他的学生们说：“你们在里面倒水试试看吧！”学生们听后舀来了水，一个个慢慢地向这个可用来装水的器皿里灌水。果然，当水装得适中的时候，这个器皿就端端正正地立在那里。不一会，水灌满了，它就翻倒了，里面的水流了出来。再过了一会儿，器皿里的水流尽了，它又像原来一样歪斜在那里了。

这时候，孔子便长长地叹了一口气说道：“唉！世界上哪会有太满而不倾覆翻倒的事物啊！”欹器装满水就如同骄傲自满的人那样，容易翻倒。因此为人要谦虚谨慎，不要骄傲自满。

法国数学家笛卡儿是一位知识渊博的伟大学者，但他声称，学习得越多就越发现自己无知。

一次，有人问这位伟大的数学家：“您学问那样广博，竟然感叹自己无知，是不是太过谦虚了？”

笛卡儿说：“哲学家芝诺不是解释过吗？他曾画了一个圆圈，圆圈内是已掌握的知识，圆圈外是浩瀚无边的未知世界。知识越多，圆圈越大，圆周自然也越长，这样它的边沿与

外界空白的接触面也越大，因此未知部分当然显得就更多了。”

“对，对，您的解释真是绝妙！”问话者连连点头称是，赞服这位数学家的高见。

知道得越多，越觉得自己无知？这合情合理吗？其实，在聪明人看来，这种说法非常正确。因为人类已经有数千年的文明，个人所掌握的知识不过是沧海一粟罢了。如果有个人因为自己上知天文下知地理就敢号称自己无所不知的话，那只会贻笑大方。所以，无论在任何时候，你永远都要清醒地告诉自己：我只懂一点点。

每日一点

饱满的稻子总是弯腰向着大地，浅薄的稗子才会高傲地望着天空。

端正心态做人做事

内心的平静和我们生活中的种种快乐，并不在于我们身在何处，拥有什么，或者我们是什么人，而在于我们的心境如何。有了良好的心态，就能够冲破一切阻力和障碍，不管它们来自自然环境，还是你周围的人。掌握控制着自己的心态，就能主宰自己的命运。相信自己能够成功，你就一定能够获得成功！

有一个在孤儿院里生活的小男孩，常常悲观地问院长：“像我这样被抛弃的孩子，活着有什么意义呢？”院长笑而不答。

有一天，院长交给小男孩一块石头，说："这是我家祖传的璞玉，价值不菲。明天早上，你拿这块石头到市场上去卖。但是记住，无论别人出多少钱，你也不卖。"

第二天，小男孩拿着这块小石头蹲在古玩市场一个不起眼的角落，嘴角充满了自信的笑容。很多人都对石头非常感兴趣，出价也越来越高。

回去后，小男孩兴奋地向院长报告，院长还是笑了笑，让小男孩明天把石头拿到珠宝市场上去卖。结果在珠宝市场上，这块石头的价格涨了十倍。由于男孩坚决不卖，这块石头甚至被认为是"传世珍宝"。

男孩兴冲冲回到院里，向院长报喜。院长望着男孩慢慢说道："其实这只是块不起眼的鹅卵石，原本不值一文，但是由于你的珍惜和看重而提升了它的价值，竟被误以为稀世珍宝。你不就像这块石头一样？只要你看重自己，在不同的心态下，就能创造出不同的价值，生命也就有不同的意义。"

事物的本身并不影响人，人们只受对事物看法的影响！石头没有改变，它仍然还是石头，改变的只是心态。保持积极的心态，一块石头也能卖出传世珍宝的价钱。由此可见，生命的价值就取决于你自己的心态。人不能改变命运，但可以改变看待事物的态度；不能改变自己的容貌，但可以展现笑容；不能控制他人，但可以掌握自己；不能预知明天，但可以把握今天；不可能事事成功，但可以全力以赴……

在当代社会，个人的能力固然非常重要，但从根本上说，决定一个人发展的却还是一些非能力层面的东西。比如一起进入企业的大学生，尽管来自不同的学校，但他们的专业知识、能力差别是不会太大的，可为什么几年以后他们的发展却有很大的差距呢？专家认为非能力素质在其中发挥了很大的作用。在众多的非能力素质中，心态是其中的重要一环。来自哈佛大学的一个研究则发现，一个人的事业发展，75% 取决于他的态度，而只有 5% 取决于个人的智力和知识，其他 20% 则归功于机遇。

所以，保持一个良好的心态，是我们在职业生涯中取得持续成功的关键。因为人是情感动物，心态高低、健康与否，对我们非常重要。心态的外在体现最终形成一种精神风貌，心态的内在体现则表现为它将直接影响我们的斗志和对工作投入的程度。

任何一种工作做长了都会令人倦怠。其实，问题也许并非出在工作本身，而只是人的心理作用。在工作和生活中，永远都不要忘记随时调整心态，工作的突破也往往取决于人自身心态的突破。试着按下面的几条原则去做，对于培养良好的心态是很有帮助的：

1. 为人要乐观，凡事往好的方面想；
2. 经常保持微笑；
3. 学会和别人一块分享喜悦；
4. 保持自己的一颗童心；
5. 学会和各种人愉快地相处；
6. 保持幽默感；
7. 镇静，要能处乱不惊；
8. 学会宽容他人；

9. 有几个知心朋友，可以交流沟通；

10. 常和别人保持合作，并从中获得乐趣；

11. 保持高度的自信心；

12. 尊重弱者，乐于帮助他人；

13. 偶尔放纵一下，善待自己；

14. 具备非凡胆识和勇气。

每日一点

生活的快乐与否，完全决定于个人对人、事、物的看法如何。态度，决定了你一生的高度。

学会激励自己，给自己打气

如果沉在海底的话，一枚硬币和一枚价值连城的金币是一样的。只有将金币打捞上来，并且去使用它，才能显出它们价值的大小。同样的道理，只有当你学会激励自己发挥潜能时，你才变得真实而有价值。

绝大多数人不相信他们自己有能力实现愿望，因而他们从不激励自己，反而是在关键时刻暗示自己："你不行的，还是别做白日梦了。""我天生就是如此，再努力也没用了。"……这些消极的语言不仅使他们丧失了自信，同时也封住了他们的潜能。成功者往往是那些拥有积极心态并且善于激励自己的人。

卡耐基说过："不能激励自己的人，一定是一个平庸的人，无论他的才能如何出色。”激励是我们生活的驱动力量，它来自于一种希望成功的愿望。没有成功，生活中就没有自豪感，在工作和家庭中也就没有快乐与激情。

激励的作用是强大的，它能说服和推动你去行动。行动就像生火一样，你要不断给它加燃料，否则就会熄灭。激励就是行动的燃料，源源不断地为你提供行动的能量。时时用对成功的渴望来激励自己，你就会有足够的动力去战胜困难到达成功的彼岸。激励的力量是无穷的，它让你有勇气和能力面对一切困境，并彻底改变自己。

有一个名叫亨利·伍德的年轻人，刚开始做推销员。一天，他对老板说："我不干啦！"

"怎么回事？亨利。"老板问道。

"我不是干推销员的料，就这么回事！我总是不成功，我不想再干了。"

出乎意料的是，老板对他说："如果我没看错人，你的确是干推销员的好料子。我向你保证，亨利·伍德。现在你马上离开这里，你晚上回来的时候，你争取到的订单一定比你这一生中任何一天所争取到的还要多。"

亨利看着老板，愕然无声。他的眼睛亮了起来，里面充满了斗志，然后转身离开了老板的办公室。

那天晚上，亨利回来了，脸上充满了胜利的神采。他创下了一生中最佳的纪录——而且从此以后一直如此。

这个故事告诉我们：学会激励自己，自我期望的程度越大，就会取得越大的成就。你认为自己行，你就一定行。

成功的关键就在于你的心中要一直相信自己，同时要不时地激励自己。成功不属于那些妄自菲薄的人，它偏爱那些相信自己并时刻激励自己前行的人。

1. 可以通过各种信息来鼓励你的身心、振奋你的精神，比如背诵几句格言，或者阅读一些快乐有趣的小故事。当你周围充满鼓舞人心的事物时，就比较容易在事情发展不顺时继续前进并回到工作中。

2. 当你取得一些成就时，或者有进步时，不妨给自己一点奖励，满足自己的小愿望，以此好好鼓励自己。

3. 将你所处行业的最顶尖人士的照片贴在办公桌或者床头，暗暗立下目标：我一定要做得和他一样出色！

4. 不断地告诉自己，“我可以做得更好，我可以让这份工作更具意义”，那么你能成为更加完美的员工。

5. 起床后就想象今天是完美快乐的一天。对于那些并不很乐观的人，只要坚信这一点，那事情就有可能沿着他的情绪发展。

这叫自我暗示。

6. 成功者在做事前，就相信自己能够取得成功，结果真的成功了，这是人的意识在起作用。人最怕的就是自己胡思乱想，自我设置障碍。做任何事，都不要在心里制造失败，我们都要想到成功，要想办法把“一定会失败”的消极意念排除掉，增强自信心。

7. 每天花 5 分钟进行 3 次有意识的、积极的自我暗示。有规律的、积极的自我暗示能够快速改变一个人多年的习惯、态度以及思维方式。

每日一点

学会激励自己。自我期望的程度越大，就会取得越大的成就。

激起你对**成功的渴望**

施瓦辛格生于奥地利一个很普通的家庭，父亲是一位警长。15 岁时，毫不起眼，身高 6 英尺，体重只有 150 磅的瘦小子施瓦辛格，对举重健身产生了狂热的兴趣。

他的偶像是美国健美先生力士柏加。每天施瓦辛格都梦想着成为力士柏加主演的雄赳赳、气昂昂、肌肉健壮的男子汉。

年轻的施瓦辛格不是一个空谈与做白日梦的人。他花尽了零用钱，搜集了在奥地利可以买到的美国健身杂志。他一方面努力学习英文，一方面到处请人帮他翻译这些杂志的文章，以了解健身的原则。他还去做“童工”，赚到的钱，用来买健身器材。

在当年的奥地利，健身被视为粗鲁不雅的举动。因此施瓦辛格的行为受到父母的大力反对。但他的志愿、渴望与意志力，都是锐不可当的。无论家人怎样阻挠，无论人家怎样视他为怪物、不正常，他还是我行我素，追求成为“健美先生”的理想。

他被征入伍之后，仍然不放弃健身。他还情愿被罚，偷偷溜出军营，参加“少年欧洲先生”的选举，并得了冠军！兵役服完之时，施瓦辛格已经拿了四项“健美先生”的奖项。

有了奖金，加上雄心壮志，他便写信给偶像力士柏加。力士柏加有感于这位遥远国度年轻人的热忱，竟然邀请施瓦辛格到他美国的豪宅一游，并且亲自将健身的窍门传授于他，令施瓦辛格的进步一日千里。

此次的美国之游，在施瓦辛格的心底燃起一股强烈的渴望。他决心到南加州，也即当时的“健身圣地”定居，扬名异域，闯一番事业。因为他的热忱，受到美国健身界的“教父”韦特的赏识，答应让他在南加州受训。

从此，施瓦辛格的威名，随着他那健壮的肌肉，在美国传开了。他获得了一届“国际先生”、三届“环球先生”与连续六届“奥林匹克先生”的荣誉。

施瓦辛格获得了成功。他在演艺界成就了事业，不仅是一名家喻户晓的电影演员，而且是一名有地位的电影制片人，被视为好莱坞最有势力的人之一。这一切，归功于他年少时对成功的强烈渴望。所以他一开始就把有限的金钱用于健身的锻炼之上。而且，他把早年经营地产的钱用来投资电影制作，从而取得了更大的成就。事业的成功给他带来的副产品是10亿美元的动产和不动产。后来，施瓦辛格步入政坛，当选为加利福尼亚州州长，一时成为万千人羡慕不已的奋斗偶像。

这就是渴望的力量，它能使一个本来普普通通的人成为财富巨人！

在现实生活中，有很多人都会明白财富的重要性与意义，因而对它产生“渴望”。正是这种对财富的强烈渴望，许多人将会创造出令人无法相信的财富。破釜沉舟、背水一战的故事，给我们的启发应该是，只有强烈的取胜渴望才能引导成功者。

看着别人的美好生活并且羡慕的时候，你应该告诉自己，我要爬得再高一点，因为在高处才会有更美的风景。强烈的渴望能够激发你前所未有的力量。你的渴望越强烈，你也就能爆发出更大的能量。

如果目标是箭，那么渴望就是弓。有弓无箭，就是徒有蛮劲，不懂计划部署，无的放矢，一生多劳而少成；有箭无弓，就是徒具理想，没有摧枯拉朽的精神，做白日梦，一生多言而少成。只有有弓有箭，才会将最不可能的梦想实现。

每日一点

只有强烈的取胜渴望才能引导成功者。

❀不是猴王，就夹起尾巴做猴

做事要低调，做人何尝不是如此。一个猴群里，只有猴王可翘起尾巴，其他的猴子都要夹着尾巴。要知道，低调不是软弱，而是蓄势而发，后发制人；随心所欲，绝不是自信；跋扈飞扬，绝不是自尊。不露牙的狗未必不咬人，锋芒毕露的刀未必就是无坚不摧的宝刀。

低调谨慎是成功人士必备的品格，具有这种品格的人，在待人接物时能温和有礼、尊重他人，善于倾听他们的意见和建议，从而不断完善自己，同时也能获得良好的人缘和他人的尊重。低调谨慎永远是一个人建功立业的前提和基础，也是我国的传统美德。

在中国历史上，商汤就是位非常注重自我修养的人。一天，他从全国选来最好的工匠，说："请你来，是为了让你刻字。你先在我的住处刻，然后再到宫中去刻。"工匠不理解商汤为什么要在这些地方刻字，露出疑惑的神情。

商汤说："夏王朝不思进取，只知享乐，结果灭亡了。一国之君要有所作为呀！"于是，商汤让工匠在他吃饭的地方刻上珍惜食物意思的字，在他睡觉的地方刻上日日勤政意思的字，在他洗澡的地方刻上"日日新，苟日新，又日新"，用这些话来激励自己珍惜生活，勤政爱民。

有多少帝王得了江山便忘乎所以，不思进取，最后又丢了江山。商汤却不同，他时时刻刻保持清醒的头脑，约束自己，警醒自己。其实，不论你从事何种职业，担任什么职务，只有不骄不躁，谦虚谨慎，才能保持不断进取的精神，增长更多的知识和才干。因为低调谨慎的品格能够帮助你看到自己的差距。永不自满，不断前进可以使人能冷静地倾听他人的意见和批评，谨慎从事。否则，骄傲自满，不思进取，自以为是，轻则使工作受到损失，重则会使事业半途而废。

有两个爱画画的孩子。第一个孩子的妈妈给儿子一叠纸，一捆笔，还有一面墙。她告诉他：“你的每一张画都要贴在墙上，给所有来我们家的客人看。”

第二个孩子的妈妈给儿子一叠纸，一捆笔，还有一个纸篓。她告诉他：“你的每一张画都要扔在这个纸篓里，无论你自己对它满意还是不满意。”

3 年以后，第一个孩子举办了画展，一墙的画，色彩鲜亮，构图完整，人人赞扬。第二个孩子没法展览，一纸篓的画，满了就倒掉，所有的人都只看到他手头尚未画完的那一张。

30 年以后，第一个孩子早就对绘画失去了兴趣，而第二个孩子的画却横空出世，震惊了画坛。

这是个寓言式的小故事，它告诉我们：过早的宣扬，廉价的喝彩，会使天才被扼杀。真正的成功属于那些默默无闻、低调谨慎的耕耘者。

莫里斯·斯威特说过：“骄傲自大、得意扬扬的人喜欢见依附他的人或谄媚他的人而厌恶见高尚的人……而结果这些人愚弄他，迎合他那软弱的心灵，把他由一个愚人弄成一个狂人。”

骄傲自满是一座可怕的陷阱，并且这个陷阱是我们自己亲手挖掘的。要做到低调，就让我们从说话做起，说话让我们尽量委婉一些，客气一些，给人一种诚恳和诚实的态度，最好不要趾高气扬，这样只会让人望而生厌。

每日一点

不露牙的狗未必不咬人，锋芒毕露的刀未必就是无坚不摧的宝刀。

要登上高峰，**就必须弯腰**

我们总想让环境向我们妥协，但是事实是，我们一直在向世界妥协。生活教人知道这一点：永不妥协是不可能的。我们只要看一看世界，就知道生活中到处都是妥协。

树要向阳光妥协。无任何外力影响时，树总是向着阳光倾斜。河水向山石妥协，沿着它的裂缝奔涌。如果水一定要覆盖山的峰顶，那它一定要改变自己的形态——变成雪，那也是雨的妥协。

有这么一则寓言：一天夜里，一场可怕的风暴刮过森林。许多树被吹倒了，到处是树枝。一棵长在河边的橡树被刮到水里，顺流而下。

橡树在河中漂流的时候，发现两岸依然长满芦苇，觉得很奇怪。

"你们是怎么设法活下来的？"橡树问道，"你们看上去那么纤细而脆弱，而我，一棵大树，却快要死了。"

"这没什么奇怪的，"芦苇细声细气地说，"你们仗着自己的粗壮有力，拼命抵抗，和风暴进行搏斗，结果被狂风刮断了。我们低下头给风让路，避免了狂风的冲击，对最轻微的风也屈身相让，所以我们得救了。”

这故事是说，遇到风险时，妥协退让也许比硬顶更安全。妥协是一种人在群体生活中必须学会的本领和技能，更是走向成功的必要保证。有时，人是要学会妥协的。给别人一点余地，乐于接受别人的不同观点，不管自己喜欢还是不喜欢，无论你处在什么样的位置，都要适时学会必要的妥协。

松下幸之助在创立自己的公司后，对公司员工的要求非常严格，每次大的决策势必亲自参加。但是他并不是一个只看重自己，完全不听取其他人意见的人。

在一次决策会上，松下对一位部门经理说："我个人要做很多决定，并要批准他人的很多决定，实际上只有40%的决策是我真正认同的，余下的60%是我有所保留或我觉得过得去的。"经理觉得很惊讶，假使松下不同意，一口否决就行了，完全没有必要征求旁人的意见。

松下接着说："我不可以对任何事都说不，对于那些我认为算是过得去的计划，大可在实行过程中指导它们，使它们重新回到我所预期的轨道上来。我想一个领导有时应该接受他不喜欢的事，因为任何人都不喜欢被否定。我们公司是一个团队，并不仅仅是我一个人的公司，需要大家的群策群力，妥协有时候使公司更强大，人际关系更融洽。"这一番话让经理动容。

现实生活中我们常常强调自己的强势，而忘了有时妥协也是成功最重要的因素之一。殊不知，要进一扇门，就要使自己的头低于门楣；要想登上高峰，就必须弯腰攀登；要想跳得更远，就必须后退助跑。

富兰克林年轻的时候心高气傲，有一次去拜访一位老师。在进门的时候，富兰克林高昂的头重重地撞在了门楣上。富兰克林狼狈不堪，一边摸着头，一边生气地望着低矮的门楣。

老师这时候笑着走过来说："我觉得你不应该生气，因为今天你明白了一个极其重要的道理。一个人如果懂得生活，他就必须懂得在该低头的时候低头。不低头，就会被撞得头破血流。"

富兰克林记住了这件事情，他在以后的生活中也开始变得谦虚谨慎，并将"学会低头"作为自己的人生准则，终于成了一代伟人。

诚然，人类需要竞争，也要学会妥协。社会是在竞争中发展进步的，也是在妥协中和谐共赢的。我们甚至可以这么说，妥协至少与竞争一样符合生活的本质。

所以，妥协是人生必须明白的一个道理。妥协有时意味着生活的本质，妥协有时也是宽容——让别人过得好，自己也能过得好。学会妥协，人生才会美好。

每日一点

妥协有时意味着生活的本质，妥协有时也是宽容——让别人过得好，自己也能过得好。

PART
07
放下就是快乐

❀ **放不下**，才会有烦恼

人在心情不好的时候会不自觉地把坏心情抱得更紧：关上门不跟人说话，嘟着嘴生闷气，锁着眉头胡思乱想，结果心情更坏、更难过。我们想拥有好心情，就得从坏心情中解脱出来，放下心里的包袱，从烦恼的死胡同中走出来。对于那些给自己制造困扰的想法，要狠下心来，把它抛开，就能应付自如，拥有好心情。因此，人人都应该学会放下，放下才能快乐。

当你手中抓住一件东西不放，你只能拥有这一件东西；如果你肯放手，供你选择的机会会多很多。人如果死守着自己的观念，不肯放下，那么他的人生道路只会越走越窄。其实，只要肯换个想法，调整态度，放下心中的包袱，便能拥有新的心境。

“九连环”这种益智游戏的历史非常悠久，据说发明于战国时代。它是人类发明的最奥妙的玩具之一，无论解下还是套上，都要遵循一定的规则。

九连环的玩法比较复杂，解套方法是在前两环解下后，要解第三环时，需先将解下的第一环再套回，然后才能下第三环，之后再套回第一环；到解四环时，依前法套回前面的三环，再解下开首的前两环，然后才能下第四环，最后又套上开首的前两环。以此类推，每要解开一个环，就必须将前面已解开的环再套回去，解到第九环时，须将前面所有已解开的环都再套回去。如果解套者在每一步骤中，舍不得把好不容易解下的环套回去，那么这个九连环就无法全部拆解。

我们的生活就犹如这个九连环，是一个一个环扣组成的。如果只贪图眼前的小名小利，只安逸于现有解开的那个环，而不肯放弃，那么就无法再进一步，获得更多的收获；对于悲欢离合的“环”放不下，就会在悲欢离合里痛苦挣扎；对于心中的“环”放不下，生命就会被抑郁套牢。

因为放不下，我们就无法解开人生层层缠绕的环扣，无法解脱。其实解套与否，就全在人们的一念之间。因为放不下，所以无法解脱……

一个老和尚带一个刚出家的小和尚去山下化缘，小和尚一路上都恭恭敬敬地看着师父。他们走到一条小河边的时候，看到有一个很漂亮的女孩子站在河边发愁，她的衣服很漂亮，她要过河就必定要弄脏衣服，但她又不想自己的衣服弄脏。

这个时候，老和尚走上前去问姑娘：“你是不是想过河啊……那我背你过吧！”于是老和尚就背着这姑娘过了河，然后把她放下。老和尚就带着小和尚继续走。

但是小和尚再不能安心走了。他一直在想师父不是老和我说我们出家人不能近女色的吗？为什么他就背着女孩过河呢？……他们都离开河边 20 多里地了，小和尚还是一直被这样一个问题困惑着，一路挺纳闷的。

小和尚终于忍不住了，他问老和尚：“师父，你不是说我们出家人不能近女色的吗？为什么你就能背那个漂亮姑娘过河呢？”

师父跟他说：“其实我过了河就把姑娘放下了，而你却背着她走了 20 多里地……”

人生中最大的悲剧，就是有不少人喜欢给自己的人生加上许多沉重的负担，因而造成无谓的痛苦。那么各位，你呢？你心里的不快、世界的浮华纷扰，放下了吗？

每日一点

如果你不给自己烦恼，别人永远也不可能给你烦恼。因为你自己的内心，你放不下。

❀灵活巧妙地**说“不”**

如果你请求别人的帮助，却遭到了明确的拒绝，你会有什么感觉？肯定会觉得难堪和失望吧。拒绝别人容易招来记恨和不满，所以对于许多人来说，拒绝别人是一件很为难的事情。看来，如何巧妙拒绝他人真的是一门艺术。历史上很多成功的领导人都精通拒绝的艺术，在说“不”的同时，还能给足对方面子，19 世纪英国首相迪斯雷利的处理方法堪称典范。

有个野心勃勃的军官一再请求迪斯雷利加封他为男爵。首相知道此人才能出众，也很想跟他搞好关系，但军官不够加封条件，迪斯雷利无法满足他的要求。一天，首相把军官单独请到办公室，对他说：“亲爱的朋友，很抱歉我不能给你男爵的封号，但我可以给你一件更好的东西。”

迪斯雷利放低声音说：“我会告诉所有人，我曾多次请你接受男爵的封号，但都被你拒绝了。”

果然，军官谢绝封爵的消息一传出，众人都称赞军官谦虚无私、淡泊名利，于是对他的礼遇和尊敬远超过任何一位男爵。军官由衷感激迪斯雷利，后来成了他最忠实的伙伴和军事后盾。

由此可见，灵活巧妙地说“不”不仅能摆脱困境，更能促进双方的感情，赢得他人的理解和信任。在我国古代，古人说“不”就显得更加艺术和含蓄。

曹操很喜爱曹植的才华，因此想废了长子曹丕转立幼子曹植为太子。当曹操就这件事征求大臣贾诩的意见时，贾诩却一声不吭。曹操很奇怪地问："你为什么不发表意见？"

贾诩说："我正在想一件事呢！"

曹操问："你在想什么事呢？"

贾诩答："我正在想袁绍、刘表废长立幼招来灾祸的事。"

曹操听后哈哈大笑，立刻明白了贾诩的言外之意，于是不再提废曹丕的事了。

其实，在你的确有难处，或者你实在无法满足对方要求的情况下，你就应该拒绝别人。但是拒绝别人也要考虑对方的感受，尽量做到不伤害双方的感情。

怎样说"不"是一门学问。当你拒绝别人的要求时，首先要态度温和，尽管说"不"是自己的权利，但仍需先说"非常抱歉"或者说"实在对不起"，然后再详细陈述自己不能帮忙的各种理由，这样别人在感情上就能接受下来，可以避免一些负面影响。

巧妙的拒绝要让别人感觉到你拒绝的是这件"事"，而不是他这个人。这件事情虽然被拒绝了，但并不损害你们之间的情感。你可以说："这件事我非常愿意为你效劳，只是不巧，我现在正在做一件急事，下次您再有这样的事情，我一定帮忙。"或者你还可以说："这几天我实在脱不开身，您是否请小李来帮忙，他在这方面业务比我精通，您若是不方便找他，我可以代您向他求助。"让别人觉得你虽很想帮助他，但是确实有其他原因才拒绝的，产生这样的效果是拒绝别人的最高境界。

另外，不能做到就要明确地拒绝，不要含糊其辞、模棱两可，更不可刻意拖延，这样只会失去他人的信任，对你产生不好的印象。

“不”字是一个情绪强烈的负面词，当你对上司或朋友使用它时，一定要面带微笑、语气亲切。即使对素不相识的人，也要讲究方式方法。一个人要想在事业上取得成功，一定要在拒绝的时候，注意分寸恰当地使用“不”。

最后切记，能力之外的事情，一定要及时巧妙地拒绝，否则便会让自己陷入更加难堪的境地。当然，拒绝或者表示反对意见也是有技巧的。要敢于说“不”，更要灵活巧妙地说“不”。

每日一点

答应请求时面带微笑，说“不”的时候清晰肯定。

别让负面情绪吞没你的理智

古波斯诗人萨迪说过：“事业常成于坚忍，毁于急躁。”可以这么说，学会控制情绪是我们成功和快乐的要诀。实际上，没有任何东西比我们的情绪更能影响我们的生活。西方有句经典谚语：“上帝要想让他灭亡，必先使其疯狂！”

弱者任思绪控制行为，强者让行为控制情绪。只有积极主动地控制自己的情绪，才能掌握自己的命运！而一旦情绪失控，愤怒就像决堤的洪水那样淹没人的理智，让人做出不可思议的蠢事。

在美国西部草原上有一种吸血蝙蝠，它身体很小，却是野马的天敌。这种蝙蝠时常附在野马身上，用尖利的嘴刺破野马的皮肤，吸取鲜血。无论野马怎么乱蹦乱跳，狂奔窜逃，都对细小的蝙蝠无可奈何。野马用蹄子踢，用身体撞，对蝙蝠一点作用都没有，蝙蝠仍然叮在野马的身上。终于，野马因为暴怒和失血悲惨地死去了。其实小小的蝙蝠吸取的血液极其有限，真正导致野马死亡的，是它的暴怒。

伏尔泰曾经一针见血地指出，使人疲惫的，不是远方的高

山，而是鞋里的一粒沙子。同样，使人走向疯狂的，不是环境，而是他的不良情绪和心态。

从心理上讲，发怒之人一般气量狭小，虚荣心过强，或缺乏修养，自制力差。暴怒、狂怒还会破坏人的健全思维能力，瓦解自制力，使人做出失去理智的事情，伤害他人，最终给自己带来麻烦。

从生理学的角度来看，动辄发怒是情绪不健康的表现。人在发怒时，会心跳加快，呼吸急促，肌肉绷紧，毛发倒竖，鼻孔张大，双眼圆瞪，咬牙切齿，要消耗比平时大得多的能量。过度的发怒，还会造成神经紧张，脸色苍白，浑身发抖。发怒过多，心脏、大脑、肠胃都会受到损害，严重者会危及生命。聪明盖世的周瑜就是被诸葛亮气得吐血而死，白白葬送了身家性命。

纵观世界，大凡有所成就的人，其性格、情绪都是非常鲜明而稳定的。对于一般人来说，如何控制情绪是一大难题。所以，脾气火爆的人应该有意识地学会控制自己的情绪，学一些小窍门：

1. 自我控制。锻炼坚强的意志，能够在一定程度上直接控制自己的情绪，克服不良情绪的影响。平时要特别注意培养自己的自制力，针对自己的实际情况采取一些有效方法来克制自己的情绪。比如，当你感到气愤难消时，就在心中暗诵英文 26 个字母以制怒；著名作家巴波与人吵嘴时，就把舌尖放在嘴里转十圈，以使心情平静下来。

2. 自我转化。有时，不良情绪是不易控制的。这时必须采取迂回办法，把自己的情感和精力转移到工作学习或活动中去，使自己没有时间沉浸在这种情绪之中，从而将情绪转化。

3. 自我发泄。消除不良情绪，最好的方法莫过于使之“宣泄”。切忌把不良情绪埋在心底。如果你感到悲痛欲绝或委屈至极，可以向至亲好友倾诉，也可以靠运动来发泄，或者拿起笔将自己的不满和苦恼写在纸上，这样心里的苦闷会被疏解。

4. 暂时避开。情绪不佳时，去看看电影，打打乒乓球，或者漫步于林荫小径，或者游泳、划船，等等。改变一下环境，离开令你心情不快的地方，能改善你的自我感觉，能重新整理一下思想情绪，消除不良的因素，从而释放自己。

5. 幽默疗法。幽默与欢笑是情绪的调节剂，它能缓冲恶劣的情绪。幽默给人以快乐，使人发笑，而笑可以驱散心中的积郁，也是衡量一个人能否对周围环境适应的尺度。

要真正做到遇事不怒，还得在平时加强自我道德修养、培养良好性格、保持乐观向上的精神，等等，这样才能够防“怒”于未然。如果你实在感到愤怒，那么就试着微笑吧。

每日一点

人一旦受情绪控制，就会戴上有色眼镜，看不到真实的世界。

❀ 幽默可以化解生活中的波澜

有句西方谚语是这么说的："没有幽默感的文章是一篇公文，没有幽默感的人是一尊雕像，没有幽默感的家庭是一所旅店，而没有幽默感的社会是不可想象的。"生活中或社交场合，我们都喜欢幽默，因为幽默中蕴含着无穷的力量，给我们带来了快乐。

从前有一个农夫，50岁时得了个儿子，他很高兴，给儿子取名叫"年轮"。一年以后，他得了第二个儿子，农夫给儿子取名叫"研究"。又过了一年，第三个儿子出生了，老人笑得合不拢嘴，他说："这一定是上帝在和我开玩笑。"于是，他给第三个儿子取名叫"幽默"。

慢慢地，三个儿子茁壮成长，很快就长大成人了。直到一天，农夫夫妻老得走不动了，他们派三个儿子出去捡柴火。然后，农夫问妻子说："他们各自做得怎么样？"妻子说："'年轮'捡了一会儿就不捡了，他说老是重复做同样的事，太厌烦了。老二根本没有出去捡柴火，他说正在研究重大问题，别去打搅他。不过，我们不必担心，'幽默'已经帮我们捡来了一大堆上好的木柴。"

"啊，多亏了'幽默'！"老人不无感叹地说。

人类生活是丰富多彩的，只像"年轮"一样过日子，难免厌烦；像"研究"一样只工作，难免枯燥；总还应该像"幽默"一样有些情趣。你学会了幽默，人生便是另外一种心境了。

幽默具有神奇的魅力，它是人的能力、意志和兴趣的综合体现。有幽默感的人能够自我解嘲，对自己充满信心，乐观、豁达。它可以使年轻人变得机智，使老年人变得年轻。在现代人际交往中，幽默感越来越重要，甚至被誉为“没有国籍的亲善大使”。无论你从事什么职业，幽默都能使你顺利地渡过困难的处境，在社交场合建立起和谐的人际关系。

在许多场合，人们经常碰到令人尴尬的局面。有时候，你会不经意地说错了一句话或办错了一件事，这时如果你显得局促、紧张、惶恐，切记不必掩饰自己的难堪，更用不着兴师动众地转移目标，只要静下心来说一个有关过失的小幽默就可以了。

在一次庆功聚会上，一位年轻的士兵不小心把酒泼在了巴克利将军的秃头上。众人纷纷惊呆了，那位年轻的士兵也手足无措。巴克利将军笑着说：“小伙子，你认为这种方法能让我长出新头发吗？”众人不由哄堂大笑，气氛一下子变得非常轻松。

幽默能使你与同事、朋友建立和谐的关系，你也会因此而成为一个乐观的人，一个能关心和信任别人又能被众人所信任和喜欢的人。曾经有人说，获得人生的幸福必须具备很多条件，幽默有助于你改善与他人的关系，促进成功，则是一个不争的事实。

在日常生活中添加一点幽默，将使你活得更有滋味，使生活变得更精彩。而如果你具有难能可贵的幽默感，也会更受欢迎。

许多人认为幽默是上帝赋予的先天能力，后天无法获得。

其实，幽默是可以学习的。生活中幽默无处不在，你得睁大眼睛，竖起耳朵，去观察，去倾听。当你有足够的技巧和用创造性的新意去表现你的幽默时，你就会发现自己置身于幽默世界中，人际关系也由此顺畅起来了。

每日一点

人们有一颗快乐的心，胜于怀藏着一只药囊，可以治疗心理上的百病。

学会放弃是人生的大智慧

有个小和尚千里迢迢来向大师问道。大师先是以礼相待，却不说道，他将茶水倒进和尚的杯子，杯子已经满了，但是还在继续倒。

小和尚眼睁睁看着茶水不停地流出来，终于忍不住大声问道："都已经满了，你怎么还倒啊！"

大师笑了笑："你就像杯子一样，里面已经装满了你自己的看法，如果你不将自己的杯子倒空，我怎么和你说道啊！"

大师的话是富有哲理的。人只想获得，什么都不愿意放弃，抓住自己的东西不放，不懂得放弃，这样怎么能领悟到生活的真谛呢？

人们买菜的时候，看见有水灵灵的蔬菜，图个新鲜，往往买很多回家。但是回到家一看，电冰箱里还有很多以前没吃完的，于是就把刚买的菜放进了冰箱，先将先前买的菜吃掉。这样日复一日，人们总是每天买新鲜蔬菜，却很少吃到新鲜菜。这样的节俭有意义吗？

每次整理家庭药箱的时候，看着一堆药因为过期而不得不扔掉的时候，心里总是舍不得，觉得很遗憾。其实，药过期了，那说明全家健康，这明明是大好事啊。为什么不把每一次清理药箱当成高兴的喜事呢？

生活原本是纯朴简单的。人，因为不懂得舍弃才会有许多痛苦。舍弃才能释放出新的空间，天地因此豁然开朗，生命会向你展现出另外一番景致。放弃才是完美人生的大智慧。

碰到强敌时，章鱼会舍弃自己的内脏，以保全性命。遇上天敌时，蜥蜴会断弃自己的尾巴以死里逃生。小蝌蚪之所以长成了青蛙，是因为它舍弃了一条漂亮的尾巴。

有一句很经典的话：当你紧握双手，里面什么也没有；当你打开双手，世界就在你手中。当鱼和熊掌不能兼得的时候，为了继续“获得”而不做舍弃，这是极其不明智的。

有一个富翁，在坐船过河时，由于风浪太大，船被浪打翻了，富翁落入水中。由于身上带了过多的钱币，本来可以轻松游到岸边的他几乎要沉入水中。富翁拼命地挣扎，但就是不放弃身上的钱币，最后终因气力不支而丢掉了性命。

这个富翁因为不懂得放弃而白白丧了命，有时暂时的放弃之后可以获取更多的利益。

在得到的同时，你也在失去；在选择的同时，你也在放弃。你有无数个机会，但你只能选择其中之一。人生没有全选，一个人终其一生，只能选择适合自己的生活。也许，你会说：只选择一种可能，这样的生活是不是太单调枯燥？其实并不是这样，我们的确只能选择一种适合自己的生活道路。但在前行的路上，有时候放弃不仅是一种勇气，更是一种智慧。

每日一点

有时候放弃不仅是一种勇气，更是一种智慧。

PART
08
做最好的自己

你就是自己的救世主

人生总会面临困境，要摆脱某种难堪的窘境，很多时候，还得靠自己成全。

有个小孩一直很怕蜘蛛。父亲问他为什么怕蜘蛛，他说："蜘蛛太难看了，所以我怕。"仔细推敲这句话，你会得出这样的结论：蜘蛛太难看了，让我害怕；这是蜘蛛的问题，不是我的问题，我是没办法的。

父亲又问："是不是所有人都怕蜘蛛？"

"不是。你不怕，我有一个同学也不怕。"

父亲再问："同一只蜘蛛，有人怕有人不怕，那么是由谁去决定怕不怕呢？"

儿子想了想，回答："是人去决定的。"

父亲问了最后一个问题："那你有什么决定呢？"

"哦……"儿子的表情舒展开来，"那蜘蛛没什么好怕的了。"

我们在工作、生活中总会遇到这样那样的"蜘蛛"（困难、挫折），是恐惧、害怕、厌恶、逃避，还是从容面对，选择决定权在你！

1947年，美孚石油公司董事长贝里奇到开普敦巡视工作。一次，在卫生间里，看到一位小伙子正跪在地板上擦水渍，并且每擦一下，就虔诚地叩一下头。贝里奇感到很奇怪，问他为何如此，小伙子答，在感谢一位“救世主”。贝里奇很为自己的下属公司拥有这样的员工感到欣慰，问他为何要感谢那位“救世主”。小伙子说，是救世主帮着他找了这份工作，让他终于有了饭吃。贝里奇笑了，说：“我曾遇到一位‘救世主’，他使我成了美孚石油公司的董事长，你愿意见他一下吗？”小伙子说：“我是个孤儿，从小靠教会养大，我很想报答养育过我的人，这位‘救世主’若使我吃饭之后还有余钱，我愿去拜访他。”贝里奇说：“你一定知道，南非有一座很有名的山，叫大温特胡克山。据我所知，那上面住着一位‘救世主’，能为人指点迷津，凡是能遇到他的人都会前程似锦。20年前，我来南非登上过那座山，正巧遇到他，并得到他的指点。假如你愿意去拜访，我可以向你的经理说情，准你一个月的假。”

这位年轻小伙子在30天的时间里，一路披荆斩棘，风餐露宿，过草甸，穿森林，历尽艰辛，终于登上了白雪覆盖的大温特胡克山。他在山顶徘徊了一天，除了自己，什么也没有遇到。小伙子很失望地回来了，他遇到贝里奇后，说的第一句话是：“董事长先生，一路我处处留意。直到山顶，除我之外，根本没有什么救世主。”

贝利奇说：“你说得很对。除你之外，根本没有什么‘救世主’。”

20 年后，这位小伙子做了美孚石油公司开普敦分公司的总经理。他的名字叫贾姆纳。2000 年，世界经济论坛大会在上海召开，他作为美孚公司的代表参加了大会。在一次记者招待会上，针对他的传奇一生，他说了这么一句话："您发现自己的那一天，就是您遇到'救世主'的时候。"

所以，当你遭遇困境的时候，你不妨想想这句话："这个世界没有什么'救世主'，除了我们自己。"

每日一点

这个世界没有什么"救世主"，除了我们自己。

❀ 要有主见，做事的是你自己

当今社会，纷纭复杂，人言可畏。所以，没有主见、随波逐流的人，是永远不会取得成就的。

巴尔扎克若不坚定自己的作家梦，便不会有《人间喜剧》的诞生；达尔文若不坚持自己的主见，从事生物研究，便不会有进化论的面世……总而言之，没有自己的主见，便不能做自己的主人，更不能成就一番自己的事业。

为人处世要有主见，这是众所周知的道理。但真正能做到事事均有自己的主见，不为他人言行所左右，却非易事。

苏格拉底的学生曾经向他请教如何才能保持自我。苏格拉底让大家坐下来，他用拇指和中指捏起一个苹果，慢慢地从每个同学的座位旁边走过，一边走一边说："请同学们集中注意力，注意嗅空气中的气味。"

然后他回到讲台上，把苹果拿起来左右晃了晃，问："有哪位同学闻到了苹果的味道？"

有一位学生举手，站起来回答说："我闻到了，这个苹果很香！"

"还有哪位同学闻到了？"苏格拉底又问。

学生们你望望我，我看看你，都不作声。

苏格拉底再次走下讲台，举着苹果，慢慢地从每一个学生的座位旁边走过，边走边叮嘱："请同学们务必集中精力，仔细闻闻空气中的气味。"

回到讲台上，他又问："大家闻到了苹果的气味吗？"这次，绝大多数学生都举起了手。

稍停了一会儿，苏格拉底第三次走到学生中间，让每位学生都闻一闻苹果，回到讲台后，他再次提问："同学们，大家闻到苹果的香味了吗？"

他的话音刚落，除一位学生外，其他学生全都举起了手。那位没举手的学生左右看了看，也举起了手。

看到这种情景，苏格拉底笑着问："大家闻到了什么味儿？"

学生们异口同声地回答："苹果的香味！"

苏格拉底脸上的笑容不见了，他举着苹果缓缓地说："非常遗憾，这是一个假苹果，什么味儿也没有。如果不能坚持自己的看法，是没有办法保持自我的。"

坚持自己的主见，做一个独立的思想者，做一个激情的梦想者，做一个坚定的信仰者，你可能会失去一些东西，但你将得到更多。

每日一点

说话的人是别人，真正做事的却是你自己，没有主见的人永远没有正确的行动。

❀认识你自己，**人贵有自知之明**

镌刻在古希腊宗教中心德尔菲阿波罗神庙墙上的唯一一句箴言就是——认识你自己！关于“认识你自己”还有这么一个故事：

古希腊大哲学家柏拉图曾在《斐德诺篇》中描写道：

柏拉图的老师苏格拉底在路上碰见斐德诺，就和他走出雅典城门，到伊里苏河边去散步。

伊里苏河碧波荡漾，岸边高大的梧桐树枝叶葱葱，流水的声音和着蝉儿的歌唱，这美不胜收的自然风景令苏格拉底心旷神怡。一旁的斐德诺非常惊奇，他说：“这是传说中风神玻瑞阿斯掠走美丽的希腊公主俄瑞提娅的地方，你信不信？”

苏格拉底回答道：“我没有时间做这些研究，我现在还不能做到德尔斐神谕所指示的‘认识你自己’。一个人还不能认识他自己，就忙着研究一些和他不相干的东西，这在我看来是十分可笑的。”

认识你自己，这句话备受西方人推崇，影响了西方几千年。的确，人类可以探索神秘的宇宙，认知奇妙的万物。但一个人连“自己是谁”或“自己是做什么的、什么样的人”都不清楚，要想有所成就也就无从谈起。要想做一番事业，获得成功，你就应该对自己有清晰的认识，知道自己的优缺点，给自己定好位，“得知道自己是谁”。有一位哲人说过：“准确定位是开创事业的第一步。”

水生动物中，螃蟹是横着走路的，河虾是倒退着走路的，它们怪异的行走方式引来了不少嘲笑和讥讽。一天，敏捷矫健的银鱼嘲笑说："螃蟹你真笨！横着走路！如果旁边有障碍物你怎么走啊？"聪明的章鱼也插嘴讥讽道："河虾更傻，向前走多顺啊，可它偏偏倒着走，何时才能到头啊？"螃蟹和河虾听见了，只是淡淡一笑。它们心里知道，选择什么样的行走方式，是根据自己的身体情况决定的。只要有自知之明，了解自己的特点，把握好方向和目标，给自己定好位，横着走或者倒着走，都是一种前进的姿态。

齐庄公乘车出游的时候，在路上看见一只小小的螳螂伸出前臂，准备去阻挡车子的前进，齐庄公不由非常惊讶。车夫就告诉齐庄公："这种虫子凡是看到对手，就会伸出自己的前臂，想要抵挡对手的进攻，却往往没想过自己的力量有多大，所以经常被车轧死。"

这就是成语"螳臂当车"的由来，以此来比喻那些没有自知之明、不自量力的人。

不自量力，自欺欺人，常常给自己带来危害，有时甚至会丢掉性命。相比于可悲的螳螂，历史上许多伟大的人物之所以成功，是由于他们具有可贵的自知之明，在现实世界中找到了属于自己的最佳人生位置，并由此设计和塑造了自己。

巴尔扎克在年轻时办过印刷厂，当过出版商，经营过木材，开采过废弃的银矿，但所有这些都没有取得成功，还弄得自己债台高筑。这不能不说与他缺乏自知之明，不能正确认识自己有关。后来，他终于发现了自己的写作天赋，潜心写书，终于成为一个闻名世界的作家。

“认识你自己”，要永远记住这句话。因为只有认识了你自己，才会认真反思自己，才能“不以物喜，不以己悲”，采取有效正确的行动，成就你的卓越人生。

每日一点

一个人只有认识自己，才能开始做别的。

学会表现自己，别做慢游的快艇

一个年轻人对自己久不被重用感到很不解，就慕名去拜访一位很有名的经理，请他指点迷津。经理问年轻人：“你在工作上对自己是如何定位的？”

“我父亲告诉我，做人不能太露锋芒，我认为很有道理，所以在公司里我处处忍让。”年轻人说。

听了他的话，经理没有说话，而是领着年轻人坐上快艇，然后发动机器慢慢前行。和他们同时启动的一艘快艇加大马力，流星般划到他们前面；晚于他们启动的大游船也很快超过了他们，就连一叶双人小扁舟也走在了他们的前面……

一艘大游船赶了上来，船主对他们说："你们的快艇连个小木舟都不如，报废了吧。"

经理扭头笑问年轻人："你说我们的快艇究竟如何？"

"因为他们不知道你没开足马力。"年轻人答道。

"是啊，其实人又何尝不是这样呢？你再有才华，但你不显露，别人不知道，怎么会重用你呢？低调可以，但不能太过畏首畏尾，要学会表现自己。即使你的能力有人知道，但是你畏畏缩缩，人家又怎敢重用你呢？如此，你又怎能快速到达理想的彼岸呢？"

年轻人听了，顿然醒悟，开始在工作中积极表现自己，很快就被提升为部门经理。

快艇的优势就在于它的速度，如果连速度都掩饰起来，那还能叫快艇吗？所以说，韬光养晦固然有它的优点，但有时候我们更需要学会如何去展现自己、推销自己。

战国的时候，很多有权威的人都供养着一些有才华的人，作为他们的人才库，这些被供养的人被称作食客，也叫门下客。毛遂就是赵国平原君的食客，在平原君府上已经 3 年了，一直没有得到重用。

这一年，赵王派平原君出使楚国，请求楚国出兵共同抵御秦国。于是平原君决定挑选 20 个能人和自己一起去秦国，可是挑来挑去，只挑出了 19 个，平原君很是发愁。这时候，毛遂请求和平原君一起去楚国。

平原君问毛遂："你在我这里几年了？"

毛遂回答："3 年了。"

平原君继续说道："有才能的人，就像把锥子放在口袋里一样，锥子尖马上会显现出来的。你在我府上 3 年了，我为何听都没有听说过你啊？"

毛遂恳求道："那么，今天就把我放入袋子吧。如果早点进入口袋，我早就刺破口袋脱颖而出，名声在外了！"于是平原君勉强带上了毛遂。

到了楚国后，平原君和带去的 19 人都没能说服楚王，眼看

谈判就进行不下去了，毛遂挺身而出，施展他的口才，终于把楚王说服了。平原君圆满完成了任务，从此重用毛遂。毛遂也就成为自我推荐、表现自己的典范。

生活是一连串的推销。在恰当的平台充分展示自己是一种才华，更是一门艺术。一个优秀成熟的人，就要懂得在恰当的时候以恰当的方式表现自己，让自己脱颖而出！

每日一点

生活是一连串的推销。一个优秀成熟的人，就要懂得在恰当的时候以恰当的方式表现自己。

学会减压，释放自己

现代人说的最多的两个词是什么？忙和累！现代人的生活紧张忙碌，身心疲惫，还承受着巨大的压力：生存、升职、加薪、供房、充电、子女……就连休息的时候都想着一堆事情。一句话，现在的人压力太大，活得太累了。如果压力不能得到及时的宣泄和放松，那么只会越来越重，让你不堪重负，从而严重影响你的生活和工作。

在一个有关处理压力的课堂上，讲师对学生做了一个示范，提出了一个问题。他举起手中的玻璃杯，问台下的听众："你们估计一下玻璃杯内的水有多重？"学生议论纷纷，答案不一，范围由 50 克到 500 克不等。讲师说："那些水的实际重量并不重要，重要的是你拿着水杯的时间。如果拿着一分钟，没问题，一点感觉也没有；如果拿着一小时，手臂会疼痛；如果拿着一整天，可能就要去医院了。就算是重量相同，拿在手中的时间越长，就会觉得越来越重。”

人的压力和玻璃杯里的水差不多。如果时常背着很多压力，得不到有效的放松宣泄，即使压力的大小不变，担子也会变得越来越重，最后重到负担不起。因此，要减压就应放下担子，让自己放松放松，然后继续努力。

科学研究表明，长期处于压力紧张状态，会使脑细胞加速老化，影响学习记忆力，使你变得更迟钝；也会使皮肤与机体加速老化，比一般人走向衰老的步伐要快。或许你不同意，不过仔细想想，你就会发现，人在紧张状态下，对事物的感觉大部分是既麻木又无聊的。

美国加州大学曾经做过一次调查，结果显示，超过 50%的女性和 43%的男性表示愿意牺牲一天的薪水，来换取一天的假期，他们一直希望“多一点个人休闲时间，过更均衡的生活”。

试想，带着沉重的压力去行动，怎么能成功？所以我们必须学会给自己减压，轻装上阵。正所谓“兵来将挡，水来土掩”。以下方法你不妨试一试：

1. 目标控制法。很多人会为自己制定不合理的、近乎完美的目标，这样做的结果是无谓地给自己造成压力。事实上，每个人都不是完美的，不管个人多么努力，还是会有不足、失败。所以为自己制定的目标一定要切实可行。

2. 运动宣泄法。研究证明，经常锻炼身体可以减轻压力。

你可以跑到楼顶大声呼喊，把心中的不满和郁闷化作声音全部发泄出来。或者做体育运动，让自己大汗淋漓，然后洗个澡睡一觉。值得注意的是，应该选择那些你认为比较有趣的活动，那些你觉得很枯燥的锻炼往往起不到减压的效果。

3. 明确公私法。要明确分清楚工作和私人生活的界限。工作的时候认真工作，该休息的时候就好好休息。

4. 倾诉法。找一个你信任的人，如朋友、亲人、要好的同事，或者心理医生，向对方讲讲自己的心里话。研究证明，把“闷”在心里的话说给一个乐于倾听的人，是一种非常有效的减压方式。当然，歌唱减压、写作治疗等其他方式的倾诉都是流行又有效的心灵疗法。

5. 音乐疗法。轻松、欢快的音乐总能把你带到“快乐老家”，不管心情有多坏，只要听一下自己喜欢的曲子，你就会感受到你那愉快的心跳。当然，如果能放声高唱出来，你的心情会变得更好。

6. 乐观心理疗法。凡事多往好处想。当你心情不好时，想想同事曾经对你的赞美，想想老板曾经给你的关爱，你的心情

一定会平和很多。

7. 计划法。让自己每天的工作有条不紊、井然有序。有秩序的生活会使你每天头脑清醒，心情舒畅。每天上班前先调整状态，然后把自己一天要做的事情按重要性先后列出来。

8. 乐趣释放法。培养一点爱好，给自己找乐趣，做自己喜欢做的事情。最好能够每天给自己一点时间做自己喜欢的事情，或者回忆一些开心的往事，读一些有趣的书籍。

9. 放松技巧法。学习点放松技巧。现在流行的放松技巧很多，如沉思、深呼吸等。大家可以找到相关的资料进行练习，掌握一些放松技巧，这的确有助于减轻压力。有条件或有必要的话，可以就此请教心理医生。

10. 善待宽容法。对自己好点，要善待自己；多点忍耐，宽容别人。很多压力其实是来自别人的，不能容忍别人，很容易导致挫折感和怒火，平添烦恼。正确的做法是，换位思考，努力去理解别人那样想、那样做的道理。这种思考问题的方式可以帮助你逐渐去接受别人。当然，在理解别人的时候，同样也要接受和宽容自己。

每日一点

如果时常背着很多压力，得不到有效地放松宣泄，即使压力的大小不变，担子也会变得越来越重，最后重到负担不起。

❀ 走自己的路，不要在意别人的言论

“二战”时期的美国著名将领麦克阿瑟说过：“对于正面的敌人，我总能应付，但是对于背后的阻击，我却不能保护自己。”连麦克阿瑟这样叱咤风云的五星上将都对来自背后的恶意中伤无能为力，可见流言的杀伤力非同小可。

一知名媒体曾在某地60所中学对7820名高中学生做了调查，调查“你平时最害怕什么”。结果竟有一半左右的学生（女学生的比例更大）回答说：“最害怕被人背后议论。”人言可畏，可见一斑。

“大嘴巴”制造和传播是非，也会使你的好人缘功亏一篑。“祸从口出”绝对是个真理，尊重别人对你的信任，管住自己的嘴巴，少参与是是非非，才是聪明之举。

在这个世界上，有人爱议论长短，有人爱搬弄是非……人生就是如此，充满了各种流言蜚语。所谓“不招人妒是庸才”，谁家背后不说人，谁家背后又不被人说？背后议论，人之常情。

一个人急匆匆地跑到一位智者那里，气喘吁吁地说：“我……有个好消息告诉你……”

“等等，”智者连忙打断了他，“你要说的话，用三个网过滤了吗？”

“三个网？什么三个网？”那人迷惑不解。

“第一个网叫作真实。你要说的事，是真实的吗？”智者问道。

“这，我也不清楚，我……是从路边听来的……”那人回想道。

“那接着用第二个网过滤一下吧。你的消息是善意的吗？”

智者继续问道。

那人有点迟疑："这个不是，是关于别人是非的。"

"最后一道网。既然你这么急着要告诉我事情，那么你要说的事情是很重要的吗？"

"其实也不重要……一点鸡毛蒜皮的事而已。"那人有点儿不好意思了。

智者断然说道："既不真实，也不善意，更不重要，那么你还是别说了吧！"

一件事传来传去，到最后一定和原来的事实相差很远。因为讲的人不见得记得全，而听的人又往往会听错，同时传话的人或多或少都会加油添醋，多经过几个人的口和耳，自然就变样了。我们在听到一个消息之后，一定要经过证实才能确信，否则一再地错下去，就变成散播谣言了。

"君子坦荡荡，小人长戚戚。"的确，一个强者，是为自己的目标而活着；只有弱者，才被周围的是非议论所左右。所以，面对是非议论，还得小心处理。那么，如何处理流言呢？

一是坦荡坦然，处之泰然。人生在世，全然不被人议论是不可能的。背后议论，就其内容而言，有符合事实的，有不符合事实的；就其动机而言，有善意的，也有恶意的。但不管怎样，都应坦荡对待，为人不做亏心事，不怕半夜鬼敲门。"你说你的话，我做我的事"，这才是对待流言应有的态度。

二是保持自己的原则和本色。背后议论别人，是一种不道德的行为，我们决不能轻信，更不能说三道四、搬弄是非，不要无意间成为散播流言的"帮凶"。这样一来，你就中了造谣和不怀好意者的圈套，为他们所利用。所以，面对传言时，一定要有自己的原则和本色，不能让他人左右你的观点和看法。

人的一生难免遭遇流言，遭到不公正的批评，这时千万不要像对方一样失去理智，更不要恶语回应，保持沉默是获胜的唯一战术。你越回应，造谣者就越变本加厉，无中生有；你听之任之，流言就自动消沉了。哲人说得好："棍棒、石头或许会击伤我的肌骨，但语言无法伤害我。"总之，对于流言和议论，可以用一句话对付——"走自己的路，让别人去说吧！"

每日一点

棍棒、石头或许会击伤你的肌骨，但语言无法伤害你。

PART

09

快乐其实很简单

谁也不能拥有全世界

有一群猴子喜欢偷食农民的玉米，农民就发明了一种捕捉猴子的巧妙方法：白天的时候，故意让躲在远处的猴子看见，把一只葫芦型的细颈瓶子固定好，系在大树上，再放入猴子爱吃的玉米。

到了晚上，猴子来到树下，看到自己喜欢的玉米，迫不及待地就把爪子伸进瓶子去抓玉米。这瓶子的妙处就在于猴子的爪子刚刚能够伸进去，等它抓住玉米后，爪子却怎么也收不回来了。

贪婪的猴子放不下已到手的玉米，反而将玉米抓得更紧，爪子也就无法从瓶子里抽出。第二天，农民把它抓住的时候，它依然不放手，直到把那把玉米放入嘴里。

看到这个故事你一定会说：这猴子也真是笨，只要一撒手，不就可以走了吗？但是，在即得利益面前，你未必就比猴子聪明。

有一次，乔安和祖父进林子里去捕野鸡。祖父教乔安用一种捕猎机，它像一只箱子，用木棍支起，木棍上系着的绳子一直接到他们隐蔽的灌木丛中。只要野鸡看到撒下的玉米粒，就会一路啄食，进入箱子，只要一拉绳子就大功告成了。

他们支好箱子，藏起不久，就飞来一群野鸡，共有9只。大概是饿久了，不一会儿就有6只野鸡走进了箱子。乔安正要拉绳子，又想，那3只也会进去的，再等等吧。等了一会儿，那3只非但没进去，反而走出来了3只。乔安后悔了，对自己说，哪怕再有一只走过去就拉绳子。但接着，又有2只走了出来。如果这时拉绳，还能套住一只，但乔安对失去的好运不甘心，心想，总该有些要回去吧。终于，连最后那一只也走出来了。

那一次，乔安连一只野鸡也没有捕到。

人的欲望是无法满足的，而机会却稍纵即逝。贪欲不仅让人难以得到更多，甚至连原本可以得到的也将失去。

喜欢下棋的人都知道一句老话：下棋莫贪。人生也是如此。有自知之明的人只要一点东西，就可以得到满足；而贪婪的人却需要整个世界还不能满足，他们永远不知足，得陇望蜀，天天生活在不满足的痛苦中。贪婪者想得到一切，但最终两手空空。

托尔斯泰有一篇小说，叫《一个人一生需要多少土地》。讲的是在俄罗斯的外省有一个贪婪的地主，他用一生的时间来掠夺土地。在他死的时候，他侵占的土地已经需要骑上马来丈量了。他要死了，佃农们在原野上已经为他挖好了墓穴。

“让我最后一眼看看自己的安息之处吧！”这位贪婪的地主说。

于是，人们把他抬到了墓穴边。面对墓穴，地主突然一瞬间明白了一个朴素的道理：一个人的一生，其实只需要从头到脚六米长的土地，即可以把自己舒服地放进去，这一丁点土地就足够了！

世界上百分之八十的悲剧都是和钱有关系的，而世界上百分之八十的喜剧都是和钱无关的。确实，一个能抛却贪念的人，必须要有一个很好的心态，这样的人才会与快乐为伴。

每日一点

即使你拥有了全世界，也只能一天三餐，一次只能住一间房、睡一张床。

别为明天的盘子**发愁**

在撒哈拉沙漠中，有一种土灰色的沙鼠。每当旱季到来之时，这种沙鼠都要囤积大量的草根，以准备度过艰难的日子。但奇怪的是，当沙地上的草根足以使它们度过旱季时，沙鼠仍要拼命地寻找草根，运回洞穴，似乎只有这样它们才能心安理得，才会踏实。否则便焦躁不安，嗷嗷叫个不停。

研究证明，这一现象是由沙鼠的遗传基因决定的，是沙鼠出于一种本能的担心。担心使沙鼠干了大于实际需求几倍甚至几十倍的事。沙鼠的劳动常常是多余的、毫无意义的。

曾有不少医学界的人士想用沙鼠来代替小白鼠做实验，因为沙鼠的个头很大，更能准确地反映出药物的特性。但所有的医生在实践中都觉得沙鼠并不好用，问题在于沙鼠一到笼子里就非常不适。尽管在笼子里的沙鼠的生活可以用“丰衣足食”

来形容，但它们还是一只只很快就死去了。医生发现，这些沙鼠是因为没有囤积到足够草根，极度焦虑而死亡的。这是一种来自动物界自我心理的威胁。

你会为明天的盘子没洗发愁吗？事实上很多人都在做着这样的事情。在现实生活里，常让人们深感不安的往往并不是眼前的事情，而是那些还没有发生甚至永远也不会发生的事物。人们总是为了将来未知所需和命运而发愁，这种担心令人深深地感到不安。忧虑其实解决不了任何问题，只会增加你的压力，使你整天忧心忡忡，无端猜忌。

古代杞国有一个人整天担心天会塌下来，想着应该去哪儿住才好，最后弄得寝食难安。一个博学的朋友去看望这个人，告诉他：“天是由空气构成的，在我们生活的周围到处都是空气，我们都是在空气中进行活动的，为什么你还要担心天会塌下来呢？”杞人听了这些话后才恍然大悟，原来自己是自寻烦恼啊，于是心情就开朗起来了。

世上本无事，庸人自扰之。卡耐基说过：“其实 99% 的焦虑

根本不会发生，是人自己造成了自己的焦虑。”我们的担忧和烦恼其实都和杞人担心天会塌下来一样，都是自寻烦恼，没有必要的。

凡事总会有方法解决。如果你感到焦虑不安，那么为什么不试试这种方法？——接受最坏的结果。

卡耐基在他的书中提到一个石油商人讲述的故事：我是石油公司的老板，有些运货员偷偷地扣下了给客户的油量而卖给了他人，而我却毫不知情。有一天，来自政府的一个稽查员来找我，告诉我他掌握了我的员工贩卖不法石油的证据，要检举我们。但是如果我们贿赂他，给他一点钱，他就会放我们一马。我非常不高兴他的行为及态度。一方面我觉得这是那些盗卖石油的员工的问题，与我无关；但另一方面，法律又有规定“公司应该为员工的行为负责”。但是，万一案子上了法庭，就会有媒体来炒作此新闻，名声传出去会毁了我们的生意。我焦虑极了，开始生病，三天三夜无法入睡。我到底应该怎么做才好呢？给那个人钱呢，还是不理他，随便他怎么做？

我决定不了，每天担心，于是我问自己：如果不付钱的话，最坏的后果是什么呢？答案是：我的公司会垮，事业会被毁，但是我不会被关起来。然后呢？我也许要找个工作，其实也不坏。有些公司可能乐意雇用我，因为我很懂石油。至此，有意思的是，我的焦虑开始减轻，然后我可以开始思考了，我也开始想解决的办法：除了上告或给他金钱之外，有没有其他的路？找律师呀，他可能有更好的点子。

第二天，我就去见了律师。当天晚上我睡了个好觉。隔了几天，我的律师叫我去见地方检察官，并将整个情况告诉他。

意外的事情发生了，当我讲完后，那个检察官说他知道这件事，那个自称政府稽查员的人是一个通缉犯。我心中的大石头落了下来。这次经验使我永难忘怀。至此，每当我开始焦虑担心的时候，我就用此经验来帮助自己跳出焦虑。

是的，最坏的后果是什么？当这个后果出现时，我能面对它吗？我能承担它带来的责任吗？这是我们在焦虑时要问自己的几个重要的问题。如果最坏的结果在自己的接受范围，那么你一定能轻松许多。

每日一点

忧虑如同摇椅，它似乎一直在忙碌，却哪儿也去不了。

时刻怀有一颗感恩的心

一次，美国总统罗斯福家失盗，丢失许多东西，一位朋友闻讯后，忙写信安慰他，劝他不必太在意。罗斯福给朋友写了一封回信："亲爱的朋友，谢谢你来信安慰我，我现在很平安。感谢上帝，因为第一，贼偷去的是我的东西，没有伤害我的生命；第二，贼只偷去我部分东西，而不是全部；第三，最值得庆幸的是，做贼的是他，而不是我。"对任何一个人来说，失盗绝对是不幸的事，罗斯福却找出了感恩的三条理由。

感恩是一种处世哲学，是生活中的大智慧。人生在世，不可能一帆风顺，种种失败、无奈都需要我们勇敢地面对，豁达地处理。这时，是一味地埋怨生活，从此变得消沉、萎靡不振，还是对生活满怀感恩，跌倒了再爬起来？

英国作家萨克雷说："生活就是一面镜子，你笑，它也笑；你哭，它也哭。"你感恩生活，生活将赐予你灿烂阳光；你不感恩，只知一味地怨天尤人，最终可能一无所有！成功时，感恩的理由固然能找到许多；失败时，不感恩的借口却只需一个。殊不知，失败或不幸时更应该感恩生活。感恩，使我们在失败时看到差距，在不幸时得到慰藉，获得温暖，激发我们挑战困难的勇气，进而获取前进的动力。就像罗斯福那样，换一种角度去看待人生的失意与不幸，对生活时时怀一份感恩的心情，则能使自己永远保持健康的心态、完美的人格和进取的信念。

用一颗感恩的心看待自然、社会以及命运，学会感激，学

会宽容，学会应对灾害和不幸。感恩，让我们变得充实和快乐，享受温暖；感恩，让人明白爱，然后去爱，最后得到爱。

每日一点

幸福的人善于忘记自己给过别人什么，却永远记得别人给过自己什么。

❀ **欣赏**，是生命中的阳光

卓别林小的时候，有一年圣诞节，学校组织合唱团，卓别林落选了，他很沮丧。一天在班上，卓别林背诵了一段喜剧台词，博得了大家的喝彩。老师说："虽然你唱得不好，但幽默表演很有天分。"

后来，卓别林的父亲去逝，母亲患上严重的精神病。为了生计，卓别林四处到剧院打听，希望能演上一个角色。一天，伦敦一家剧院要上演一出戏，剧院老板答应让卓别林演一个孩子的角色。演出并不成功，《伦敦热带时报》在批评该剧的同时却说："幸而有一个角色弥补了该剧的缺点，那就是报童桑米。以前我们不曾听说过这个孩子，但可以预见，在不久的将来定会看到他不凡的成就。"

后来，年轻的卓别林获得了一个去美国演出的机会。不巧的是，这次演出没有引起任何轰动，然而美国的《剧艺报》在谈到卓别林时说："那个剧团里至少有一个很能逗笑的英国人，他总有一天会让美国人倾倒的。”

多年后，卓别林终于成为享誉世界的艺术家。可以肯定的是，除了天才与勤奋之外，他的成功与年轻时所处的宽厚的社会氛围是分不开的。

学会欣赏别人的优点，不但体现着我们对别人的尊敬，更重要的是，它也许就是一个人生命中的阳光，照耀一生。

欣赏如同航海中的灯塔，指引着迷失的人们，让他们获得前进的勇气，看到走向成功的希望，从而拥有一个明媚的未来。如果一个人在人生道路上，得不到他人的欣赏和肯定，那么他的生命之花就会枯萎，天才也会被埋没。

露丝用了很长的时间写了一篇小说，然后送给一位著名的作家，希望能得到他的教诲。她来到了作家的家里，作家很热情地接待了她，露丝将作品念给作家听。很快，她就读完了，停顿了下来。

作家问：“结束了吗？”

“听她的语气，似乎渴望能有下文！”想到这里，露丝立刻产生了灵感，回答说：“没有啊，后面的部分更精彩。”于是她就根据自己的想象继续往下“念”。

过了一会儿，作家又问：“结束了吗？”

露丝心想：“作家肯定是渴望把整个故事听完。”于是她就接续向下“念”。

如果不是突然响起的电话铃声打断了她的话，她会一直“念”下去的。作家因为有事需要马上出门，临走时说：“其实你的小说早该收笔，在我第一次询问你是否结束的时候，就应该结束。何必画蛇添足呢？看来你缺少作为一名作者最基本的素质——决断。决断是当作家的根本，拖泥带水的作品怎么能打动读者呢？”

听了作家的话，露丝后悔莫及，心想：“看来自己不适合从事写作，还是放弃吧，为自己重新找一个方向吧！”

很多年后，露丝从事了绘画的职业，但是她从心里还是喜欢写作。

一个很偶然的机会，露丝结识了一位更著名的作家，当露丝和他谈及当年给作家念小说的情景时，这位作家惊呼：“你能在那么短的时间里编出那么精彩的故事，真是不容易呀！这是作为一个优秀作家应该拥有的最基本的能力！而你放弃了写作，实在是太可惜了！”

就这样，因为缺少欣赏，没有得到及时的鼓励和认可，一位很有潜力成为作家的苗子就这样被扼杀在了萌芽阶段。如此看来，欣赏对于一个人的成长实在重要。

台湾作家林清玄去一家羊肉馆用餐，老板对他说：“你还记得我吗？”林清玄说：“记不起来了。”老板拿来一张20年前的旧报纸，那里有林清玄的一篇文章，那时他在一家报社当记者。这是一篇关于小偷的报道，小偷手法高超，作案上千次，次次得手，最后栽在一个反扒高手的手上。文章感叹道：“像心思如此细密、手法如此灵巧的小偷，做任何一件事情都会有成就的吧！”老板告诉他：“我就是那个小偷，是你的这段话引导我走上了正路。”

欣赏你的朋友，你们的关系会更加亲密；欣赏你的同事，你和同事会合作得更愉快；欣赏你的下属，下属会工作得更加努力；欣赏你的爱人，你们的爱情会更加甜蜜；欣赏你的孩子，他的人生之路会越走越宽……学会欣赏他人并不难，只要在他们最需要鼓励的时候，说一句肯定的话就足够了。

每日一点

学会欣赏别人的优点，不但体现着我们对别人的尊敬，更重要的是，它也许就是一个人生命中的阳光，照耀一生。

挖掘自信，超越自卑

十几年前，他从一个仅有20多万人口的北方小城考进了北京的大学。开学的第一天，与他邻桌的女同学第一句话就问他：“你从哪里来？”而这个问题正是他最忌讳的，因为在他的脑海里，出生于小城，没见过世面，肯定会被那些来自大城市的同学瞧不起。很长一段时间，自卑的阴影都占据着他的心灵。

20年前，她也在北京的一所大学里上学。大部分日子，她也都在疑心、自卑中度过。她疑心同学们会在暗地里嘲笑她，嫌她肥胖的样子太难看。

她不敢穿裙子，不敢上体育课。大四的时候她差点儿毕不了业，不是因为功课太差，而是因为她不敢参加体育长跑测试！她连给老师解释的勇气也没有，茫然不知所措，只能傻乎乎地跟着老师走，老师勉强算她及格。

在一个电视晚会上，她对他说：“要是那时候我们是同学，可能是永远不会说话的两个人。你会认为，人家是北京城里的姑娘，怎么会瞧得起我呢？而我则会想，人家长得那么帅，怎么会瞧得上我呢？”

他，现在是中央电视台著名节目主持人，经常对着全国几亿电视观众侃侃而谈，他主持节目给人印象最深的特点就是从容自信。他的名字叫白岩松。

她，现在也是中央电视台著名的节目主持人，而且是第一个完全依靠才气而丝毫没有凭借外貌走上中央电视台主持人岗位的。她的名字叫张越。

原来，他们也会自卑。原来，自卑也是可以彻底摆脱的。

现实生活中，总有人因为某种缺陷或短处而特别自卑，从而影响了他们的一生。其实这些所谓的自卑，理由都显得十分可笑，比如肥胖、矮小、贫穷……殊不知，没有人是完美无瑕的，拿破仑矮小、林肯丑陋、罗斯福瘫痪、丘吉尔臃肿……缺陷都非常明显而典型，可他们都毫不在意，并没有自暴自弃，反而生活得坦然自在，并在事业上取得了极大的成功。

许多人缺少的不是能力，而是自信的心态。世上只有有独立意识的人才能敲开成功的大门，但是只有自信的人才能冲破一切困难阻碍，迎来属于自己的曙光。

小泽征尔是日本著名的指挥家，他在参加一个世界级的指挥大赛时，顺利闯入决赛。演奏中，他发现一个不和谐音符，开始他以为自己听错了，重新开始仍然如此。小泽征尔于是向在场的专家询问，是不是乐谱有问题，此时，在场的专家向他保证乐谱绝对没问题。小泽征尔认真思索后大喊一声："不，是乐谱错了。"话音刚落，评委席传出一阵热烈的掌声——原来，这是评委精心设计的"陷阱"……

如果对自己没有绝对的自信，在权威的评委的误导下，小泽征尔也许会放弃自己的观点，从而与冠军擦肩而过。可见，自信是一个人最应具有的品德。莎士比亚说过："对自己都不信任，怎么让别人信任你？"

其实，并不是因为有些事情难以做到，我们才失去自信；而是因为我们失去自信，有些事情才显得难以做到。山姆·史密斯认为，一个人是否有自信心，可以决定他是否成功。所以，你认为自己是一个什么样的人，就会成为什么样的人。

作家罗曼·罗兰说过："先相信自己，然后别人才会相信你。"所以，人认为自己是怎样的一个人比他真正是怎样的一个人更为重要，因为每一个人都是按他的人设而行动的。

《福布斯》是与《财富》和《商业周刊》并驾齐驱的世界三大经济杂志之一。切里·默克是《福布斯》的总编。有一次，切里·默克宣布编辑部将要解雇一名员工。有位员工实在太担心、太紧张，因为他觉得自己在公司的表现很糟糕，最后忍不住就直接去找切里·默克询问道："你要解雇的是不是我？"

切里·默克慢悠悠地说："本来我还没有想好是谁，现在还在考虑这件事情。不过既然你提醒了我，那么就是你了。"于是，那位员工当场就被解雇了。

世界充满了成功的机遇，也充满了失败的可能。所以我们要不断提高应付挫折与干扰的能力，调整自己，增强社会适应力。

若每次失败之后都能有所领悟，把每一次失败当作成功的前奏，那么就能化消极为积极，变自卑为自信。

每日一点

认识自己，挖掘自信，才能改变自己。

怨天尤人，于事无补

人生不如意事十之八九。在生活和工作中，我们可能经常遇到不公平或者不顺心的事。当你的这些想法增多的时候，你就会开始抱怨。

一位职员说："我的老板不赏识我，我越干越没信心了。"

一位中年妇女抱怨道："我的先生经常忙着工作不顾家，到现在还是个科长，隔壁大李都当上局长了……"

一位母亲说："我的儿子太顽皮，真气死我了！"

婆婆说："我的媳妇不孝顺，我怎么这么命苦啊！"

一位老师从教室里走出来说："现在的学生实在是太难调教了，真把我气炸了！"

……

看起来，好像每个人都满腹抱怨，少有人对自己所拥有的表示满意和感恩。那么，在面对不利的环境或者困境的时候，我们为什么不能把困顿当作是对自己的一种磨砺呢？与其牢骚抱怨，不如问问自己：在这个不尽如人意的环境里，我能做些什么？强者靠自己，弱者靠同情，怨天尤人实在于事无补。少抱怨，多行动，才是应对困境的正确方法。爱默生说："一心朝自己目标前进的人，整个世界都会给他让路。"同样，我们一心朝着我们的目标努力，又有谁能妨碍我们的上升呢？

索尼公司创始人盛田昭夫说起过这么一个故事。东京大学的毕业生在索尼公司一直非常受欢迎。有个叫大贺典雄的毕业生，是一位有才华的青年。在他加入索尼公司之后曾与盛田昭夫争论，盛田昭夫喜欢这个直言无忌的年轻人，非常器重他。

后来出人意料的是，盛田昭夫居然把大贺典雄下放到了生产一线，给一位普通工人做学徒。这让很多员工迷惑不解，甚至怀疑他得罪了盛田昭夫。有人为大贺典雄感到不平，但大贺典雄只是淡淡一笑。

一年后，更让人大跌眼镜的事情发生了，还是学徒工的大贺典雄居然被直接提拔为专业产品总经理。员工们百思不得其解。

在一次员工大会上，盛田昭夫为大家揭开了谜团："要担任产品总经理的重担，必须要对产品有绝对清楚的了解，这就是我把大贺典雄下放到基层的原因。让我高兴的是，大贺典雄在他的岗位上干得不错。然而让我坚定提拔念头的是——他在整整一年的累脏卑微的工作环境中居然没有任何牢骚和抱怨，而且甘之若饴。"

人们终于明白了其中的原因，不由报以热烈的掌声——为盛田昭夫，也为大贺典雄。5 年后，也就是大贺典雄 34 岁那年，他成了公司董事会的一员，这在因循守旧的日本企业简直是闻所未闻的。

如果一个人对自己目前的环境不满意，唯一的办法是让自己战胜环境，超越环境。奥地利小说家茨威格说过：“机会看见抱怨者就会远远避开。”喜欢抱怨的人在这个遵循法则的世界中，是没有立足之地的。所以在工作或者生活中，我们不要有太多的抱怨。因为我们要做的不是抱怨，而应该是做好自己。

遭到不公平的待遇或者身处困境的时候，正确的应对方法是，不要片面地回避这些不利的因素，而应该正视它们。同时，我们也不要将目光盯在他人的成就上，而应该认真地反思一下自己：我付出了多少？因为在这个世界上，更多的情况是付出和所得成正比。不要整天盯着那些利益和名誉不放，老老实实做人，踏踏实实办事，这才是刚走进社会的年轻人所应该做的。只有我们做好每一件事，戒除那些浮躁功利的作风，以豁达的态度去面对困境的时候，我们才能不断发展自己，取得成功。

每日一点

一个聪明的人，从不抱怨现状，而是利用自己的优势，发挥自己的潜能，一步步向上攀登，而走向成功。

❀ 享受生命，**珍惜你拥有的**

有个一无所长的年轻人，感到自己生活得非常无聊。于是他就去拜访一位哲人，希望哲人能够给他的未来指明一条道路。

哲人问他 ：“你为什么来找我呢？”

年轻人回答道 ：“我至今仍一无所有，恳请你给我指明一个方向，使我能够找到人生的价值。”

哲人摇了摇头，说 ：“我感觉你和别人一样富有啊，因为每一天时间老人也在你的‘时间银行’里存下了 86400 秒的时间。”

年轻人苦涩一笑，说 ：“那有什么用处呢？它们既不能被当

作荣誉，也不能换作一顿美餐。”

哲人严肃地打断了他的话，问道：“难道你不认为它们珍贵吗？那你不妨去问一个刚刚延误乘机的游客，一分钟值多少钱？你再去问一个刚刚死里逃生的幸运儿，一秒钟值多少钱？最后你去问一个刚与金牌失之交臂的运动员，一毫秒值多少钱？”

听了哲人的一番话，年轻人羞愧地低下头。

哲人继续说道：“只要你认识到时间的珍贵，去发现一件自己想做的事情，那你脚下的路会慢慢明朗起来。”

只要我们珍惜拥有的，那我们就是富有的，因为我们每天都拥有 86400 秒的时间可以支配。如果你不珍惜，人生最宝贵的东西——时间就会像风一样从你的身边溜过，给日子留下一片苍白。当你懂得珍惜，知道让每一秒的时间都应该给生活涂上一抹色彩，那么你的人生自然就绚丽起来。

每日一点

“人的一生，到底在追求什么？”这个问题对于我们每个人都有现实意义。对于未来，一切都是未知数；但是享受生活，珍惜你所拥有的，却是我们可以把握的。

把握人生的“一个半”朋友

如果有人问你：你一生中有几个朋友？

也许你会说，从小到大，朋友太多了，可以说是多如牛毛。

但是，能够交心的真正的朋友又能有几个呢？其实，一个真正幸福的人，在这个世界上只有“一个半”朋友……

从前有一个仗义的人行走江湖，结识了不少英雄豪杰。他临终时告诉儿子：“我自小在江湖闯荡，结交的人不计其数，其实我这一生就交了‘一个半’朋友。”

儿子不明白父亲的意思。父亲让儿子俯身在他耳边交代了一番，对他说：“你按我说的去见见我的这‘一个半’朋友，朋友的要义你自然就会懂得。”

儿子先去了他父亲认定的“一个”朋友那里，对他说：“我是某某的儿子，现在正被朝廷追杀，情急之下投身你处，希望予以搭救！”这人一听，赶忙叫来自己的儿子，喝令儿子将衣服换下，穿在了眼前这个并不相识的“朝廷要犯”身上，自己儿子却穿上了“朝廷要犯”的衣服。

儿子明白了：在你生死攸关的时刻，那个能为你肝胆相照，甚至不惜割舍自己亲生骨肉搭救你的人，可以称作你的“一个”朋友。

儿子又去了他父亲说的“半个”朋友那里，把同样的话说了一遍。这“半个”朋友听了之后，说：“孩子，这等大事我可救不了你，我给你足够的盘缠，你远走高飞快快逃命，我保证不会告发……”

儿子明白了：在你患难的时刻，那个能够明哲保身、不落井下石加害你的人，可称作你的“半个”朋友。

人生中能拥有最美好、最珍贵的礼物就是友谊。友谊，是我们生活中不可缺少的温馨情感！友谊有时候像一团火，当火点燃时，它燃烧着自己，也燃烧着对方，在燃烧中双方融成一体；友谊有时候又像一池清水，沐浴水中时，它让你清凉，洗涤着我们的身心。

富兰克林说过：“获得友谊并不难，珍惜呵护友谊才是最重要的。”既然真正的朋友如此可贵，那么为什么不从现在开始，呵护友谊，真诚地关心、帮助你的朋友呢？毕竟，人生只有“一个半”朋友。

每日一点

对于一个人来说，最美好的财富莫过于拥有真正的朋友。

PART

10

再苦也要笑一笑

拥有一颗**快乐的心**

有个人非常乐观，远近闻名。一天，他挑着两筐鸡蛋去集市出卖。

经过一个山坡时，几十个鸡蛋从筐里掉出来摔个粉碎，蛋黄蛋清流了一地，但他头也不回地只管往前走。

有人提醒他说:“你的鸡蛋摔碎了不少，你怎么也不看看？”

他依然乐呵呵地回答：“我知道。既然摔碎了，看又有什么用呢？不如早点赶到集市上把鸡蛋卖个好价钱。”

这个人可算是一个深谙快乐之道的智者。人生不如意事十之八九，痛苦与不顺远比快乐多。当你面对不幸或挫折时，你能这样坦然处之，付之一笑吗？

其实，快乐与否全在于你的心态。看开了，也没什么大不了。只要调整了心态，你就能躲开阴霾，开创一片新天地。

文森特是一个很快乐的人，于是切克去拜访他。文森特笑呵呵地听她提问。

切克问：“假如你连一个朋友都没有，你还会高兴吗？”

“当然，我会高兴地想，幸好我还有自己。”

“如果你被人莫名其妙地打了一顿，你还会开心吗？”

“是呀，我会想，还好没被他们杀害。”

“假如医生给你拔错了牙齿，你还会高兴吗？”切克问道。

“当然，我会高兴地想，幸好拔错的只是一颗牙，而不是我的内脏。”

“假如你的妻子背叛了你呢？你还高兴得起来？”

“我会想，幸好她背叛的只是我，而不是国家。”文森特回答。

“假如你失去了生命，你还能高兴吗？”切克问道。

“当然，我会想，我开心地度过了我的一生，就让我跟着死神，高兴地参加另外一个宴会去吧。”

切克彻底服了文森特，说：“这么说，生活中没有什么可令你痛苦，生活永远是一串快乐的音符吗？”

“是啊，只要你愿意，你就会在生活中发现和找到快乐——痛苦不请自来，而快乐却需要我们自己去发现。”文森特快乐地说道。

我国著名科普学家高士其就是一个善于发现快乐的人。

高士其年轻时留学美国，毕业后留在芝加哥医学院深造。23 岁那年，一场意外的科研事故让他全身瘫痪，语言含混，两眼发直，连饮水都困难。

然而，高士其的心却没有衰竭。他以顽强的毅力写了许多文章和诗，成为我国著名的科普作家。他写过一篇知识小品，题为《笑》，其中这样写道：

笑有笑的哲学。笑的本质，是精神愉快。

笑的现象，是让笑容、笑声伴随着你的生活。

笑的形式，多种多样，千姿百态，无时不有，无处不有。

笑的内容，丰富多彩，包括人的一生……

笑，你是嘴边一朵花，在颈上花苑里开放。

你是脸上一朵云，在眉宇双目间飞翔。

你是美的姊妹，艺术家的娇儿。

你是爱的伴侣，生活有了爱情，你笑得更甜。

笑，你是治病的良方，健康的朋友。

高士其拥有一颗快乐的心，这是一种积极向上的生活态度，一种任何艰难困苦都无法摧毁的生活态度。林肯也是一个乐观的典范，他经常挂在嘴边的一句话是："上帝一定很喜欢平民，不然他不会造出这么多平民来。"

快乐的人，往往是一些永远快乐且充满希望的人。他无论遇到什么情况，脸上总是带着微笑，心平气和地接受人生的变故和挫折。这就是乐观的生活态度。乐观对人就像太阳对植物一样重要，乐观就是人心中的太阳。

一群因地震被埋在废墟下的人们，各人的心态决定了他们是否能在困境中顽强地生存下去。那些将困境视为绝境的人因为意志崩溃而导致身体能量系统不能有效地工作，身体各个机能逐渐丧失。在缺少水和食物的情况下，这将是把他们迅速推向死亡的死神之手。而那些意志坚强、坚信光明终究到来的人，体内会产生出更多的精神能量，帮助他们渡过难关。

这就是乐观给人们提供的力量，它大到足以支撑整个生命。

乐观是一种习惯。每天利用几分钟的时间，想象明天、下个星期或是明年，都可能发生许多愉快的事情，不要对未来烦恼或忧虑。多想想美好的事情，你会在不知不觉中实现它们。如此一来，你就养成了乐观的习惯。

每日一点

聪明人应当是快乐的，自以为聪明的人才常常感到烦恼。

❀ 时刻保持**清醒的头脑**

初夏，一只饥肠辘辘的老鼠意外地掉进了一个米缸里。突如其来的幸福使老鼠喜出望外。它先是警惕地环顾了一下四周，确定没有危险之后，接下来就开始大吃特吃。

以后的日子里，老鼠就这样在米缸中吃了睡，睡了再吃。日子一天一天过去了，老鼠有时虽然也担心自己跳不出去，但一看到白花花的大米，就马上打消了念头。直到有一天，老鼠发现米缸见了底。它想跳出去，但是已经不可能了。

若干天后，主人在米缸里发现了一只死老鼠。

在现实生活中，多数人都能够做到在明显有危险的地方止步，但要清醒地认识潜在的危险，就没那么容易了。

范蠡和文种两人的关系非常要好，两人为越王勾践献谋划策，勾践在他们的辅佐下，卧薪尝胆，一举灭掉了吴国。范蠡深切地知道越王是个只能同患难不能共享乐的人，就想急流勇

退，辞官归隐，于是就想让文种和他一起远走高飞。但是文种哪舍得眼前的富贵，坚决认为越王不会亏待功臣，没有答应范蠡。范蠡叹了口气："鸟没有了，弓箭就会被收起来了；兔子死了，狗就会被烹了吃。亏你还是明白人，真是聪明一世，糊涂一时啊！"范蠡摇摇头，无奈地走了。

果然不久后，文种就被越王赐死了。文种也算是个极其厉害的人物了，经历过无数阴谋和斗争，但在荣华富贵面前还是没有能保持清醒的头脑。

一个聪明的人，在名誉的冲击下，他绝不会沾沾自喜，而是仍然保持着清醒的头脑。

一天，居里夫人的一个女朋友到她家做客。居里夫人去做饭的时候，女友就和居里夫人的女儿玩了起来，她发现居里夫人的小女儿手中的玩具是英国皇家协会刚刚颁给她的一枚金质奖章，不禁大吃一惊，不解地问："居里夫人，英国皇家协会的奖章是极高的荣誉，你怎么能把奖章给孩子玩呢？"

居里夫人淡淡一笑说："我是想让孩子们从小就知道，荣誉就像玩具，偶尔玩玩可以，绝不能永远玩下去，否则就将玩物丧志，一事无成。"

居里夫人能在名利和诱惑面前保持清醒头脑的人，实在是太少了。

头脑清醒的人，不会为小胜利冲昏头脑，随时保持从容不迫、冷静理智，并坚持到最后的胜利。当别人束手无策时，仍然能保持镇静的人，无论走到哪儿都受人欢迎、受人重视。这个世界上，最了解你的人不会是别人，而是你自己。

每日一点

头脑清醒的人，不会为小胜利冲昏头脑，随时保持从容不迫、冷静理智，并坚持到最后的胜利。

❀ 人在微笑时**最有魅力**

人在什么时候最有魅力呢？就是在微笑的时候。一个热爱生活的人，一个积极向上的人，微笑是他显露最多的表情。山德士的打扮是肯德基独一无二的注册商标，人们一看到他，就会自然想起山德士上校的传奇经历和他永远笑呵呵的样子。为此，山德士说过："我的微笑就是最好的商标。"微笑的力量，由此可见一斑。

在人际交往中，微笑是最美丽也最容易的表情。所以，应该让微笑成为一种习惯，不要让死板严肃的表情成为你人生道路上的“拦路虎”。

彼得·泰格是一位著名的演说家和沟通专家，他曾经说过：“就连最懒惰的人也懂得微笑。因为他知道，微笑比皱眉牵动的肌肉要少得多。”微笑蕴含着丰富的含义，传递着动人的情感。怪不得有位哲人曾说：微笑是人类最美的表情。

在人际交往中，我们需要微笑。微笑是一种令人愉快的表情，表达一种热情而积极的处世态度。微笑甚至能创造财富，引领你走向成功，大名鼎鼎的希尔顿酒店王国就是以微笑服务而著称的。

1919年，希尔顿只身到得克萨斯州买下了他的第一家酒店。凭借着精准的眼光与良好的管理，他很快就将仅有的5000美元扩增到5100万美元。面对沾沾自喜的希尔顿，母亲意味深长地说：“你要想长期发展，除了对顾客诚实之外，还要想一种简单易行、不花本钱而行之有效的办法去吸引顾客，这样你的旅馆才有前途！”母亲的话让希尔顿猛然醒悟。于是，他每天都到商店和酒店里参观，以顾客的身份来感受一切，终于他得到了一个答案——微笑服务。到1976年，希尔顿酒店凭着“微笑”服务，从1家扩展到70家，成为全球规模最大的酒店之一。

人类与其他生物的区别之一就是人类有复杂的感情，而微笑则是感情表达最直接的方式之一。微笑意味着友好和赞赏，能给双方都带来愉悦。甚至在抱怨批评的时候，你如果也能微笑着，就会使对方感觉到温馨和诚恳。对他人笑脸相迎，他人也必定给你相应的回报，每天看到的都是笑脸，怎么会没有好心情！

陌生的两个人如果微笑以对，会使你们的关系更好地融洽起来。人类社会每天进行着许多的社会活动，其中大部分是人与人的接触交流，如果每个人都能使用好微笑，那么人与人之间的交流就会变得更美好轻松。

笑容就是你最好的名片。所以，不要吝惜你的笑容，从现在开始，以微笑来招呼你的朋友，以微笑来面对你的人生。

每日一点

微笑能让你赢得他人的友好，也是最迷人的表情，真诚地尽情微笑吧！

❀ 善待他人就是善待自己

有个青年总是愤世嫉俗，在学习、生活、工作中遭遇了许多误解和挫折。由于得不到别人的理解，他渐渐养成了以戒备和仇恨的心态看待他人的习惯。在压抑郁闷的环境中，他感觉整个世界都在排斥他，因此度日如年，几乎要崩溃。

有一天，为了散心，他登上了一座景色宜人的大山。坐在山上，他无心欣赏幽雅的风景，想想自己这些年的遭遇，内心的仇恨像开闸的洪水一样，他忍不住对着空荡幽深的山谷大声喊：“我恨你们！我恨你们！我恨你们！”话一出口，山谷里传来同样的回音：“我恨你们！我恨你们！我恨你们！”他越听越不是滋味，又提高了喊叫的声音。他骂得越厉害，回音也越大越长，扰得他更恼怒。

就在他再次大声叫骂后，从身后传来了“我爱你们！我爱你们！我爱你们”的声音。他扭头一看，只见不远处寺庙里一方丈在冲着他喊。

片刻后方丈微笑着向他走来，笑着说：“倘若世界是一堵墙壁，那么爱是世界的回音壁。就像刚才我们的回音，你以什么样的心态说话，它就会以什么样的语气给你回音。爱出者爱返，福往者福来。为人处世的许多烦恼都是因为对外界苛求得太多而产生的。你热爱别人，别人也会给你爱；你去帮助别人，别人也会帮助你。世界是互动的，你给世界几份爱，世界就会回你几份爱。爱给人的收获远远大于恨带来的暂时的满足。”

听了方丈的话，他愉快地下山了。

回来后，他以积极、健康、友爱的心态对待身边的一切，他和同事之间的误解没有了，没有人和他过不去，工作上比以往顺利了，他发现自己比以前快乐多了。

你对别人怎样，别人就会怎样对你。“如果你握紧一双拳头来见我，”著名的哲学家赛勒斯在谈到与人相处时说，“我想，我可以保证，我的拳头会握得比你更紧。但是如果你来找我说：‘我们坐下，好好商量，看看彼此意见相异的原因是什么。’我们就会发觉，只要我们有彼此沟通的耐心、诚意和愿望，我们就能沟通。”

你真诚地对待别人，别人也会真诚地对待你。

从前有一个小巷子又黑又窄，路灯也没有一个，每到晚上在里面走路非常不方便。

这时候，一个人打着灯笼慢慢地走进这条巷子，巷子里一下子明亮了许多。

“哈哈，那个点灯的盲人又来给我们照路了。”几个巷子里的居民高兴地说，“这下子不用怕撞到墙了。”

有个人正从这里经过，觉得这个盲人挺有趣的。于是他走上前去跟盲人聊了起来。

“你既然什么都看不见，为什么还要提着灯笼出行呢？”

“为了保护我自己啊。我听人们说一到晚上他们就像我一样什么都看不见了，我点盏灯，他们看见了光，就会躲开我，不会撞到我身上了。”

大多数人认为盲人点灯是愚蠢行为，但文中的盲人点灯，照亮了他人，也使自己免受他人的碰撞。这让我们明白：助人不仅是付出，也是收获。

在我们人生的大道上，肯定会遇到许许多多的困难。在前进的道路上，有时搬开别人脚下的绊脚石，有时恰恰是在为自己铺路？

你对遇到的每个人的一次微笑、一句亲切的话、一句令人愉快的答复，发自内心的感激、鼓励、信任和称赞，会让你发现：你给予别人的越多，你收获的也会越多。

善待他人，别人会感激你、喜欢你，而你自己的心情和灵魂也会得到提升。何乐而不为呢？

每日一点

善待他人，别人会感激你、喜欢你，而你自己的心情和灵魂也会得到提升。何乐而不为呢？

随手关上身后的门

英国前首相劳合·乔治有一个习惯——随手关上身后的门。有一天，乔治和朋友在院子里散步，他们每经过一扇门，乔治总是随手把门关上。“你有必要把这些门关上吗？”朋友很是纳闷。

“哦，当然有这个必要。”乔治微笑着说，“我这一生都在关我身后的门。你知道，这是必须做的事。当你关门时，也将过去的一切留在后面，不管是美好的成就，还是让人懊恼的失误，然后，你又可以重新开始。”

朋友听后，陷入了沉思中。乔治正是凭着这种精神一步一步走向了成功，踏上了英国首相的位置。

要想成为一个快乐成功的人，最重要的一点就是记得“随手关上身后的门”，学会将过去的错误、失误通通忘记，着眼未来。

新泽西州市郊一座小镇，有一个由26个孩子组成的班级。他们中所有的人都有过不光彩的历史，有人吸毒，有人进过少年管教所，有一个女孩子甚至在一年之内堕过三次胎。家长拿他们没有办法，老师和学校也几乎放弃了他们。

就在这个时候，一个叫菲拉的女教师接了这个班。新学年开始的第一天，菲拉没有像以前的老师那样整顿纪律，先给孩子们一个下马威，而是出了一道选择题：

有三个候选人，他们分别是：

A. 笃信巫医，有两个情妇，有多年的吸烟史，而且嗜酒如命；

B. 曾经两次被赶出办公室，每天要到中午才起床，每晚都要喝大约一公升的白兰地，而且曾经有过吸食鸦片的记录；

C. 曾是国家的战斗英雄，一直保持素食的习惯，不吸烟，偶尔喝点酒，但大都只是喝一点啤酒，年轻时从未做过违法的事。

菲拉要求大家从中选出一位在未来能够造福人类的人。毋庸置疑，孩子们都选择了C。然而菲拉的答案却令人大吃一惊："孩子们，我知道你们一定都认为只有最后一个才是最能造福人类的人，然而你们错了。这三个人大家都很熟悉，他们是二战时期的著名人物：A是富兰克林·罗斯福，身残志坚连任四届美国总统。B是温斯顿·丘吉尔，英国历史上最著名的首相。C的名字大家也很熟悉，阿道夫·希特勒，一个夺去了几千万无辜生命的法西斯恶魔。"孩子们都呆呆地瞅着菲拉，他们简直不敢相信自己的耳朵。

"孩子们，"菲拉接着说，"你们的人生才刚刚开始，过去的荣誉和耻辱都只能代表过去，真正能代表一个人一生的是他的现在和将来的所作所为。从过去的阴影中走出来吧，从现在开始，努力做自己一生中最想做的事情，你们都将成为了不起的人才……"

正是菲拉的这番话，改变了26个孩子一生的命运，如今这些孩子都已长大成人，其中的许多人都在自己的岗位上做出了骄人的成绩，有的做了心理医生，有的做了法官，有的做了飞机驾驶员。值得一提的是当年那个个子最矮的也最爱捣乱的学生罗伯特•哈里森，今天已经成为华尔街上最年轻的基金经理人。

每个人都经历过失败和痛苦，心中多少会留下一些酸楚的记忆，甚至有着不堪回首的过去……我们需要总结昨天的失误，但我们不能对过去的错误和痛苦耿耿于怀，伤感也罢，悔恨也罢，都不能改变过去，不能使你更快乐、更完美。过去的都已经过去了，将来的路还有很长。如果总是背着沉重的历史包袱，为逝去的流年感伤不已，那只会白白耗费眼前的大好时光，也就等于放弃了现在和未来。追悔过去，只能失掉现在；失掉现在，哪有未来！泰戈尔说过：“错过太阳了，如果你还在流泪，那么你就要错过星星了。”

每日一点

关上你人生的门，把错误和痛苦统统忘记，然后重新开始。

❀学会说“下一次”

一天夜里，一位年轻人走在山路上，突然有个声音说：“年轻人，你捡一些石头，它会对你很有用的。”年轻人就捡了几个带回去。第二天他发现那些石头都变成了金子，于是年轻人便后悔“如果昨天夜里多捡一些就好了”，可为时已晚。

其实，我们每个人每天都在“捡石头”，不明白它们对我们到底有什么用。当我们发现它们不够用时，总是会想“如果我当时不那么做……”沉浸在懊悔中。但是，过去的已经过去了，后悔能改变什么呢！

那么，人应该如何面对生活中的懊悔呢？美国的一位心理医生奥兰多给出了答案——不说“如果”，而是说“下一次”。

奥兰多医生在即将退休时写了一本医治各种心理疾病的专著。这本书有1000多页，书中有各种心理疾病的治疗办法。

图书出版后引起了很大的轰动，许多团体和大学邀请他去为学生们讲学。一天，他应邀到一所大学讲学，在课堂上，他拿出了这本厚厚的著作，对学生们说：“这本书有1000多页，里面有治疗各种心理疾病的方法3000种、药物10000类，但所有的内容，概括起来却只有几个字。”

学生们都很吃惊，纷纷投之以惊愕的目光。于是他转身在黑板上写下了“如果，下一次”。

他继续说道:“事实上,许多人备受精神折磨的原因都是‘如果’这两个字，比如‘如果我不做那件事’‘如果我当年不娶她’‘如果我当年及时换一项工作’……书中的医治方法有几千种，但最终的方法只有一种，那就是把‘如果’改为‘下一次’，比如‘下一次我有机会一定那样做’‘下一次我一定不会错过我爱的人’……总之,造成自己心理疾病的、影响自己幸福生活的，有时候，并不是物质上的贫乏或丰裕，而取决于一个人的心境的改变。如果心灵被浸泡在后悔和遗憾的水中，痛苦就必然会牢牢占据你的整个心灵。”

懊悔在人的一生中，就像一剂慢性毒药，无休无止地磨灭你的意志，在不知不觉中消耗你的快乐。但是，只要你去掉“如果”，改说“下一次”，你就找回了真实的自己，它就是你生命里的阳光、空气和水。这一切对谁都非常重要，因为它让你看到下一次机会的来临并为之全力付出。

每日一点

学会向前看。如果说这世界上有后悔药可以用来医治自己的懊悔，那就是对自己多说“下一次”。下一次机会来临时，记得全心全意去为自己的梦想而奋斗。

中　篇

每天感悟一点点

PART

01

感悟生命：了解生命的意义

坚持的力量

600 多年前，苏格兰有个国王叫罗伯特·布鲁斯。在英格兰军队进攻苏格兰的时候，他拿起武器，率领英勇、精悍的部队，顽强抵抗侵略者。但是由于寡不敌众，一连进行了 6 次大的战斗，都被英格兰打败了，没办法他只好躲在一个不易被发现的茅屋里。

当他正带着失望与悲哀躺在柴草床上的时候，他看见一只蜘蛛正在结网。为了发泄自己的痛苦并看蜘蛛如何应对，国王破坏了它将要完成的网。蜘蛛并不在意，立刻继续织网。国王再次把它的网破坏了，蜘蛛又开始结另一个网。

国王感到惊奇。他自言自语道：“我已被英格兰的军队打败了 6 次，我是准备放弃战争了。假使我把蜘蛛的网破坏 6 次，它

是否会放弃它的结网工作呢？”

他 6 次将蜘蛛结的网毁坏了。蜘蛛对这些破坏毫不介意，开始结第 7 个新网，终于成功了。国王被蜘蛛感动了，鼓起了勇气，他决意再进行一次战斗，夺回被英格兰人占领的国家。他召集了一支新的军队，同英格兰侵略者进行了第七次战斗。这次战斗，布鲁斯凭着顽强的毅力，终于打了胜仗，把英格兰人赶出了苏格兰。

每日一点

一颗高尚的心应当承受灾祸而不是躲避灾祸，因为承受灾祸显示了意志的崇高，而躲避灾祸则显示了内心的怯懦。

所有丰硕的果实，**曾经都是美丽的鲜花**

有个风华正茂的青年，经常轻视饱经风霜的老人。

一天，他与父亲同游公园。青年顺手摘下一朵鲜花，说道：“爸爸，我们年轻人就像这朵鲜花一样，洋溢着生命的活力。你们老年人，怎么能和年轻人相比呢？”

父亲听罢，在经过小卖部的时候，顺便买了一包核桃，取了一颗，托在掌心里，说道：“孩子，你比喻得不错。如果你是鲜花，我就是这干皱的果实。不过，事实告诉人们：鲜花，喜欢让生命显露在炫目的花瓣上；而果实，却爱把生命凝结在深藏的种子里！”

年轻人还是不服气："要是没有鲜花，哪儿来的果实呢？"

父亲哈哈大笑："是啊，所有的果实都曾经是鲜花；然而，却不是所有的鲜花都能够成为果实！"

听罢，年轻人沉默了。

每日一点

人生是一座伟大的宝藏，你必须懂得去摘取最有意义的珍宝。

珍惜时间就是珍爱生命

有个守财奴，他一生吝啬节俭，积攒了100万金币。

不想死神突然降临，要夺去他的生命。守财奴这才意识到自己还没有好好享受人生，他对死神说："我把我财富的三分之一给你，你卖给我一年活着的时间吧。"

"不。"死神的口气不容商量。

"那就分50万给你，我现在只求你给我半年的时间，总可以了吧？"守财奴恳求道。

"不行。"死神还是不同意。

守财奴有点着急了，说："那……我把所有的财富都给你，你给我一天的时间行吗？"

"不行。"死神

说完，伸手就要取他的命。

守财奴绝望了，他向死神提出最后一个请求："请你给我一分钟时间，我要写下遗嘱。"

死神这次同意了守财奴的请求。守财奴用颤抖的双手，艰难地写下一行字："人们，请记住：你所有的财富买不到一天时间。"

每日一点

人生的一切成就皆由时间造就，包括生命——一个由时间构成的特殊历程。因此说，珍惜时间就是珍爱生命。

在绝境中，**感受真正的自己**

父亲狄克携着儿子布莱克在山间游玩，借着山水当中的灵秀之气，父亲不断地给布莱克在智慧及灵性上予以开导。

突然，布莱克一声惊叫，指着远方急切地喊道："爸爸，您看……"

老狄克一眼望去，看到一只狼正全力追着一只仓皇而逃走的兔子。

小布莱克当下便问道："爸爸，要不要救救那只兔子？我看好可怜。"

老狄克笑了笑，说："不急，我出个题目：你猜，这只恶狼能不能追上那只兔子呢？"

小布莱克想了想，回答道："应该很快就追上了吧！"

老狄克正色道："不对，恶狼追不上兔子。"

小布莱克诧异地问："为什么？"

狄克慈祥地说："那是因为恶狼在乎的，不过只是一顿午餐，追不上兔子，它可以转而再捕食其他的东西。但是对兔子而言，那就大大不同了，它若是被恶狼追上，自己的性命也就完了，所以兔子会用尽全部潜能来逃命。所以我说，恶狼追不上兔子！你看吧！"

小布莱克转身一看，果然如父亲所说，狼与兔子之间的距离愈来愈远。到最后，狼终于放弃继续追兔子，转过头去，另寻其他的食物。

小布莱克在佩服父亲的真知灼见之余，又想到一个问题："爸爸，照这么说来，恶狼明知永远追不上兔子，那么一开始，它又为什么想要去追兔子呢？"

老狄克摸着小布莱克的头，说："也不能说狼永远追不上兔子，只要狼群一起行动，兔子跑得再快，还是逃不出它们的围捕。

每日一点

认识你自己！你会发现你就是一个奇迹！在追求更好的雕琢过程中，我们才能一步一步走向最好。生命的追求、生命的意义就在这一步一步的超越自我中得到了升华！

PART

02

感悟财富：世界上并不缺少财富，而是缺少发现财富的慧眼

在理想抱负面前要充满“野心”

巴拉昂是法国一位著名的富翁。他的事业是从推销装饰肖像开始的，后来从事新闻工作，不到10年时间，他就成了当时法国最年轻的媒体大亨。1998年，他在法国的博比尼医院去世。临终时，巴拉昂做出了两个惊人决定：其一是向博比尼医院捐献4.6亿法郎，用于对前列腺癌的研究；其二是设立一项100万法郎的奖金，奖给一个揭开贫穷之谜的人。

巴拉昂死后，报纸刊登了他的遗嘱。遗嘱写道：“我出生时是穷人，死时却拥有亿万资产。我不想把自己致富的秘诀带走，这个秘诀保存在法兰西中央银行我的保险箱里。我的秘诀是‘穷人最缺少的是什么’这一问题的答案，猜中秘诀的人将得到我的祝福，并得到保险箱里的100万法郎。”

遗嘱一经宣布，成千上万的答案飞向报纸编辑部。大部分答案说，穷人最缺的是财富，此外还会缺少什么呢？另一部分人认

为，穷人最缺少机会，相当多的人受穷是因为没有好的致富机会。还有一些人认为，穷人最缺的是手艺，要想致富必须有一技之长。有的人觉得一些人之所以穷，是因为学而不专。有的人认为，穷人所缺的是协助，所有政党上台前，都许诺一旦执政将会帮助穷人，可是上台后却很少兑现。除此之外，还有各种奇怪的答案，比如漂亮的脸蛋、皮尔·卡丹服装、宽敞的住房。

到巴拉昂去世一周年纪念日，遗嘱执行人总共收到48561封来信。这天，律师和代理人打开了那只保险箱，他们发现在这些来信中只有一个名叫蒂勒的小姑娘猜对了。原来，巴拉昂认为：穷人最缺少的是野心。

蒂勒到巴黎领奖的时候，记者问这个只有9岁的小姑娘，为什么她会想到答案是野心。蒂勒说："我姐姐只要把她11岁的男朋友带到我家，总要对我发出警告：'不要有野心！不要有野心！'所以我想，野心大概能够让人得到他想要的东西。"巴拉昂的谜底在报纸上被披露后，引起了世界范围的争议。相当多的媒体就这一话题进行了调查，不少成功的企业家和好莱坞电影明星都承认：促使他们取得成功的主要因素是野心。看来，野心是永恒动力，是创造奇迹的火种。

每日一点

野心是一种关于理想的巨大抱负。我们的生活就像旅行，思想是导游者，没有导游者，一切都会停止，目标会丧失，力量也会化为乌有。

思路决定出路，观念决定行动

一个乞丐懒洋洋地斜躺在地上，在他面前放着一只破碗，旁边还放着一根讨饭棍。每天都有很多人从他跟前经过，有的人见他很可怜，就往他的破碗里丢几个硬币。

有一天，这个乞丐的面前出现了一个穿戴非常整齐的年轻律师，这个律师对他说："先生您好，您的一个远房亲戚不幸去世了，留下了3000万美元的遗产。根据我们的调查，您是这笔遗产的唯一继承人，所以请你在这份文件上签个字，这笔遗产就属于您了。"一瞬间，这个一无所有的乞丐变成了富翁。

有个记者采访他："您得到这笔3000万美元的遗产后，最想做的是什么呢？"

这个人回答说："我首先要去买一只像样一点的碗，再去买一根漂亮的棍子，这样我就可以像模像样地讨饭了。"

这个乞丐的悲哀，就在于他在物质上是贫困的，其精神也是贫困的。

事实上，在我们的现实生活中，不少人就处于这种状态。

所以，贫穷不可怕，没有诚实、守信、奋斗、坚韧的精神，才是最可怕的。

每日一点

思路决定出路，观念决定行动。每个人的一生大致与他的设想保持相当。法国存在主义哲学家萨特的一句名言：你想成为什么便会成为什么，也是对许多人命运的注解。

聚沙成塔，财富也是细雨汇江河

有两个年轻人一同去找工作，其中一个是英国人，另一个是犹太人。

他们怀着成功的愿望，寻找适合自己发展的机会。

有一天，他们走在街上，同时看到一枚硬币躺在地上。英国青年看也不看就走了过去，犹太青年却激动地将它捡了起来。

英国青年对犹太青年的举动露出鄙夷之色："连一枚硬币也捡，真没出息！"

犹太青年望着远去的英国青年，心中不免有些感慨："让钱白白地从身边溜走，真没出息！”

后来，两个人同时进了一家公司。公司很小，工作很累，工资也低，英国青年不屑一顾地走了，而犹太青年却高兴地留了下来。

两年后，两人又在街上相遇，犹太青年已成了老板，而英国青年还在寻找工作。

英国青年对此不可理解，说：“你这么没出息的人怎么能这么快地发了财呢？”

犹太青年说：“因为我不会像你那样绅士般地从一枚硬币边走过去，我会珍惜每一分钱。而你连一枚硬币都不要，怎么会发财呢？”

每日一点

人生从来不是一蹴而就的，财富的积累尤其如此。不要企求一夜暴富，财富人生从点滴的积累开始。

经商之道也是为人之道，要学会适时放弃

挪威的船王阿特勒·耶伯生出生在卑尔根的一个殷实家庭，其父克列斯蒂·耶伯生是当地的一个小船主，家庭经济生活比较富裕。他开始在一所教会学校读书，后就读于英国剑桥大学。毕业后，曾到奥斯陆、汉堡和纽约做过商业经纪人。

受家庭环境的影响，耶伯生从小就接受实业思想的熏陶，

因此，早在青年时期他就表现出做生意的才能。1967 年 8 月，他父亲在旅游途中因车祸而丧生，31 岁的耶伯生继承了父亲的产业，开始管理一家船业公司，从此走上了经商的道路。

经过十几年的艰苦奋斗，耶伯生的公司已从原来只有 7 条船的小公司，变成了拥有 90 条 120 多万吨船的大型船队，并且在世界各地的油田、工厂和其他项目中都有大量投资。他到底有多少财产，连他自己也说不清楚："我唯一能说清的是，接受保险的财产大约是 57 亿克朗。"他的船运公司曾获得"挪威 1977 年最佳企业"称号，这在挪威航运界是独一无二的。

耶伯生的父亲在世时曾尝试经营油船，他在接管一年后就果断决定卖掉油船，放弃运油行业。他的理由是：当时的船运公司没有实力，命运操纵在石油大亨们的手中，如果把本钱的大部分压在两三条大油船上，实在没有把握。耶伯生退出运油业后，迅速将资金投在散装货物的运输业上，并与工业部门签订了长期的运输合同。

事实证明，耶伯生的分析判断是极其正确的。油船脱手后，虽然他没有体会到 1973 年石油运输短暂兴旺的好处，但是当石油运输的投资家们在 20 世纪 70 年代中期连遭厄运打击时，他却稳如泰山，丝毫无损。

他以长期合同为基础，逐渐增置了 6000 ～ 60000 吨的散装船，为大企业运输钢铁产品和其他散装原料，积累了雄厚的资本。

耶伯生主张，发展挪威的航运业必须面向世界，走向世界市场，如果把眼光仅仅停留在国内的航运业，将会自我消亡。他的信念是：必须坚决走出去，放弃过去，哪里有可利用的资本和待运的货物就到哪里去。这就是他取得成功的最关键之处。

值得一提的是，李嘉诚在投资创富上的见地几乎和耶伯生如出一辙。李嘉诚投资地产，能攻能守，对攻守时机判断准确，已为业内公认。且看他在 1982 年股市、地产陷入低潮之前，怎样评估形势，做出暂退的部署。

1982 ～ 1984 年，全球经济不景气，对中国香港地区造成严重的冲击，工业衰退，股市暴跌，地产也一落千丈。结果，令地产投资者蒙受了巨额的损失。

与此相反，李嘉诚的长江公司则采取稳健政策，暂时放弃地产经济，结果安然渡过这次经济危机。他独具慧眼，冷静分析形势，预见到地产业面临世界经济衰退和长期利息高涨的压力，将会大幅度向下调整，并据此做出暂退的部署。

《李嘉诚成功之道》一书这样写道 ：“他一旦发觉形势不妙，就从 1980 年开始，一方面尽量减少，甚至停止直接购入地皮 ；另一方面加速物业发展，尽快出售。”这样做目的是令“各个公司的负债日益减少，现金充足，以应付任何意外的风波”。李嘉诚的财商之高，由此可见一斑。

每日一点

在商业上，适时的放弃也是企业营运的重要手段。放弃是为了调整产业结构，保留实力，在形势不明朗时忍耐一会儿，不急进 ；在经济萧条时，放弃一部分业务，保证能渡过难关，到经济复苏时再扩大投资。

❀ 聪明的生意人，总会把自己的企业打上鲜明的烙印

享誉全球的富豪、沃尔玛的创办人山姆·沃尔顿，他的经营理念与众不同。

沃尔顿先生曾经慷慨捐出数亿美元给美国 5 所大学。不过，人们在沃尔玛的网页上根本找不到沃尔顿先生的照片，外界只知道他现居住于阿肯色州故居附近，过着节制而绝非穷奢极欲的生活。他对沃尔玛的全体员工都有着极其严格的要求：

1.“太阳下山”规则

“太阳下山”规则是沃尔玛的创办人山姆从“今天干的事为何拖到明天”这句美国谚语中概括出来的，时至今日它仍是沃

尔玛企业文化的重要组成部分，也是顾客一提沃尔玛店员，无不竖大拇指的原因。

一个礼拜天的早上，阿肯色州一家沃尔玛连锁店的药剂师吉夫在家接到商店同事打来的电话，说他的一名客户（糖尿病患者）不小心把她购买的胰岛素扔进垃圾处理箱了。糖尿病人如果缺少了胰岛素，将是非常危险的。吉夫立即赶回商店，打开药房，填写了那名客户的处方，将药给病人送去。

这只是沃尔玛店员所严格遵守的“太阳下山”规则中的一条。

2. 3 米态度

沃尔顿经常对店员说:“我希望你向我保证，无论什么时候，当客户与你的距离在 3 米之内时，你就会注视着他的眼睛，问他是否需要你的帮助。”这就是现在店员们都牢记在心的“3 米态度”。

事实上，沃尔顿从年轻时就这样做了。他很有志向，又具有竞争精神。在密苏里大学上学时，山姆决定竞选大学学生会主席，用他的话说就是：“我很早就学到了成为校园领袖的秘诀，那就是主动上前与人行道上的人说话。我总是注视着向我走来的人，并主动和他说话。如果我认识他，我就会叫着他的名字，即使我不认识他，我仍会和他说话。所以，我在大学里认识的学生比任何人都多。他们也认识我，并把我看成是他们的朋友。大学毕业参加工作，我一直用这种方法竞争领导职位。”

不仅如此，他还把这一处世哲学思想带到了百货业，沃尔顿在沃尔玛连锁店里继续贯彻这一商业理念。

3. 天天低价

“二战”时，山姆当过兵，退役后他意识到自己想进入零售业。于是他开了一家小商店，学会了采购、定价、销售。这个时候他结识了来自纽约的一名生产代理商亨利·维尼尔，从他那里学到了定价第一课。

山姆回忆说：“亨利卖女裤，一条只卖2美元。我们也同样从同一地点购买同样的裤子，但一条卖2.5美元。我们发现，如果按亨利的卖价，裤子的销量会猛增。于是我学到了一个看似非常简单但很实用的道理：如果我用单价80美分买进东西，以1美元的价格出售，其销量竟然是以1.2美元出售的3倍！单从一件商品上看，我少赚了一半的钱，但我卖出了3倍的商品，利润实际上大多了。”直到今天，他的儿子对这一价格哲学也没有改变。

每日一点

企业文化，是植根于企业内部的最根本的原动力，也是一个企业长久制胜的有力武器，是此企业区别于彼企业的重要标志。

外表是你最好的名片

艾斯蒂·劳达是世界化妆品王国中的皇后。她拥有几十亿美元的化妆品王国，是世界化妆品领域的主要代表。但艾斯蒂出身贫穷，并没有受过多少教育。最初，她以推销叔叔制作的护肤膏起家。为了使自己的产品能够多销售一些，她不得不走街串巷。后来，她决定将产品定位于高档次。可是，起初她的推销却没有什么效果。后来，她终于忍不住问一个拒绝购买产品的客户："请问，您为什么拒绝购买我的产品呢？是我的推销技巧有什么问题吗？"

那位女士道："不是技巧有问题，推销要什么技巧？如果我觉得你在展示技巧，我就会将你赶出去。是你的形象不好。你根本就是一个低档次的人，让我怎么相信你的产品就是高档次的？"这位女士的话明显带有对艾斯蒂·劳达轻视甚至侮辱的成分，但聪明的劳达却兴奋异常，认为自己找到了问题的关键，那就是：产品的高档次，首先在于推销人，也就是自己的高档次。她想，换成自己也会是这样，推销人员本身的档次不高，自己也确实会怀疑产品的质量和品位。于是，她决心对自己的形象进行精心改造、包装。她开始模仿富贵名门和上流妇女的穿着打扮，模仿她们的举止。另外，她注意培养自己的自信，让整个人看上去魅力四射。慢慢地，越来越多的人买她推销的产品。从此，她一发不可收，直至建立化妆品王国。

每日一点

你的形象是你最好的名片，人们会不自觉地通过你的形象去揣测你的品位、地位等。

❀ 耐得住寂寞，才能体会甘之如饴的成功

有两个人偶然与神仙邂逅，神仙传授给他们酿酒之法，叫他们选端阳那天饱满起来的米，与冰雪初融时的高山流泉调和，倒入用千年紫沙土烧制成的陶瓮盖紧，密闭七七四十九天，直到鸡叫 3 遍后方可启封。

像每一个传说里的英雄一样，他们历尽千辛万苦，跋涉千山万水，找齐了所有的材料，把梦想一起调和密封，然后潜心等待那神奇的时刻。多么漫长的等待啊。漫漫长路的终点终于触手可及，第 49 天到了。两人整夜都不能寐，等着鸡鸣的声音。远远地，传来了第一声鸡鸣，过了很久很久，才依稀响起了第二声。第三遍鸡鸣到底什么时候才会来？其中一个人再也忍不住了，他迫不及待地打开了陶瓮，却惊呆了。里面的一汪水，像醋一样酸，仿佛中药一般苦，但他所有的后悔加起来也不可挽回。他失望地把它洒在了地上。

而另外一个，虽然欲望仿佛一把野火在他心里慢慢地燃烧，让他按捺不住想要伸手，但他还是咬着牙，坚持等到第三遍鸡鸣响彻天宇，终于尝到了甘甜清澈的酒。

每日一点

成功不会一蹴而就，财富更不会从天而降。想邂逅它们就要用恒心做向导，用耐心来赢取最后的甘甜。

❀ 因循守旧，只会带来倒退与失败

英国GKN公司始创于工业革命开始时期，到19世纪末，发展成为当时世界最大的钢铁企业之一。但是随着钢铁工业的国有化，GKN公司失去了支柱产业，只剩下一个空壳。

GKN何去何从？围绕着GKN的前途问题，公司的高层管理人员争论不休。霍尔兹·沃恩当时在GKN公司任会计师，有幸参与了这场争论。经过缜密的调查后，霍尔兹·沃恩谨慎地向GKN公司董事会呈交了一份有关公司发展前途的战略报告。

根据霍尔兹·沃恩的报告得出的结论：GKN公司将不再是一个钢铁集团公司，因此公司应立即转向开发新产品。但是GKN公司刚刚创建了一家年产600万吨钢管的钢管厂，如果采纳霍尔兹·沃恩的建议，钢管厂将被取缔，所有投资都将化为乌有；再者，霍尔兹·沃恩不过是一名微不足道的会计师。在权衡“利弊”之后，GKN公司的决策集团放弃了霍尔兹·沃恩的建议，仍按既定方针推进钢管厂的生产。

历史的进展完全证实了霍尔兹·沃恩的战略预测。仅仅过了两年，GKN公司的钢管厂陷于困境，不得不停产。董事会的董事们在焦头烂额之际才想起了霍尔兹·沃恩，于是破格把他提升为公司的副总裁兼常务经理，霍尔兹·沃恩上任后就着手公司转向的工作。他买下比尔菲尔德公司，将该公司生产的一种新型产品投入欧洲和北美市场，又开发出一种廉价的运输机，使产品畅销全世界。不久，霍尔兹·沃恩又研制出新型战斗机“勇士”号，一举占领了英国军用机生产市场，为GKN公司带来了巨大的利润。

1980 年，霍尔兹·沃恩因业绩非凡被公司任命为董事长。这时，英国的钢铁工业陷入一团糟的窘境，GKN 公司也因此受到冲击，面临新的严峻考验。

新形势下，霍尔兹·沃恩的同行们都认为这是工人罢工造成的。而霍尔兹·沃恩在调集了各方面的资料进行研究后，提出了一个完全不同的观点：这是英国工业衰退的先兆，更大的衰败即将来临。

霍尔兹·沃恩毫不犹豫地采取措施改变公司的产业结构。他先后卖掉了公司在澳大利亚的钢铁业股权和英国的传统机械公司，同时在法国、美国和英国本土创办了 5 家新公司。

对霍尔兹·沃恩的大胆举措，许多董事提出异议。霍尔兹·沃恩不为所动，坚持“我行我素”。不久，英国工业的全面衰败果然来临，GKN 公司因早有准备，使损失降到了最低。

每日一点

一切财富的机遇都来自大胆的创新和敏锐的市场嗅觉。因循守旧、抱残守缺带来的只会是倒退与失败。

找准目标，果断决定

股神巴菲特终身信奉美国财务分析之父格莱姆的价值投资法，即成功投资的重要因素，取决于企业的实质价值和支付一个合理划算的交易价格，而不必在意最近或未来股市将会如何运行。巴菲特把企业分为两大类：一般商品型企业和特殊商品型企业。一般商品指消费者总是能买得到的商品，如果这类商品的价格提高，更多的商品就会生产出来。商品的高价格会无限制地吸引竞争者制造商品，直到无利可图为止。特殊商品指独此一家生产这种产品，他人没有能力竞争。一个大城市的日报是最好的例子，又如名牌饮料可口可乐也是，外来的竞争者很难与特殊商品型企业竞争。巴菲特喜欢的就是这类特殊商品型企业，他于1989年以10亿美元购买了可口可乐公司6.3%的股票，3年翻了3番。

巴菲特在投资上奉行目标少而精的原则。他认为投资的公司一多，投资者对每家企业的了解就相对减少，所以他不主张投资过于分散。他认为，投资多元化说穿了是投资者对所投对象了解不足的一种保护性措施。在他几十年的投资生涯里，只有12个投资目标，却使他拥有了丰厚的回报。

巴菲特在对新的目标确认前，将达到目标的可能性都做了非常精确的估计，有了绝对获利的把握，他才会实施。1993年，巴菲特购买了一家在内布拉斯加深受顾客欢迎的家具公司。这家公司的创办人是一位移民，从未受过正式教育。有一天，巴菲特到她店里问她愿不愿意把家具公司卖给他，她当即开价6000万美元。巴菲特没有还价，径直回到办公室开了一张6000万美元的支票给她。这位老太太问他怎么没有请律师和会计师，巴菲特说他相信她。

在清点存货时，她才发现家具公司值8560万美元。不过一言既出，她不愿毁约，只是非常吃惊，因为巴菲特当时似乎想都没有多想一下，原来他早已认准家具公司值多少钱了。

人在现实中通过努力实现自己的目标，正如希拉尔·贝洛克说：“当你做着将来的梦或者为过去而后悔时，你唯一拥有的现在却从你手中溜走了。”虽然目标是朝着将来的，是有待将来实现的，但目标使我们能把握住现在。

每日一点

一旦瞅准机会，就要迅速、果断地下手，否则只会眼巴巴地看它溜走。

PART

03

感悟修养：成就卓越的必修课程

人生总有不如意，**患难之中见真情**

“患难之交才是真朋友”，这话大家都不陌生。晋代有一个人叫荀巨伯，有一次去探望朋友，正逢朋友卧病在床，这时恰好敌军攻破城池，烧杀掳掠，百姓纷纷携妻挈子，四散逃难。朋友劝荀巨伯：“我病得很重，走不动，活不了几天了，你自己赶快逃命去吧！”

荀巨伯却不肯走，他说：“你把我看成什么人了？我远道赶来，就是为了来看你。现在，敌军进城，你又病着，我怎么能扔下你不管呢！”说完便转身给朋友熬药去了。

朋友百般苦求，叫他快走，荀巨伯却端药倒水安慰他说：“你就安心养病吧，不要管我，天塌下来我替你顶着！”

这时“砰”的一声，门被踢开了，几个凶神恶煞般的士兵冲进来，冲着他喝道：“你是什么人？如此大胆，全城人都跑光了，你为什么不跑？”

荀巨伯指着躺在床上的朋友说：“我的朋友病得很重，我不能丢下他独自逃命。”并正气凛然地说：“请你们别惊吓着我的朋友，有事找我好了。即使要我替朋友而死，我也绝不皱眉头！”

敌军首领一愣，听了荀巨伯的慷慨言语，看看荀巨伯的无畏态度，很是感动，说：“想不到这里的人如此高尚，我们怎么能伤害他们呢。走吧！”说着，敌军撤走了。患难时体现出的正义能产生如此巨大的威力，说来不能不令人惊叹。

人的一生不可能一帆风顺，难免会碰到失利受挫或面临困境，这时候最需要的就是别人的帮助，这种雪中送炭般的帮助会让他人铭记一生。

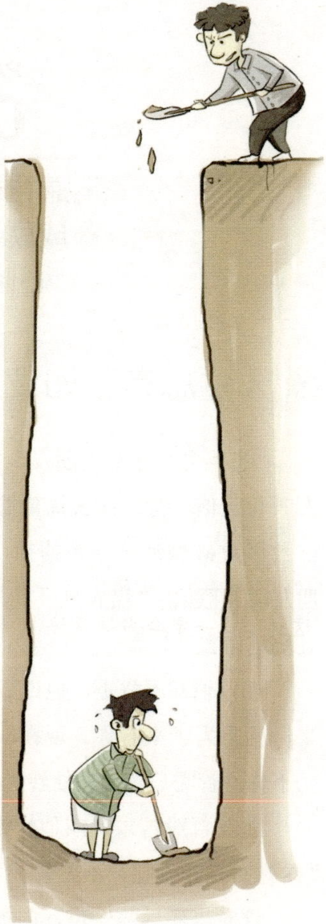

每日一点

人生总有不如意，危难之时，愿意扶你帮你，给你力量支撑，帮你度过风雨的人，足以让你铭记一生。

❀ 将姿态放低，赢得他人的敬重

在美国第16任总统林肯的故居里，挂着他的两张画像，一张有胡子，一张没有胡子。画像旁边的墙上贴着一张纸，上面歪歪扭扭地写着：

亲爱的先生：

我是一个11岁的小女孩，非常希望您能当选美国总统，因此请您不要见怪我给您这样一位伟人写这封信。

如果您有一个和我一样的女儿，就请您代我向她问好。要是您不能给我回信，就请她给我写吧。我有4个哥哥，他们中有两人已决定投您的票。如果您能把胡子留起来，我就能让另外两个哥哥也选您。您的脸太瘦了，如果留起胡子就会更好看。所有女人都喜欢胡子，那时她们也会让她们的丈夫投您的票。这样，您一定会当选总统。

格雷西

1860年10月15日

收到小格雷西的信后，林肯立即回了一封信。

我亲爱的小妹妹：

收到你15日的来信，非常高兴。我很难过，因为我没有女儿。我有3个儿子，一个17岁，一个9岁，一个7岁。我的家庭就是由他们和他们的妈妈组成的。关于胡子，我从来没有留过，如果我从现在起留胡子，你认为人们会不会觉得有点可笑？

真诚地祝愿你！

亚伯拉罕·林肯

转年2月，当选的林肯在前往白宫就职的途中，特地在小女孩的小城韦斯特菲尔德车站停了下来。他对欢迎的人群说:“这里有我的一个小朋友，我的胡子就是为她留的。如果她在这儿，我要和她谈谈。她叫格雷西。”这时，小格雷西跑到林肯面前，林肯把她抱了起来，亲吻她的脸颊。小格雷西高兴地抚摸他又浓又密的胡子，林肯对她笑着说:“你看，我让它为你长出来了。”

每日一点

伟人在高处还能够弯腰，恰恰证明了他的伟大。在他人面前将自己的姿态放得越低，就越能赢得他人的敬重。

学会谦恭处事，**谦虚为人**

苏东坡在湖州做了3年官，任满回京。想当年，因得罪王安石，落得被贬的结局，这次回来应投门拜见才是。于是，他便往宰相府去。

此时，王安石正在午睡，书童便将苏东坡迎入东书房等候。

苏东坡闲坐无事，见砚下有一方素笺，原来是王安石两句未完的诗稿，题是《咏菊》。苏东坡不由笑道：“想当年我在京为官时，此老下笔数千言，不假思索。3年后，却是江郎才尽，起了两句头便续不下去了。”

他把这两句念了一遍，不由叫道：

“呀，原来连这两句诗都是不通的。”

诗是这样写的：

“西风昨夜过园林，吹落黄花满地金。”

在苏东坡看来，西风盛行于秋，而菊花在深秋盛开，最能耐久，随你焦干枯烂，却不会落瓣。一念及此，苏东坡按捺不住，依韵添了两句：

“秋花不比春花落，说与诗人仔细吟。”

待写下后，又想如此抢白宰相，只怕又会惹来麻烦，但若把诗稿撕了，又不成体统。左思右想，都觉不妥，便将诗稿放回原处，告辞回去了。

第二天，皇上降诏，贬苏东坡为黄州团练副使。

苏东坡在黄州任职将近一年，转眼已是深秋。这几日忽然

起了大风，风息之后，后园菊花棚下，满地铺金，枝上全无一朵。苏东坡一时目瞪口呆，半晌无语，此时方知黄州菊花果然落瓣，不由对友人道：

“小弟被贬，只以为宰相是公报私仇，谁知是我错了。切记啊，不可轻易讥笑人，正所谓经一失，长一智呀。”

苏东坡心中有愧，便想找个机会向王安石赔罪。想起临出京时，王安石曾托自己取三峡之中峡水用来冲阳羡茶，由于心中一直不服气，早把取水一事抛在脑后。现在便想趁冬至节送贺表到京的机会，带着中峡水给宰相赔罪。

此时已近冬至，苏东坡告了假，带着因病返乡的夫人经四川进发了。在夔州与夫人分手后，苏东坡独自顺江而下，不想因连日鞍马劳顿，竟睡着了，及至醒来，已是下峡，再回船取中峡水又怕误了上京时辰，听当地老人道：“三峡相连，并无阻隔。一般样水，难分好歹。”便装了一瓷坛下峡水，带着上京去了。

上京来，苏东坡先到宰相府拜见宰相。

王安石命门官带苏东坡到东书房。苏东坡想到去年在此改诗，心下愧然，又见柱上所贴诗稿，更是羞惭，倒头便跪下谢罪。

王安石原谅了苏东坡以前没见过菊花落瓣。待苏东坡献上瓷坛，书童取水煮了阳羡茶。

王安石问水从何来，苏东坡道：

“中峡。”

王安石笑道：

“又来欺瞒我了，此明明是下峡之水，怎么冒充中峡？”

苏东坡大惊，急忙辩解道：“误听当地人言，三峡相连，一般江水，但不知宰相何以能辨别？”

王安石语重心长地说道：

“读书人不可轻举妄动，定要细心察理。我若不是到过黄州，亲见菊花落瓣，怎敢在诗中乱道？三峡水性之说，出于《水经补注》，上峡水太急，下峡水太缓，唯中峡缓急相伴，如果用来冲阳羡茶，则上峡味浓，下峡味淡，中峡浓淡之间，今见茶色半晌方见，故知是下峡。”

苏东坡敬服。

王安石又把书橱尽数打开，对苏东坡言道：

“你只管从这二十四橱中取书一册，念上文一句，我若答不上下句，就算我是无学之辈。”

苏东坡专拣那些积灰较多，显然久不观看的书来考王安石，谁知王安石竟都对答如流。

苏东坡不禁折服：

“老太师学问渊深，非我晚辈浅学可及！”

苏东坡乃一代文豪，诗词歌赋都有佳作传世，只因恃才傲物，口出妄言，竟三次被王安石所屈，从此再也不敢轻易讥笑他人了。

每日一点

一个人不可能对万事万物都了如指掌，为人谦恭既是对他人的敬重，也是对自己的鞭策。

❀走好人生路上的**每一扇“小门”**

孟买佛学院是印度最著名的佛学院之一，这所佛学院的特点是建院历史悠久，拥有灿烂辉煌的建筑，还培养出了许多著名的学者。该学院还有一个特点是其他佛学院所没有的，这是一个极其微小的细节。但是，所有进入过这里的人，当他们再出来的时候，几乎无一例外地承认，正是这个细节使他们顿悟，让他们受益无穷。

这是一个很简单的细节，只是人们都没有在意：孟买佛学院在它的正门一侧，又开了一个小门，这个小门只有 1.5 米高、0.4 米宽，一个成年人要想过去必须学会弯腰侧身，不然就只能碰壁了。

这正是孟买佛学院给它的学生上的第一堂课。所有新来的人，教师都会引导他到这个小门旁，让他进出一次。很显然，

所有的人都是弯腰侧身进出的，尽管有失礼仪和风度，却达到了目的。教师说，大门当然出入方便，而且能够让一个人很体面、很有风度地出入。但是很多时候，人们要出入的地方，并不是都有着壮观的大门，或者有大门也不是随便可以出入的。这个时候，只有学会了弯腰和侧身的人，只有暂时放下尊贵和虚荣的人，才能够出入。否则，有很多时候，你就只能被挡在院墙之外了。

孟买佛学院的教师告诉他们的学生，佛家的哲学就在这个小门里。其实，人生的哲学何尝不在这个小门里。人生之路，尤其是通向成功的路上，几乎是没有宽阔的大门的，所有的门都需要弯腰侧身才可以进去。

每日一点

在我们的一生中，如果要使自己在人生旅途中一帆风顺，少遇挫折，学会“弯腰、低头、侧身”，对每个人来说都是一门必不可少的修炼。而低调做人正是这种修炼的最佳境界。

小聪明可得一时之快，大智慧方可一世欢畅

战国时楚王的宠臣安陵君，能说会道，很受楚王器重。但他并不遇事张口就说，而是很讲究说话的时机。他有一位朋友名叫江乙，对他说：“您没有一寸土地，又没有至亲骨肉，然而

身居高位，享受优厚的俸禄，国人见了您，无不整衣跪拜，无不接受您的号令，为您效劳，这是为什么呢？”

安陵君说：“这是大王太抬举我了，不然哪能这样！”

江乙便不无忧虑地指出：“用钱财相交的人，钱财一旦用尽，交情也就断了；靠美色相交的人，色衰则情移。因此，狐媚的女子不等卧席磨破，就遭遗弃；得宠的臣子不等车子坐坏，已被驱逐。如今您掌握楚国大权，却没有办法和大王深交，我暗自替您着急，觉得您的处境太危险了。”

安陵君一听，恍然大悟，毕恭毕敬地拜问江乙：“既然这样，请先生指点迷津。”

江乙说：“希望您一定要找个机会对大王说：‘愿随大王一起死，以身为大王殉葬。’如果您这样说了，必能长久地保住权位。”

安陵君说：“谨依先生之言。”

但是，过了很长时间，安陵君依然没有对楚王提起这话。江乙又去见安陵君，说：“我对您说的那些话，您为何至今不对楚王说？既然您不用我的计谋，我就再不管了。”

安陵君答道：“我怎敢忘却先生的教诲，只是一时还没有合适的机会。”

又过了些时日，机会终于来了。楚王到云梦打猎，一箭射死了一头狂怒奔来的野牛。百官和护卫欢声雷动，齐声称赞。楚王也高兴得仰天大笑，说：“痛快啊！今天的游猎，寡人何等快活！待寡人万岁千秋之后，你们谁能和我共有今天的快乐呢？”

此时，安陵君抓住机会，泪流满面地走上前来，说：“臣进宫就与大王同共一席，出宫与大王同乘一车，如果大王万岁千秋之后，我愿随大王奔赴黄泉，变作芦草为大王阻挡蝼蚁，那便是臣最大的荣幸。”

楚王闻言，大受感动，正式设坛封他为安陵君，对他更加宠信了。

每日一点

做人要有高瞻远瞩的眼光，不要因为眼前的一时得意就得意忘形，也不要为了时下的一点失利就一蹶不振。小聪明是翻不起大浪花的，大智慧才可保你一世成功。

PART

04

感悟智慧：世界上最靠得住的就是智慧

帮助他人，**要讲究方法策略**

有一家卖布丁的商店，将许多美味布丁摆放成一排。顾客可以免费品尝布丁，然后再根据适合自己的口味进行选购。

海特常常想，会不会有些根本不打算买布丁的人利用这个机会免费品尝呢？有一天，他向女店员提出了这个问题，才得知的确有这样的事情。

“有这样一位老先生，”她说，“他几乎每星期都来这儿尝一尝每一种布丁，但他从来不买什么，我怀疑他永远也不会买。我从去年，甚至前年就记住他了。唉，如果他想来就让他来吧，我们也欢迎。而且，我希望有更多商店可让他去品尝布丁。他看上去好像确实需要这样，我想大家都不会在乎的。”

就在她正跟海特说着话的时候，一位上了年纪的先生一瘸一拐地来到柜台前，开始兴致勃勃地仔细打量起那一排布丁。

“哎，这就是我刚刚跟你说的那位先生，”女店员轻轻地对海特说，“现在你就看着他好了。”说完，她转身对老先生说：“您想尝尝这些布丁吗，先生？您就用这把调羹好了！”

这位老先生衣着破旧，但很整洁。他接过调羹，开始急切地一个接一个地品尝布丁，只是偶尔停下来，用一块大大的手绢擦擦他发红的眼睛。

海特看到他的手绢已经完全破了。

“这种不错。”

“这种也很好，但稍稍油腻了一点。”

海特想：看起来，他真诚地相信自己最终会买下一个布丁，他一点也不觉得自己是在欺骗商店。可怜的老头！也许他过去有钱来挑选自己最爱吃的布丁，如今他已家境破落，所能做到的也只是这样品尝品尝了。

海特突然动了同情心，他走到老人跟前说：

“对不起，先生，能赏个脸吗？让我为您买一个布丁吧。这会让我深感欣慰的。”

听完海特的话，老先生好像被刺了一下似的往后一跳，热

血冲上他那布满皱纹的脸。

“对不起，”他说，他的神态比海特根据其外表想象出的要高傲得多，“我想我跟您并不相识。您肯定是认错人了。”

说完，老先生转身对女店员大声说道：“劳驾，把这个布丁替我包好，我要带走。”他指了指最大也是最贵的一个布丁。

女店员从架子上取下布丁，开始打包。这时，他掏出一只破旧的黑色小皮夹子，开始数起他那些零散而少得可怜的钱来，然后将它们放到柜台上。

每日一点

每个人的自尊心，就好像一颗被细心包裹的宝石。一个真正会助人的人，在帮助他人时绝不会表现得像一个高高在上的施予者。这是对他人人格的一种尊重。

听懂他人的弦外之音，读懂对方的潜台词

沈万三是明朝初年江苏昆山一带有名的大富翁。他原名沈万三富，因当时民间习惯将名门望族中的人称作“秀”，连上姓名和排行，因此他又被称作沈万三秀。至于其中再嵌上一个“万”字，则是因为他拥有万贯家财。

沈万三竭力向刚刚建立的明王朝表示自己的忠诚，拼命地向新政府输银纳粮，讨好朱元璋，想给他留个好印象。

朱元璋于是下令要沈万三出钱修金陵的城墙。沈万三负责

的是从洪武门到西门一段，占金陵城墙总工程量的三分之一。可沈万三不仅按质按量地提前完了工，而且还提出由他出钱犒劳士兵。

沈万三这样做，本来也是想讨好朱元璋，但没想到弄巧成拙。朱元璋一听，当即火了，他说："朕有百万雄师，你犒劳得了吗？"

沈万三没听出朱元璋的弦外之音，面对如此诘难，他居然毫无难色，表示：

"即使如此，我依旧可以犒赏每位将士银子一两。"

朱元璋听了大吃一惊。在与张士诚、陈友谅、方国珍等武装割据集团争夺天下时，朱元璋就曾经由于江南豪富支持敌对势力而吃尽苦头。现在虽已建国，但国强不如民富，这使朱元璋感到无法忍受。如今沈万三竟然僭越，想代天子犒赏三军，仗着富有将手伸向军队，更使朱元璋火冒三丈。

但他没马上表露出怒意，只是沉默了一下，冷言道：

"军队朕自会犒赏，这事你就不必操心了。"

朱元璋决意治治沈万三的骄横之气。

一天，沈万三又来大献殷勤，朱元璋给了他一文钱。

朱元璋说："这一文钱是朕的本钱，你给我去放债。只以一个月作为期限，第二日起至第三十日止，每天取一对合。"

所谓"对合"是指利息与本钱相等。也就是说，朱元璋要求每天利息为百分之百，而且是利滚利。

沈万三虽然浑身珠光宝气，但腹中空空，财力有余，智慧不足。他心想，这有何难！第二天本利 2 文，第三天 4 文，第四天才 8 文。区区小数，何足挂齿？于是沈万三非常高兴地接受了任务。

可是，他回家仔细一算，不由得傻眼了，虽然到第十天本利总共也不过 512 文，可到第二十天就变成了 524288 文，而到第三十天也就是最后一天，总数竟高达 536870912 文。要交出 5 亿多文钱，沈万三只能倾家荡产了。

后来，沈万三果然倾家荡产，朱元璋下令将沈万三家庞大的财产全部抄没后，又下旨将沈万三全家流放到云南边地。

沈万三的悲剧源于他听不懂皇帝的言外之意，一味地奉承，但显然马屁拍错了地方，而且也没能领会朱元璋的意思，最后只有黯然收场。

每日一点

听得懂弦外之音是为人处世的必要本领，也是一种交往之技，更是我们智慧的体现。能否听懂弦外之音直接关系到我们人际关系的好坏和做事的成败。

不要盲目自大，你并非全能全知

美国发明家爱迪生，年轻时曾和普林斯顿大学数学系毕业生阿普顿在一起工作，住在同一个房间里。

阿普顿总觉得自己有学问，从不把卖报出身的爱迪生看在眼里。爱迪生是个沉默寡言的人，从不炫耀自己，对阿普顿的自负和处处卖弄学问，从心里感到厌烦。为了让阿普顿把态度放谦虚一些，有一次，爱迪生把一只梨形的玻璃灯泡交给阿普顿，请他算算容积是多少。

阿普顿拿着那个玻璃灯泡，轻蔑地一笑，心想："想用这个难住我，未免太天真了！"

他拿出尺子上下量了又量，还依照灯泡的样式列出一道道算式，数字、符号写了一大堆。他算得非常认真，画了一张张草图，脸上渗出了细细的汗珠。

过了一个多钟头，爱迪生见阿普顿还在那儿算个不停，便忍不住笑着说："不用那么费事，还是换个别的方法算吧！"

阿普顿仍固执地说:"不用换,等一会儿我就能得到答案了。"

又过了半个钟头，阿普顿对自己的计算似乎还不放心，还在那里低头核算。爱迪生有些不耐烦了，他拿过玻璃灯泡，倒满了水交给阿普顿说："去把这些水倒进量杯……"

不等爱迪生说完，阿普顿就明白了什么是既简单又准确的方法，他那冒着汗的脸，唰地红了。

阿普顿是大学数学系的毕业生，计算是他的本行。当碰到"计算玻璃灯泡容积"的问题时，由于受他固有的思维方式影响，自然而然地拿出尺子对灯泡量了又量，算了又算，他根本不会想到打破思维定式，采用其他简便的方法。爱迪生则不同，他能突破习惯性思维的束缚，采用快捷的方法，立即精确地求得了灯泡容积的答案。

每日一点

每个人在做事之前都必须明确一个事实：你并不是万能的。明白了这一点，你做起事情来就会谦恭得多，也避免了因盲目自大带来的错误。

❀遇事讲谋略，**方法总比困难多**

某公司成立以来，事业可谓蒸蒸日上。但因受经济危机的影响，今年的利润大幅滑落。董事长知道，这不能怪员工，因为大家为公司拼命的程度丝毫不比往年差，甚至可以说，由于人人意识到经济的不景气，干得比以前更卖力。这也就愈发加重了董事长心头的负担，因为马上要过年了，照往例，年终奖金最少加发 3 个月的工资，多的时候甚至加倍。今年可惨了，算来算去，顶多只能给一个月的工资做奖金。“这要是让多年来已被惯坏了的员工知道，士气真不知要怎样滑落！”董事长忧心忡忡地对总经理说。“许多员工都以为最少加两个月，恐怕飞机票、新家具都定好了，只等拿奖金出去度假或付账单呢！”总经理也愁眉苦脸了，“好像给孩子糖吃，每次都抓一大把，现在突然改成两颗，小孩儿一定会吵。”“对了！”董事长突然灵机一动，“你倒使我想起小时候到店里买糖，总喜欢找同一个店员，因为别的店员都先抓一大把拿去称，再一颗一颗往回扣。那个比较可爱的店员则每次都抓不足重量，然后一颗一颗往上加。说实在话，最后拿到的糖没什么差异，但我就是喜欢后者。”董事长已经有了主意。

没过几天，公司突然传来小道消息：“由于营业不佳，年底要裁员，上层正在确定具体实施方案。”顿时人心惶惶了。每个人都在猜，会不会是自己。最基层的员工想:“一定由下面杀起。”上面的主管则想：“我的薪水最高，只怕从我开刀！”但是，不久之后，总经理就宣布：“公司虽然艰苦，但大家乘同一条船，再怎么危险也不愿牺牲共患难的同事，只是年终奖金绝不可能发了。”

一听说不裁员，人人都放下心头的一块大石头，那不致卷铺盖的窃喜早胜过了没有年终奖金的失落。

眼看新年将至，人人都做了过个穷年的打算，取消了奢华的交往和昂贵的旅游计划。

突然，董事长召集各部门主管召开紧急会议。

看到主管们匆匆上楼，员工们面面相觑，心里都有点儿七上八下："难道又变了卦？"

没几分钟，主管们纷纷冲进自己的部门，兴奋地高喊着："有了！有了！还是有年终奖金的，整整一个月，马上发下来，让大家过个好年！"

整个公司大楼爆发出一片欢呼，连坐在顶楼的董事长都感觉到了地板的震动。

每日一点

解决问题的方法有很多种，灵活正确的方法可以使问题迎刃而解。没有做不到的，只有想不到的，思路一开阔，方法总比困难多。

❀ 做事讲谋略，打蛇打七寸

汉代的朱博本是武将出身，后来调任地方做文官。他利用一些巧妙的手段，制服了地方上的恶势力，被人们传为美谈。在长陵一带，有个大户人家出身的人名叫尚方禁。他年轻时曾为非作歹，无恶不作，还被人用刀砍伤了面颊。如此恶棍，本应重重惩治，只因他贿赂了官府的功曹，不但没有被革职查办，反倒被调升为守尉。

朱博上任后，有人向他告发了此事。朱博立即召见了尚方禁。尚方禁心中七上八下，硬着头皮来见朱博。朱博仔细看尚方禁的脸，果然发现有疤痕，就让侍从退开，假装十分关心地询问究竟。

尚方禁做贼心虚，知道朱博已经了解了他的情况，就像小鸡啄米似地接连给朱博叩头，如实地讲了事情的经过，请求朱博的原谅。他头也不敢抬，只是一个劲地哀求道："请大人恕罪，小人今后再也不干那种伤天害理的事了。"

"哈哈哈……"朱博突然大笑道，"男子汉大丈夫，本是难免会发生这种事情的。本官想为你雪耻，给你个立功的机会，你会效力吗？"

于是，朱博命令尚方禁不得向任何人泄露这次谈话的内容，要他有机会就记录其他官员的一些言论，及时向朱博报告。尚方禁俨然成了朱博的耳目。

自从被朱博宽释并重用后，尚方禁对朱博的大恩大德铭记在心，干起事来特别卖命，不久就破获了许多起盗窃、强奸等罪案，使地方的治安状况大为改观。朱博于是提升他为连守县县令。又过了一段时期，朱博突然召见那个当年收受尚方禁贿赂的功曹，对他进行了严厉的训斥，并拿出纸和笔，要那位功曹把自己受贿的事全部写下来，不能有丝毫隐瞒。

那功曹早已吓得像筛糠一般，只好提起笔写下自己的斑斑劣迹。

由于朱博早已从尚方禁那里知道了这位功曹贪污受贿的事，看了功曹写的交代材料，觉得大致不差，就对他说："你先回去好好反省反省，听候裁决。从今后，一定要改过自新，不许再

胡作非为！”说完就拔出刀来。

那功曹一见朱博拔刀，吓得两腿一软，又是打躬又是作揖，嘴里不住地喊：“大人饶命！大人饶命！”只见朱博将刀晃了一下，一把抓起那位功曹写下的罪状材料，将其撕成纸屑扔了。

自此后，那位功曹终日如履薄冰、战战兢兢，工作起来尽心尽责，不敢有丝毫懈怠。

每日一点

做事要讲谋略，解决问题要抓住关键之处，问题才能迎刃而解。

PART

05

感悟母爱：人间最温暖而无私的爱

❀ 及时表达爱，**莫等子欲养而亲不待**

斯匹克是一个从贫困乡村进城打工的小青年。在初来城里的日子里，斯匹克总是焦急地等待着母亲来信，一收到信，便急不可待地拆开，贪婪地读着。半年以后，他对来信已全然失去了兴趣——信中那老一套的内容，不消看他也早知道了。

母亲每周都寄来一封信，开头总是千篇一律："我亲爱的宝贝小斯匹克，早上（或晚上）好！这是妈妈在给你写信，向你亲切问好，带给你我最良好的祝愿，祝你健康幸福！我在这封短信里首先要告诉你的是，感谢上帝，我活着，身体也好，这也是你的愿望。我还急于告诉你：我日子过得挺好……"

每封信的结尾也没有什么区别："信快结束了，好儿子，我恳求你，我祈祷上帝，你别和坏人混在一起，别赌博，要尊敬长者，好好保重自己……"

因此，斯匹克只读信的中间一段，一边读一边蹙起眉头，对妈妈的生活兴趣感到不可理解。尽写些鸡毛蒜皮的事，什么邻居的羊钻进了帕什卡的园子里，把他的白菜全啃坏了；什么乌捷没有嫁给罗什金，而嫁给了科利卡，等等。

斯匹克把看过的信扔进床头柜，然后就忘得一干二净，直到收到下一封母亲泪痕斑斑的来信，其中照例是恳求他看在上帝的面上写封回信。

这天，他又收到了母亲的信。斯匹克把刚收到的信塞进衣兜，穿过下班后变得喧闹的宿舍走廊，走进自己的房间。今天发了工资，小伙子们准备上街，忙着熨衬衫、长裤，打听谁要

到哪儿去，跟谁有约会，等等。

斯匹克故意慢吞吞地脱下衣服，洗了澡，换了衣。等同房间的人走光了以后，他锁上房门，坐到桌前，从口袋里摸出还是第一次领工资后买的记事本和圆珠笔，翻开一页空白纸，沉思起来。恰在一个钟头以前，他在回宿舍的路上遇见一位从家乡来的熟人。相互寒暄几句之后，那位老乡问了问斯匹克的工资和生活情况，便含着责备的意味摇着头说："你应该给你母亲寄点钱去。冬天眼看就到了，家里得烤火取暖……你是知道的。"斯匹克自然是知道的。

他咬着嘴唇，在白纸上方的正中仔仔细细地写上了一个数字：126 美元。经过仔细计算，扣除还债、买衣服、娱乐、吃饭等，还剩余 10 美元。

斯匹克哼了一声——10 美元，给母亲寄去这么个数是很不像话的。他想："等下次领到预支工资再寄吧。"

他伸了个懒腰，想起了母亲的来信。他打着哈欠看了看表，掏出信封，拆开，抽出信纸。当他展开信纸的时候，一张 1 美元的纸币轻轻飘落在他的膝上……

每日一点

树欲静而风不止，子欲养而亲不待。有人在茁壮成长，有人在垂垂老去。孝顺父母，时不我待。

❀ 慈母爱子，非为报也

从前，有个年轻人与母亲相依为命，生活相当贫困。

后来年轻人由于苦恼而迷上了求仙拜佛。母亲见儿子整日不事农活的痴迷样子，苦劝过几次，但年轻人对母亲的话不理不睬，甚至把母亲当成他成仙的障碍，有时还对母亲恶语相向。

有一天，这个年轻人听别人说起远方的山上有位得道的高僧，心里不免仰慕，便想去向高僧讨教成佛之道，但他又怕母亲阻拦，便瞒着母亲偷偷从家里出走了。

他一路上跋山涉水，历尽艰辛，终于在山上找到了那位高僧。高僧热情地接待了他，听完他的一番自述，高僧沉默良久。当他向高僧问佛法时，高僧开口道："你想得道成佛，我可以给你指条道。吃过饭后，你即刻下山，一路到家，但凡遇有赤脚为你开门的人，这人就是你所谓的佛。你只要悉心侍奉，拜他为师，成佛是非常简单的事情！"

年轻人听了非常高兴，谢过高僧，就欣然下山了。

第一天，他投宿在一户农家，男主人为他开门时，他仔细看了看，男主人没有赤脚。第二天，他投宿在一座城市的富有人家，更没有人赤脚为他开门。他不免有些灰心。第三天，第四天……他一路走来，投宿无数，却一直没有遇到高僧所说的赤脚开门的人，他开始对高僧的话产生了怀疑。快到自己家时，他彻底失望了。日落时，他没有再投宿，而是连夜赶回家。到家时已是午夜时分，疲惫至极的他费力地叩动了门环。屋内传来母亲苍老惊悸的声音:“谁呀？”“是我，妈妈。”他沮丧地答道。

门很快打开了，一脸憔悴的母亲大声叫着他的名字，把他拉进屋里。灯光下，母亲流着泪端详他。

这时，他一低头，蓦地发现母亲竟赤着脚站在冰凉的地上！

刹那间，灵光一闪，他想起高僧的话，突然什么都明白了。

年轻人泪流满面，“扑通”一声跪在母亲面前。

每日一点

母亲对孩子的爱是出于一种本能，她们的天性使得她们对我们呵护备至、疼爱有加。相信你的母亲就是那个甘愿为你受苦而毫无怨言的女人。

一个**心中有“孝”**的人，才能称得上真君子

日本一个名牌大学的毕业生应聘于一家大公司。社长审视着他的脸，出乎意料地问：“你替父母洗过澡擦过身吗？”

“从来没有过。”青年很老实地答道。“那么，你替父母捶过背吗？”

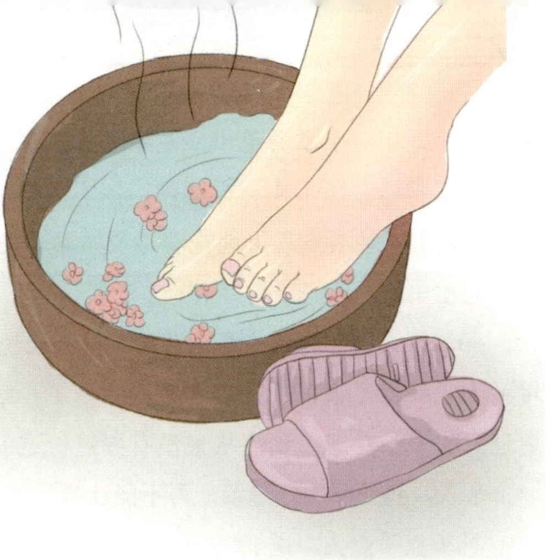

青年想了想，说："有过。那是我在读小学的时候，那时母亲还给了我 10 块钱。"

在诸如此类的交谈中，社长只是安慰他别灰心，会有希望的。青年临走时，社长突然对他说："明天这个时候，请你再来一次。不过有一个条件，刚才你说从来没有替父母擦过身，明天来这里之前，希望你一定要为父母擦一次，能做到吗？"这是社长的吩咐，因此青年一口答应。

青年虽大学毕业，但家境贫寒。他出生不久，父亲便去世了，从此，母亲做佣人拼命挣钱。孩子渐渐长大，读书成绩优异，考进东京名牌大学。学费虽令人生畏，但母亲毫无怨言，继续帮佣供他上学。直到今日，母亲还去帮佣。

青年回到家，母亲还没有回来。母亲出门在外，脚一定很脏，他决定替母亲洗脚。母亲回来后，得知儿子要替她洗脚，感到很奇怪。于是青年将自己必须替母亲洗脚的原委说了一遍，母亲很理解，便按儿子的吩咐坐下，等儿子端来水，把脚伸进水盆里。青年右手拿着毛巾，左手去握母亲的脚，他这才感到母亲的双脚已经像木棒一样僵硬，他不由得抱着母亲的脚潸然泪下。读书时他心安理得地花着母亲如期送来的学费和零花钱，现在他才知道，那些钱是母亲的血汗钱。

第二天，青年如约去那家公司，对社长说："现在我才知道母亲为了我受了很多的苦，您使我明白了在学校里没有学过的道理。如果不是您，我还从来没有握过母亲的脚，我只有母亲一个亲人，我要照顾好母亲，再不能让她受苦了。"

社长点了点头，说："明天你到公司上班吧。"

每日一点

从出生到成年，我们一生受过父母太多的恩情与照顾，而我们对父母的回报，与他们的爱相比实在是微乎其微。学着做一点力所能及的事，学着孝敬父母，孝顺不是光有心就足够了，还要用行动来表明。

孝心无价，孝敬父母是每个人的义务

老一辈无产阶级革命家陈毅一生十分尊敬父母。投身革命后，虽然长年远离家乡，但他总是千方百计给家里捎信，让父母知道自己的近况，向父母请安问好，并向他们讲述革命的道理。新中国成立后，父母没同陈毅一起居住。陈毅除每月给父母寄足够的生活费用外，仍在百忙中亲笔给父母写信，聊叙家事，宽慰老人。

1962年，陈毅已62岁，担任国务院副总理、外交部部长等要职。这年春天，他因工作途经成都。当时，他母亲年过八旬，重病在身，住在成都他弟弟家中。当天下午，他就与妻子张茜前去看望。老人由于病重，有时小便失禁。陈毅刚到母亲房中，恰遇母亲换下一条尿裤。母亲担心让儿子见到污浊之物，便不停挥手、使眼色，要身边一位侍候她的保姆把尿裤藏起来。保姆慌忙中将裤子扔到了床下。

陈毅拉住母亲的手问道："娘，你们把啥子东西扔到床下了？"

母亲连连摇头说："没啥子，不关你的事。快坐下，给娘谈点别的吧！"

保姆也连连摇头说："没，没啥呀！"

陈毅笑了笑，对母亲说："娘，您怎么对我也保起密来了？"说着，弯下身去，要看个究竟。母亲见瞒不住儿子，只好将事情的缘由说了。

陈毅听罢，非常感慨地说："娘！您久病在身，我没能在您身边侍候，心里说不出的难受。这裤子应该马上拿去洗了，还藏着干什么！"

说着，他一手拿过裤子，并对保姆说："我母亲的病如此沉重，平时不知给你们添了多少麻烦！今天，就让我去洗吧！"

保姆怎么也不让，母亲也赶紧拦阻。陈毅诚恳地说："娘，我不是说着玩的，您就允了吧。我小时，您不知给我洗过多少尿裤尿裤啊，儿子怎么做，也难报答养育之恩。"

每日一点

不要以为给父母钱就算是尽孝道，能养只是五成孝。在父母有生之年，尽我们所能帮助父母减轻烦忧，给他们带去欢乐——这是做儿女应尽的责任。

❀ **感谢父母的点滴关爱**，要知道那并不是理所当然

一天晚上，燕子跟妈妈吵架了，她伤心而愤怒，一气之下离家出走。但是，走了一段路，她发现自己竟然一分钱都没带，连打电话的钱都没有！

走着走着，她肚子饿了，看到前面有一个面摊，煮出的面香喷喷的，一定很好吃！可是，她没钱啊！

过了一段时间，面摊老板看到燕子还站在那边，一直没有离去，就问她："小姑娘，你是不是要吃面啊？"

"但是……但是我忘了带钱。"燕子很不好意思地回答。

面摊老板热情地说："没关系，我可以请你吃呀！来，我给你做碗面条吃吧，怎么样？"

"太好了！"燕子已经饿得摇晃了。

不一会儿，老板端来了一碗面条和一碟小菜。燕子吃了几口，忍不住掉下了眼泪。"小姑娘，你怎么了？"老板问道。

"哦，我没事，我只是感激！"燕子边擦眼泪，边对老板说，"您是陌生人，我们又不认识，只不过在路上看到我，就对我这

么好，煮面给我吃！但是……我妈，我跟她吵架了，她竟然把我赶出来了，还不让我回去了。您是陌生人都能对我这么好，而我妈，竟然对我这么绝情！”

老板听了，委婉地劝说她：“小姑娘，你怎么会这样想呢？你想想看，我只不过煮了一碗面给你吃，你就这么感激我，而你妈呢？给你煮了 10 多年的面，洗了 10 多年的衣服，你怎么不感激她呢？你怎么还要跟她吵架呢？”

燕子听了这话，当场愣住了！

“是啊！陌生人煮了一碗面，我都如此感激，而妈妈辛苦地把我养大，煮了 10 多年的面给我吃，我为什么没有感激她呢？”

“而且，只是因为一件鸡毛蒜皮的小事，甚至不值一提，我就跟妈妈大吵了一架，唉……”匆匆吃完面，燕子鼓起勇气，朝家走去，她恨不得飞回家对妈妈说：“妈！对不起，我错了！”

燕子在自家那条熟悉的弄堂口，看到妈妈那疲惫而又熟悉的身影，正焦急地左右张望。

看到燕子回来了，妈妈惊喜地叫道：“燕子啊！你让妈急死了！赶紧回家吧！饭已经做好了，菜都快凉了！妈以后不再跟你吵架了，好

吧？”

此时，燕子的眼泪不争气地涌了出来，在模糊的视线中，她看到了妈妈一双泛红的眼睛。

每日一点

我们已经习惯父母为我们所做的一切：一顿可口的饭菜，一次次关爱的叮咛，生病时不舍昼夜地守护……我们把它视为理所当然，但是我们是否可以换上一颗感恩的心呢？多多体贴我们的父母吧。

人间最美的绝唱，大抵来自母爱

在土耳其旅游途中，巴士行经1999年大地震的地方，导游趁此说了一个感人却感伤的故事。故事发生在地震后的第二天。

地震后，许多房子都倒塌了，从各国赶来的救难人员不断搜寻着可能的生还者。两天后，他们在缝隙中看到一幕不可置信的画面——一位母亲，用手撑地，背上顶着不知有多重的石块，一看到救难人员便拼命哭喊着："快点救我的女儿，我已经撑了两天，我快撑不下去了……"她7岁的小女儿，就躺在她用手撑起的安全空间里。

救难人员大惊，全力地搬移她上面、周围的石块，希望尽快解救这对母女，但是石块那么多、那么重，怎么也无法快速到达她们身边。媒体到这儿拍下画面，救难人员一边哭、一边挖，辛苦的母亲一面苦撑等待着……

通过电视、通过报纸，土耳其人都心酸地掉下泪来。更多的人放下手边的工作，投入救援行动。救援行动从白天进行到深夜，终于，一名高大的救援人员够着了小女儿，将她拉出来，但是——她已气绝多时。母亲急切地问："我的女儿还活着吗？"是女儿生的希望让她苦撑两天。

这名救难人员含泪对她说："对，她还活着，我们现在要把她送到医院急救，然后也要把你送过去！"他知道，如果母亲听到女儿已死去，必定失去求生意志，手一松她背上的土石会将她压死。

母亲疲累地笑了，随后她也被救出送到医院，她的双手一度僵直无法弯曲。

隔天，土耳其报纸的头条是一幅她用手撑地的照片，标题是“这就是母爱”。

长得壮硕的导游说：“我是个不轻易动感情的人，但是看到这则报道，我哭了。以后每次带团经过这儿，我都会讲这个故事。”其实不只他哭了，车上的游客也哭了。

每日一点

人间因为有了母爱，才有了爱与伟大的字眼。母亲创造了一切，也奉献了所有。我们普天下为人子女者都要尽自己的孝道，让她们的心灵得到慰藉。

屠杀行动展开时，也速干很担心姐姐也遂的安危。也遂刚结婚不久，夫妇二人正躲在附近的森林中。

也速干害怕也遂死在乱军之中，便对铁木真说："我有个姐姐叫也遂，她比我还漂亮，希望可汗能找到她，我情愿将自己的位子让给她。"铁木真听后便派人去寻找。在军队满山搜查时，也遂夫妻二人失散，也遂被找到。她被带到铁木真面前，果然美貌无比，艳若桃李，铁木真当场娶了她，让她和也速干位置并列。

几日后，铁木真和也遂、也速干在树荫下宴饮，忽觉得也遂神色不对，有些黯然神伤，便立刻明白是怎么回事了。他下令各部族长将自己的族人按部分开，发现有一个身材修长的美少年孤零零地站在那里，无处藏身。原来也遂的丈夫舍不得新婚妻子，便隐藏在人群中远远观望，也遂发现了他，感到伤感。情敌如仇敌，铁木真岂能容忍，立刻下令将他处死，也好彻底断了也遂的念想。

经此一战，塔塔儿人作为一支独立的势力，彻底在草原上消失了，没多久，弘吉剌部也归降了乞颜部。铁木真将东部呼伦贝尔这块水草肥美的草原纳入囊中，势力迅速壮大。

至此，蒙古草原上形成乞颜部、克烈部、乃蛮部三足鼎立的局面。

PART

06

感悟父爱：
有一种爱深沉
博大如海洋

在父亲的有生之年，**请大声地表达你对他的爱**

卡耐基在为成年人上的一堂课上，曾给全班出过一道家庭作业题。作业内容是："在下周以前去找你所爱的人，告诉他你爱他。那些人必须是你从没对他说过这句话的人，或者是很久没听到你说这句话的人。"

在下一堂课开始之前，卡耐基问他的学生们是否愿意把他们对别人说爱而发生的事和大家一同分享。卡耐基非常希望跟往常一样有个女人先当志愿者，但这个晚上，一个男人举起了手，他看来有些激动。

男人从椅子上站起身，开始说话了："卡耐基先生，上礼拜你布置给我们这个家庭作业时，我对你非常不满。我并没感觉有什么人需要我对他说这些话。还有，你是什么人，竟敢教我去做这种私人的事？但当我开车回家时，我想到，自从5年前我的父亲和我争吵过后，我们就开始彼此避免见面，除非在圣诞节或其他家庭聚会中非见面不可。即使见面，我们还是几乎不交谈。所以回到家时，我告诉我自己，我要告诉父亲我爱他。

“说来也很怪，做了这决定后，我胸口上的重量似乎减轻了。

“第二天，我一大早就急忙起床了。我太兴奋了，所以几乎一夜没睡着，我很早就赶到办公室，两小时内做的事比从前一天做的还要多。

“9 点钟时，我打电话给我父亲。他听电话时，我只是说：‘爸，今天我可以过去吗？有些事我想告诉您。’我父亲以暴躁的声音回答：‘现在又是什么事？’我跟他保证，不会花很长的时间，最后他同意了。5 点半，我到了父母家，按门铃，祈祷我父亲会出来开门。我怕是我母亲来开门，而我会因此丧失勇气。但幸运的是，我爸来开了门。

“我没有浪费一丁点儿的时间——踏进门就说：‘爸，我只是来告诉你，我爱你。’

“父亲听了我的话，不禁哭了，他伸手拥抱我说：‘我也爱你，儿子，原谅我竟一直没能对你这么说。’

“这一刻如此珍贵，我祈盼它凝止不动。父亲和我又拥抱了一会儿，长久以来我很少感觉这么好过。

“但这不是我要说的重点。两天后，我那从没告诉我自己有心脏病的父亲忽然病

发，在医院里结束了他的一生。我并没想到他会如此。

“如果当时我迟疑着没有告诉我父亲，我就可能没有机会了！所以我要告诉全班的是：你知道必须做，就不要迟疑。把时间拿来做你该做的，现在就去做！”

每日一点

爱，需要大声地表达，不论是对你的爱人还是父母！如果你未曾向伟大的父母表达过，那现在就去做，你的一句话对你父母来说，胜过他们拥有的任何一件珍宝！

父亲也许不擅长表达爱，但并不代表他不爱你

丽达觉得爸爸不懂得怎样表达爱，使他们一家人融洽相处的是妈妈。爸爸只是每天上班下班，而妈妈把丽达做过的错事开列清单，然后由他来责骂她。

有一次，丽达偷了一块糖果，他要她送回去，并向卖糖的道歉，但妈妈却明白她只是个孩子。

丽达在运动场荡秋千跌断了腿，在前往医院途中一直抱着她的，是妈妈。

爸爸把汽车停在急诊室门口，他们叫他驶开，说那空位是留给紧急车辆停放的。爸爸听了便叫嚷道：“你以为这是什么车？旅游车？”

在丽达的生日会上，爸爸总是显得有点不大相称。他只是忙于吹气球，布置餐桌，做杂务。把插着蜡烛的蛋糕推过来让她吹的，是妈妈。

丽达翻阅相册时，同学总是问："你爸爸是什么样子的？"天晓得！他老是忙着替别人拍照。而她和妈妈笑容可掬地一起拍的照片，多得不可胜数。

丽达还记得有一次妈妈叫爸爸教她骑自行车。她叫爸爸别放手，但他却说是应该放手的时候了。她摔倒之后，妈妈跑过来扶她，爸爸却挥手要妈妈走开。丽达当时生气极了，决心要给他点颜色看。于是，她马上再爬上自行车，而且自己骑给他看。他只是微笑。

丽达念大学时，所有的家信都是妈妈写的。每次她打电话回家，爸爸似乎都想跟她说话，但结果总是说："我叫你妈来听。"

丽达结婚时，掉眼泪的是妈妈。爸爸只是大声地擤了一下鼻子，便走出房间。

她从小到大都听他说："你到哪里去？什么时候回家？自行车有没有气？……不，不准去。"爸爸好像完全不知道怎样表达爱。丽达生下第一个孩子以后，忽然想道："会不会是爸爸已经表达了爱，而我却未能察觉到？"

每日一点

父母之爱，并不体现在口头上，而是体现在行动上，体现在日复一日的默默奉献中。

❀ 出身的高低，并非衡量一个人成功的标准

美国总统林肯，在他当选总统那一刻，整个参议院的议员都感到尴尬，因为林肯的父亲是个鞋匠。

当时美国的参议员大部分出身名门望族，自认为是上流、优越的人，从未料到要面对的总统是一个卑微的鞋匠的儿子。

于是，林肯站上演讲台的时候，有一位态度傲慢的参议员站起来说："林肯先生，在你开始演讲之前，我希望你记住，你是一个鞋匠的儿子。"

所有的参议员都大笑起来，为自己虽然不能打败林肯但能羞辱他而开怀不已。

等到大家的笑声停止，林肯说："我非常感激你使我想起我的父亲。他已经过世了，我一定会永远记住你的忠告——我永远是鞋匠的儿子！我知道我做总统永远无法像我父亲做鞋匠做得那么好。"

参议院陷入一片静默。林肯转头对那个傲慢的参议员说："就我所知，我父亲以前也为你的家人做过鞋子，如果你的鞋子不合脚，我可以帮你改正它。虽然我不是伟大的鞋匠，但我从小就跟父亲学到了做鞋子的艺术。"

然后他对所有的参议员说："对参议院里的任何人都一样，如果你们穿的那双鞋是我父亲做的，而它们需要修理，我一定尽可能帮忙。但是有一件事是可以确定的，我无法像他那么伟大，他的手艺无人能比。"说到这里，林肯流下了眼泪，所有的

嘲笑声全部化成了赞美的掌声。

林肯没有成为伟大的鞋匠，但成了伟大的总统。他伟大的特质，正是他永远不忘记自己是鞋匠的儿子，并以此为荣。

每日一点

出身的高低并非衡量一个人成功与否的标准，成功的关键在于我们对于自己出身的态度，即对于过去的态度。不要忘记，我们的现在正是在我们的过去中孕育的。否定过去，就等于否定现在；而肯定过去，你也就肯定了现在的自己！

❀ 孝顺不是说说而已，他需要你的行动

他本在一家外企供职，然而一次意外使他的左眼突然失明。为此，他失去了工作，到处求职却因“形象问题”连连碰壁。挣钱养家的担子落在了他那白领妻子的肩上，天长日久，妻子开始鄙夷他的“无能”，像功臣一样对他颐指气使、居高临下。

她日渐感到他的老父亲是个负担，拖鼻涕淌眼泪让人看着恶心。为此，她不止一次跟他商量把老人送到老年公寓去，他总是不同意。有一天，他们为这件事在卧室吵了起来，妻子嚷道：“那你就跟你爹过，咱们离婚！”他一把捂住妻子的嘴说：“你小声点儿，当心让爸听见！”

第二天早饭时，父亲说：“有件事我想跟你们商量一下，你们每天上班，孩子又上学，我一个人在家太冷清了，所以我想

到老年公寓去住，那里都是老人。”

他一惊，父亲昨晚果真听到他们争吵的内容了！“可是，爸——”他刚要说些挽留的话，妻子瞪着眼在餐桌下踩了他一脚。他只好把话咽了回去。

第二天，父亲就住进了老年公寓。

星期天，他带着孩子去看父亲，进门便看见父亲正和他的室友聊天。父亲一见孙子，就心肝肉地又抱又亲，还抬头问儿子工作怎么样、身体好不好……他好像被人打了一记耳光，脸上发起烧来。“你别过意不去。我在这里挺好，有吃有住还有的玩……”父亲看上去很满足，可他的眼睛却渐渐涌起一层雾来。为了让他过得安宁，父亲情愿压制自己的需要——那种被儿女关爱的需要。

几天来，他因父亲的事寝食难安。挨到星期天，他又去看父亲，刚好碰到市卫生局的同志在向老人宣传无偿捐献遗体器官的意义，问他们有谁愿意捐。很多老人都在摇头，说他们这辈子最苦，要是死都不能保个全尸，就太对不起自己了。这时，父亲站了起来，他问了两个问题：一是捐给自己的儿子行不行？二是趁活着捐可不可以？“我不怕疼！我也老了，捐出一个角膜生活还能自

理，可我儿子还年轻呀，他因为这只失明的眼睛失去了多少求职的机会！要是能将我儿子的眼睛治好，我就是死在手术台上，心里都是甜的……”所有人都停止了谈笑，把震惊的目光投向老泪纵横的父亲。屋子里静静的，只听见父亲的嘴唇在抖。他已说不出话来，一股看不见的潮水瞬间将他围裹住。他满脸泪水，迈着庄重的步伐，一步步走到父亲身边，和父亲紧紧地抱在一起。

当天，他就不顾父亲的反对，为父亲办好有关手续，接他回家。至于妻子，他已做好最坏的打算。临走时，父亲一脸欣慰地与室友告别。室友一把眼泪一把鼻涕地埋怨自己的儿子不孝，赞叹他父亲的福气。父亲说："别这样讲！俗话说，庄稼是别人的好，儿女是自己的亲，打断骨头连着筋。自己的儿女，再怎么都是好的。你对小辈宽宏些，孩子们终究会想过来的……”说话间，父亲还用手给他捋捋衬衣上的皱褶，疼爱的目光像一张网，将他兜头罩下。他再次哽咽，如灯的父爱，在他有限的视力里放射出无限神圣的亮光。

每日一点

父辈以他们的宽容承载着晚辈的伤害，对此我们难道可以无动于衷吗？父母对子女的爱，就像流水，一直在流；而子女对父母的爱，就像风吹树叶，风吹一下，就动一下，风不吹，就不动。趁他们有生之年赶快尽一点自己的心意，莫要等到“子欲养而亲不待”时再后悔。

PART

07

感悟爱情：大自然赐给人类最好的礼物

爱之花需要不断给养，否则等待它的只有枯萎

一位悲伤的少女求见莎士比亚。

“莎士比亚先生，你曾写出了人世间那么多凄美动人的爱情故事，现在我有件关于爱情方面的事请教您，希望您能帮助我。”

“喔，可怜的孩子，请说吧。”莎士比亚说。

少女停顿了一下，忧伤的声调令人心碎：

“我爱他，可是，我马上就要失去他了。”少女几欲流泪。

“孩子，请慢慢从头说吧，怎么回事？”莎翁慈祥地说。

“我与他深深相爱着。他以他的热情，日复一日地用鲜花表达着对我的爱。每天早上，他都会送我一束迷人的鲜花；每天晚上，他都要为我唱一首动听的情歌。”

“这不是很好吗？”莎士比亚说。

“可是，最近一个月来，他有时几天才送一束花，有时根本就不为我唱歌了，放下花就匆匆离去了。”

“唔？问题出在哪儿呢？你对他的爱有回应吗？”

“我从心里深深爱着他，但是，我从来没有表露过我对他的爱，我只能以冰冷掩饰内心的热情。现在他对我的热情也在慢慢逝去，我真怕，真怕有一天我会失去他。先生，请告诉我，我该怎么办？”

莎士比亚听完少女的诉说，从屋里取出一盏油灯，沾了一点儿油，点燃了它。

“这是什么？”少女问。

“油灯。”

“要它做什么？”

“别说话，让我们看着它燃烧吧。”莎士比亚示意少女安静。

灯芯嘶嘶地燃烧着，冒出的火苗欢快而明亮，它的光亮几乎映亮了整个屋子。

然而灯油越来越少，灯芯的火焰也越来越小，光线变弱了。

“呀！该添油了！”少女道。可是莎士比亚示意少女不要动，任凭灯芯把灯油烧干，最后连灯芯也烧焦了，火焰终于熄灭了，只留下一缕青烟在屋中飘绕。

少女看着一缕青烟迷惑不解。

“爱情也像这油灯，灯芯烧焦之后，火焰自然就会熄灭了。你应该知道，现在你该怎么去做了。”莎士比亚说。

少女明白了：“我要去向他表白，我爱他，不能失去他。我要为我的爱情之灯加油去了。”

少女谢过莎士比亚，匆匆走了。

每日一点

爱的付出是相互的，爱情不是靠一个人维持的。时常向对方表达我们对他或她的爱慕与关心，常常为你的爱情之灯注入新的灯油，它才会不断闪出欢快而明亮的火花。

❀ **自信是爱情之门的钥匙**，没有它你只能在门外徘徊

某大学的周末舞会，女孩子是秀发披肩、亭亭玉立的大二学生，她像一朵6月的新莲在沸腾的舞池中，裙裾翩翩飞舞，飘逸而芬芳。在目光的包围和无休止的旋转后，她累了，坐在一隅休息。

这时，一个男孩儿走过来向她微微鞠躬，伸出手，问：“我

可以请你跳一曲吗？”他彬彬有礼，像一个古代的王子，让人不忍拒绝。带着一丝疲倦，她站了起来。当两个人面对面地站在舞池中静等音乐响起的片刻，她突然发现：那个男生竟然似乎比她矮一点点。也许并不真的比她矮，但是女孩子觉得，如果哪个男生与她等高，那就已经是很矮了。

“我比你还高啊！”女孩子轻轻地说，笑着，像小时候与小伙伴比高矮时得胜后的高兴的样子。其实她是心无城府的，因为她从小便比身边所有的朋友都长得高，已习惯了在与他们的比较中骄傲地笑。但眼前的男孩子并不是自己的朋友，只是舞会上偶尔邂逅的舞伴。女孩子立刻为自己的口无遮拦而后悔，她的脸唰地一下红了。一切发生得太快了，男孩子有点猝不及防。稍稍愣了一下，脸上的笑还来不及褪去，新的一波笑意竟浮了上来。他不愠不恼地说：“是吗？那我迎接挑战。”

后面的4个字稍稍有点重。女孩子无语，歉意地笑，躲过他的目光，却有点紧张地捕捉来自他的信息。只见他下意识地挺直了腰胸，轻描淡写地说：“把我所发表过的文章垫在我的脚底下，我就比你高了。”原来，他也有他的骄傲。舞会后，他们成了恋人。

后来，因为阴差阳错，他们并没能走到一起，但是女孩儿却从来没有忘记过他，没有忘记当年在舞会上的那一幕情景，尤其是那两句不卑不亢的话："那我迎接挑战。""把我所发表过的文章垫在我的脚底下，我就比你高了。"

每日一点

人生的道路有时就像是跨栏跑的跑道，面对阻碍你前进的一个个"跨栏"，逃避是不能解决问题的，只有勇敢地面对那些迎面而来的挑战，你才会自信地面对一切挑战。你强大时困难就退缩，面对爱情时尤其要如此。

当爱已成往事，何不留一点美好回忆在心中

一家新开业的礼品店热闹了一阵后，慢慢地静了下来。年轻的姑娘黛丝刚把凌乱的柜台整理好，一位 20 多岁的男青年进了店。他瘦瘦的脸颊，戴副近视眼镜，他冷冰冰的目光在店中搜索，最后落在窗边那只柜台里。黛丝顺着男青年的目光看去，见他正盯着一只绿色玻璃龟出神。

她走过去轻声问道："先生，你喜欢这只龟吗？我拿出来给你看。"

男青年似乎对看与不看并不在意，伸手把钱包掏出来，问道："多少钱一只？"

"20元。"

"啪"，青年不假思索地把钞票拍在柜台上。

面对黛丝递过来的乌龟，青年人眯起眼睛慢慢地欣赏着，脸上的肌肉时不时地抽动一下，继而一丝笑容勉强地跳了出来。他自言自语道："好，把它作为结婚礼物是再好不过了。"青年人的脸兴奋得有点扭曲，两眼灼灼闪光。

黛丝在一旁细心地观察着青年人，她对青年人自言自语的那句话感到极大的震惊。虽然她刚刚离开校门不久，但她知道那种东西若出现在婚礼上，无疑是投下一枚重磅炸弹。女孩表情平静地问道："先生，结婚的礼物应当好好包装一下的。"说完弯腰到柜台下找着什么。"真不巧，包装盒用完了。"女孩说道。

"那怎么行？明天一早我就要急用的。"

女孩忙说："不要紧，您先到别处转一下，20分钟以后再来，我包装好了等你，保证让你满意。"

20分钟以后，青年人如约取走了那盒包装得极精美的礼物，像战士奔赴战场一样，去参加他以前曾经深深爱过的一位姑娘的婚礼。

婚礼的第二天晚上，青年人终于等到了姑娘打来的电话，当他听到那久违而又熟悉的声音时，双腿一软竟坐在了地板上。

这一天他度日如年，是在悔恨和自责的心态中熬过的。他像一个等待法官宣判的罪人一样，等待着姑娘对他的怒斥。可他万万没想到，电话中传来的却是姑娘甜甜的道谢声："我代表我的先生，感谢你参加我们的婚礼，尤其是你送来的那份礼物，更让我们爱不释手……”爱不释手？他简直不相信自己的耳朵，他不知道通话是怎么结束的。

青年人度过了一个不眠之夜。清早，他来到礼品店，进门一眼就看见那只乌龟还安详地躺在柜台里，此时他似乎一切都明白了。

对青年人的突然出现，黛丝的确有些感到意外。望着他那红肿的眼睛，她发现里面已不再是那绝望的冷酷。青年人的嘴唇哆嗦了一下，似乎要说些什么。突然他走到黛丝面前深深地鞠了一躬，等他再抬头时，已是泪流满面。他哽咽地说道："谢谢你，谢谢你阻止我滑向那可怕的深渊。"

黛丝见青年人已经明白了一切，从柜台里取出一个盒子，打开后交给了他，轻声说道："这才是你送去的真正礼物。"原来那是一尊水晶玻璃心，两颗相交在一起的、什么力量也无法把它们分开的水晶玻璃心。此时，一缕晨光透过窗子照在水晶心上，折射出一串绚丽的七彩光来。

青年人惊叹道："太美了，实在太美了。这么贵重的礼物，我付的钱一定是不够的。"

黛丝忙打断他说道："论价值它们是有差别的，但如果它能了却你们以前的恩恩怨怨，化干戈为玉帛，那它也就物有所值了。至于两件礼物之间所差的那点钱，也不必想它，将来你还会遇到更好的姑娘，那时候你再到我的店里多买些礼物送给她，就算感谢我了。"

每日一点

不必报复过去的爱，当爱已成往事时。

何不把过去压缩成一片馨香的花瓣，将它深埋于心底，让它时刻散发出一缕沁人芬芳。如果爱不能继续，就学着大度放手、学着祝福。

迟来的表白，让爱蹉跎一生

男孩暗恋女孩，女孩喜欢男孩。

男孩没有勇气，有爱难表；女孩碍于羞涩，有情难诉。

一天，两天。一年，两年。

男孩女孩在周围人的眼里，俨然是一对恋人。男孩女孩心里更清楚：他们是被冥冥中早已注定的缘分连在一起的，他们原本就是恋人，只不过都在静心等待对方的爱情表白。

女孩闭口不提爱男孩，因为她是女孩。男孩迟早要说爱女孩，因为他是男孩。

女孩生日那天，男孩特意定做了一个精美的音乐盒送给她。女孩清甜的脸上泛起一片绯红。她接过盒子，逃回屋子里急切地打开，里面流出了优美的音乐。

女孩一脸困惑，因为她没有找到男孩的爱情表白。

当音乐第二次奏出，女孩关掉音乐盒，泪盈于睫，哭了一夜。

原来，男孩不爱女孩。因为盒子里没有他对她的爱情表白。

女孩开始躲避男孩，男孩也在疏远女孩。

以后，男孩随父母迁到北方。女孩依旧留在南方。

后来，他们再没见过面。

再后来，男孩娶了另一个女孩，女孩嫁给了另一个男孩。

有那么一天，已为人妻的女孩收拾屋子时，不经意间翻出那个音乐盒。看到盒子，便触动了她的心事。再一次打开，里面又响起那段熟悉的音乐。

望着盒子，她摇摇头："他怎么会不爱我呢？"

当音乐第二次结束，盒子里突然传出了男孩的声音："I love you！如果你也爱我，请告诉我。"

她愕然。大颗的泪珠绝望地落到地板上，她知道，此时的爱情表白已经迟了许久。

如果你给心爱的人送了与音乐有关的礼物，请你一定把爱情表白放在音乐前面。有时，爱情成功与否，也许只差一段音乐的时间。

每日一点

假如你不让树木长叶、开花、结果，它便会枯死；假如你不让爱表现自己，爱便会呛死于自己的血液中。

PART 08

感悟婚姻：比企业更难经营的是婚姻

❀ 没有精心经营的婚姻，**其中的矛盾是以几何级数增长的**

某家政学校的最后一门课是“婚姻与经营和创意”，主讲老师是学校特地聘请的一位研究婚姻问题的教授。他走进教室，把随手携带的一叠图表挂在黑板上，然后他掀开一张挂图，上面用毛笔写着一行字：

婚姻的成功取决于两点：一是找个好人；二是自己做一个好人。

“就是这么简单。至于其他的秘诀，我认为如果不是江湖偏方，也至少是些老生常谈。”教授说。

这时台下嗡嗡作响，因为下面有许多学生是已婚人士。不一会儿，终于有一位30多岁的女子站了起来，说：“如果这两条没有做到呢？”

教授翻开挂图的第二张，说：“那就变成4条了。”

1. 容忍，帮助，帮助不好仍然容忍。

2. 使容忍变成一种习惯。

3. 在习惯中养成傻瓜的品性。

4. 做傻瓜，并永远做下去。

教授刚把这 4 条念完，台下就喧哗起来，有的说不行，有的说这根本做不到。等大家静下来后，教授说："如果这 4 条做不到，你又想有一个稳固的婚姻，那你就得做到以下 16 条。"

接着教授翻开第三张挂图。

1. 不同时发脾气。

2. 除非有紧急事件，否则不要大声吼叫。

3. 争执时，让对方赢。

4. 当天的争执当天化解。

5. 争吵后回娘家或外出的时间不要超过 8 小时。

6. 批评时的话语要出于爱。

7. 随时准备认错道歉。

8. 谣言传来时，把它当成玩笑。

9. 每月给他或她一晚自由的时间。

10. 不要带着气上床。

11. 他或她回家时，你一定要在家。

12. 对方不让你打扰时，坚持不去打扰。

13. 电话铃响的时候，让对方去接。

14. 口袋里有多少钱要随时报账。

15. 坚持消灭没有钱的日子。

16. 给你父母的钱一定要比给对方父母的钱少。

教授念完，有些人笑了，有些人则叹起气来。教授听了一会儿，说："如果大家对这 16 条感到失望的话，那你只有做好下面的256条了。总之，两个人相处的理论是一个几何级数理论，它总是在前面那个数字的基础上进行二次方。”

接着教授翻开挂图的第四页，这一页已不再是用毛笔书写，而是用钢笔，256条，密密麻麻。教授说：“婚姻到这一地步就已经很危险了。”这时台下响起了更强烈的喧哗声。

每日一点

婚姻成功最大的秘诀便是把所有的灾难看成意外事件，而任何意外事件都不当作灾难。

❀ 信任是幸福的基石，没有它，婚姻大厦会摇摇欲坠

他是个爱家的男人。他允许她婚后仍保有着一份自己喜爱的工作，他允许她周末约同事回家打通宵的麻将，他允许她拥有不下厨的坏习惯，他允许她在半夜挑逗他那已沉睡的身躯，他始终都扮演着一个好男人的典范，好得让她这个做妻子的自惭形秽。

她第一次怀疑他，是从一把钥匙开始的。她虽然不是个百分百的好老婆，但总能从他的一举一动了解他的情绪，从一个眼神了解他的心境。

他原有4把钥匙，楼下大门、家里的两扇门以及办公室的。不知从何时起，他口袋里多了一把钥匙。她曾试探过他，

但他支支吾吾、闪烁不定的言辞，令她更加怀疑这把钥匙的用途。

她开始有意无意地电话追踪，偶尔出现在他办公室，名为接他下班，实为突击检查。她开始将工作摆在第二位，周末也不再约同事回家打牌，还买了一堆烹饪的录像带和食谱，想专心地做个好老婆。可是一切似乎太迟了。

他愈来愈沉默，愈来愈不让她懂得他心里想什么。他常常独自一个人在半夜醒来，坐在阳台上吹整夜的风。他变得不大说话，精神有点恍惚，有一次居然连公文包都没带就去上班。他真的变了很多，唯一没有变的是他对她的温柔和体谅，但她的猜疑始终没有稍减。在夜以继日的追查下，她终于发现了那把钥匙的用途——用来开启银行保险箱。于是她决定追查到底，她悄悄地偷出了那把钥匙，进了银行。

当钥匙一寸一寸地伸进那小孔，她慌张又迫于知道答案的谜底，谜题即将揭晓。首先映入眼帘的是一个珠宝盒，她深深地吸了一口气，缓缓地打开盒盖，然后，心里甜甜地笑了起来："这

个傻瓜。”那是他们两人第一次合照的相片。照片之后是一叠情书，算一算一共28封，全是她在热恋时期写给他的，这个时候甜蜜是她脸上唯一的表情。珠宝盒底下是一些有价证券，有价证券底下是份遗嘱，她心想：“待会儿出去一定要骂一骂他，才30出头立什么遗嘱？”虽然如此，她还是很在意那份遗嘱的内容。她翻开封面，内容写着别墅和存款的20%留给父母，存款的10%给大哥，有价证券的30%捐给老人机构，其余所有的动产、不动产都写着同一个名字。

她哭了，因为这个名字不是别人，正是她自己。所有的疑虑都烟消云散，他是爱她的，而且如此忠诚。正当她收拾起所有动作，准备回家为他筹备丰盛晚宴时，突然一个信封从两叠有价证券里掉下来，那已经褪去的猜疑又复萌了，她迅速地抽出信封里的那张纸，是一张诊断书，在姓名栏处她看到了先生的名字，而诊断栏上是4个比刀还锋利的字“骨癌中期”。

每日一点

婚姻中的任何猜疑都会变成一把锋利的剑，将幸福的面纱一剑击穿。

爱情不是游戏，**婚姻也不是一场赌局**

他与她青梅竹马。

4岁，他开始喜欢她。

9岁，在学校读书，她受了委屈会去找他，再没同学敢欺负她。

18岁，他们相约考入同一所大学，每天一起上课，一起去学校食堂吃饭。她有不开心的事，依然会去找他，把他当作自己的大哥一样。

19岁，他对她说：“做我的女朋友吧。”她点点头答应了，感觉很幸福。

21岁，他们分手了。她流着泪问他：“你真爱上了别的女孩子？”他点点头，有点无奈。她又问：“她很漂亮吗？”他淡淡地答：“你能肯定我们就是最合适的吗？我不想把这么美好的青春只给一个人。你难道不想再试试除我之外的其他男人吗？”

毕业之后，他们一直没有任何联系。

25岁，她成了当红的女主播，他也在一家电视台做幕后翻译。这些年，他恋爱一场又一场，每次结束一段感情，他都会想起她。

26 岁，她结婚，只是觉得疲倦，好想找个肩膀靠一靠。她主播的节目，他会小心避开，他怕看见电视里的她。她的事业很好，却是个生活一团糟的女子，家务也不会做。家里尽管有了用人，她的丈夫依然处处对她不满。

有一晚，他们吵了嘴，她开车出去在街上转了一晚，不知为什么，想起他，眼泪忽然落了下来。

29 岁，她离婚。

31 岁那年，他辗转找到她的电话号码，犹豫了很久才打过去，这已是他们分手的第 10 个年头。10 年，可以改变一个人很多，对事情的看法也完全不一样了。

31 岁那年，她与他在酒店的大厅见面，往事历历在目。经过这些年的波折，都知道了生命中值得珍惜的情感并不多。两个人用了 10 年的青春，绕了很大一圈又回到了起点。

32 岁，他们结婚了。

他们婚后很幸福。她因为经历过一次失败的婚姻，已懂得如何心疼一个男人。他也对失而复得的这份爱情倍加珍惜。10 年的经历，他们终于懂得了这份婚姻对彼此的重要性。

每日一点

人的一生总会有犯糊涂的时候，兜兜转转却发现又回到了起点。也许这就是成长与成熟的代价。

❀ 一个高明的婚姻经营者，绝不是一个吹毛求疵的人

几个女人坐在一起，讨论人生。她们不约而同地都对自己的婚姻感到不满意。闻说城中有一位法师，专门为人指点迷津，于是众女带着心中的疑难，前往求教。

法师："各位对你们的丈夫有何不满？"

甲女："我丈夫与我毫不沟通，他连我喜欢些什么都不知道，更不用说晓得我想些什么了。我们同桌吃饭，但我觉得彼此间犹如隔了一条大河。"

法师："那你当初为何嫁他？"

甲女："他对我殷勤呀。"

乙女："你的丈夫不晓得你心中想些什么那还罢了，我的丈夫就可恶极了，他明知道我心中想些什么、对他如何期望，可是他就偏和我抬杠——我想他走路，他却坐下。"

法师："当初他是怎样打动你的心的？"

乙女："当初他以我喜欢的方式来爱我，愿意为我做任何事，但现在他以他自己喜欢的方式来'爱'我，只愿意做他自己喜欢做的事。"

法师笑："最初他投你所好，是缘于形势；现在是'还我本色''真我流露'了。"

丙女："我的丈夫更加不像样。别人给女人家用，总是付出家用的全部，可是他非常计较，什么都只给一半。哪有男人付出一半家用的呢？况且他赚钱比我多，为何就不大方一点，自

己把家用全付了？”

法师："你赚多少钱？”

丙女："有 8000 元左右。”

法师："当初你们恋爱的时候，出外消费如何付账？”

丙女："AA 制，各付各的。可是现在我是他的妻子呀，为什么他就不肯为我牺牲呢？况且他付得起呀。”

法师对众女说："好吧，我给你们一个锦囊，一个月后，情况就会有所改善。”

众女接过锦囊后打开一看，是一张字条，上面写着：“要把丈夫当朋友。”

一个月后，众女欢天喜地前往找法师。

甲女：“法师的锦囊果然了得。那天我生日，丈夫送我一朵荷花那样大的绢花，可真搞笑。我是只喜欢鲜花，最讨厌绢花的啊！要是平时我一定很生气。可是我想起法师说的话，想到朋友记得你的生日，已经很有心，何况还知道你喜欢花，哪管它绢花还是鲜花！我不知有多开心。”

乙女：“可不是！我自从得了法师的锦囊后，脑筋顿然开窍，我向来哪有要求朋友投我所好的？也从不勉强别人做自己不喜欢做的事。对朋友无所求，彼此往来，就轻松得多。求人不如求己，何必生气？”

丙女：“对了，我向来很少向朋友借钱，更不要说用朋友的钱了。我自己又不是付不起家用，何必丈夫养我？”

法师：“你们都有慧根，不愧是城中的聪明女子。”

众女悟出三个道理：一是待人不可持双重标准，待夫亦然；二是如果想多个朋友，乃可结婚；三是若要追求理想婚姻，只可自己同自己结婚。

每日一点

爱的表现是无私奉献，但爱的实质却是无限索取。待人如己，待己如人，倘若能做到这些，那么夫妻之间就少了不少矛盾。

❀ **女人要的不是锦衣玉食**，而是掌握自己命运的自由

从前，一个年轻的国王被邻国的老国王俘虏，老国王本应该杀死他的，但是被他的年轻和乐观所感动，于是提出一个能让年轻国王存活的要求——必须在一年中回答一个问题：女人到底要什么？

年轻的国王答应了，他回到自己的国家后四处打听，用人、大臣、厨师、妻子……但没有人能够答出。

有人提议去问一个出名的女巫，但是她要的代价会非常高！可是随着时间的临近，年轻的国王只好去询问女巫。

女巫要求年轻的国王答应把她嫁给全国最杰出的青年才俊，也就是国王的好朋友温加！年轻的国王十分不愿意这样做，女巫又老又丑，粗鲁无理，浑身散发着恶臭。

可是，为了国王的生命，温加答应了，于是年轻的国王得到了答案：

女人需要的是能够掌握自己的命运！

婚礼如期举行，大家都为温加感到可惜，最让人无法忍受的是女巫在婚礼上的表现：她随意地露出粗糙的皮肤，用手抓东西往嘴里送，放屁，讲粗口……温加毫无怨言，任由妻子。

在众人的惋惜中到了新婚之夜，温加依然优雅地走进新房，让他惊讶的是：白天丑陋无比的女巫变成了世界上最美丽温柔的女子。那是因为，温加白天的表现可以让他有一个选择：

“妻子要么白天变成女巫，晚上是美人；要么晚上变成女

巫，白天是美人！”

男人，谁会不虚荣呢？谁会不希望让人家看到自己的妻子是世界上最美丽温柔的呢？可是谁又不希望夜晚一起安寝的是世界上最美丽温柔的呢？

面对如此残酷的选择，聪明的温加如此回答他的妻子：“你自己决定吧！”奇迹出现了，女巫回答他：“女人要的就是掌控自己命运的自由，既然你把这选择的权利交给我，那么我就选择无论白天还是黑夜都做你温柔漂亮的妻子！”

每日一点

自由是人类最宝贵的权利，为了能得到掌控自己命运的自由，许多人付出了一生的奋斗。摆脱“附属品”的地位是所有女人的目标，因此在婚姻中互相尊重是幸福必不可少的因素。没有这种尊重，幸福也就无从说起。

PART

09

感悟友情：
朋友是人生的
财富

❀ **难忘的友情**，我只记取该记取的部分

著名作家阿里，有一次与朋友吉伯、马沙一同外出旅行。三人行经一处山谷时，马沙一不小心失足滑落，眼看就要掉下深谷，机敏的吉伯拼命拉住他的衣襟，将他救起。为了永远记住这一救命之恩，马沙在附近的大石头上用刀镌刻下一行大字：某年某月某日，吉伯救了马沙一命。

三人继续旅行，几天后来到一条河边。两人为了一件小事吵了起来，吉伯一气之下打了马沙一耳光。马沙控制住自己，没有还手，一口气跑到沙滩上，用力在沙滩上又写下一行大字：某年某月某日，吉伯打了马沙一耳光。

不寻常的旅行结束了。有一天，阿里不解地问马沙："你为什么要把我救你的事刻在石头上，而把打你的事写在沙滩上？"马沙很平静地回答："我将永远感激并记住吉伯救过我的命。至于他打我的事，我想让它随着沙子的流动逐渐忘得一干二净。"

每日一点

忘记应当忘记的一切伤害与不快，记起不该遗忘的所有感动与欢笑，这是一种豁达的人生态度。

太亲易疏，**学会保持适当的距离**

在文坛，流传着一个关于两位文学大师的故事：

加西亚·马尔克斯是1982年诺贝尔文学奖获得者，巴尔加斯·略萨则是2010年获得诺贝尔文学奖的西班牙籍秘鲁裔作家。他俩第一次见面是在1967年。那年冬天，加西亚·马尔克斯应邀赴委内瑞拉参加一个他从未听说过的文学奖项的颁奖典礼。

当时，两架飞机几乎同时在加拉加斯机场降落。一架来自伦敦，载着巴尔加斯·略萨；另一架来自墨西哥城，它几乎是加西亚·马尔克斯的专机。两位文坛巨匠就这样完成了他们的历史性会面。因为同是拉丁美洲“文学爆炸”的主帅，他们彼此仰慕、神交已久，所以除了相见恨晚，便是一见如故。

巴尔加斯·略萨是作为首届罗慕洛·加列戈斯奖的获奖者，来加拉加斯参加授奖仪式的，而马尔克斯则专程前来捧场。所谓殊途同归，他们几乎手拉着手登上了同一辆汽车。他们不停地交谈，几乎将世界置之度外。马尔克斯称略萨是“世界文学的最后一位游侠骑士”，略萨回称马尔克斯是“美洲的阿马迪斯”；马尔克斯真诚地祝贺略萨荣获“美洲诺贝尔文学奖”，略萨则盛赞《百年孤独》是“美洲的《圣经》”。此后，他们形影不离地在加拉加斯度过了“一生中最有意义的4天”，制订了联合探讨拉丁美洲文学的大纲和联合创作一部有关哥伦比亚－秘鲁关系的小说。略萨还对马尔克斯进行了长达30个小时的“不间断采访”，并决定以此为基础撰写自己的博士论文。这篇论文也就是后来那部砖头似的《加夫列尔·加西亚·马尔克斯：弑神者的历史》(1971年)。

基于这种情况，拉美权威报刊及时推出了《拉美文学二人谈》等专题报道，从此两人会面频繁、笔交甚密。于是，全世界所有文学爱好者几乎都知道：他俩都是在外祖母的照看下长大的，青年时代都曾流亡巴黎，都信奉马克思主义，都是古巴革命政府的支持者，现在又有共同的事业。

作为友谊的黄金插曲，略萨邀请马尔克斯顺访秘鲁。后者谓之求之不得。在秘鲁期间，略萨和妻子乘机为他们的第二个儿子举行了洗礼；马尔克斯自告奋勇，做了孩子的干爹。孩子取名加夫列尔·罗德里戈·贡萨洛，即马尔克斯外加他两个儿子的名字。

但是，正所谓"太亲易疏"。多年以后，这两位文坛宿将终因不可究诘的原因反目成仇、势不两立，以至于1982年瑞典文学院不得不取消把诺贝尔文学奖同时授予马尔克斯和略萨的决定，以免发生其中一人拒绝领奖的尴尬。当然，这只是传说之一。有人说他俩之所以闹翻是因为一山难容二虎，有人说他俩在文学观上发生了分歧或者原本就不是同路，更有甚者说略萨怀疑马尔克斯看上了他的妻子。后来，没有人能再把他们撮合在一起。

每日一点

君子之交淡如水，中国古老的箴言早已让我们明白"太亲易疏"的道理。友情也不能一气用光，用心经营才是首选，而方法就是文火慢炖。

友不贵多，人生得一知己足矣

春秋时期，伯牙擅长弹奏古琴，钟子期擅长听音辨意。有一次，伯牙来到泰山（今武汉市汉阳龟山）北面游览时，突然遇到了暴雨，只好滞留在岩石之下，心里寂寞忧伤，便拿出随身带的古琴弹了起来。刚开始，他弹奏了反映连绵大雨的琴曲；接着，他又演奏了山崩似的乐音。恰在此时，樵夫钟子期忍不

住在临近的一丛野菊后叫道："好曲！真是好曲！"

原来，在山上砍柴的钟子期也正在附近躲雨，听到伯牙弹琴，不觉心旷神怡，在一旁早已聆听多时了，听到高潮时便情不自禁地发出了由衷的赞赏。

伯牙听到赞语，赶紧起身和钟子期打招呼，之后继续弹了起来。伯牙凝神于高山，赋意在曲调之中，钟子期在一旁听后频频点头："好啊，巍巍峨峨，真像是一座高峻无比的山啊！"

伯牙又沉思于流水，隐情在旋律之外，钟子期听后，又在一旁击掌称绝："妙啊，浩浩荡荡，就如同江河奔流一样呀！"

伯牙每奏一支琴曲，钟子期就能完全听出它的意旨和情趣，这使得伯牙惊喜异常。他放下了琴，叹赏着说："好啊！好啊！

您的听音、辨向、明义的功夫实在是太高明了，您所说的跟我心里想的真是完全一样，我的琴声怎能逃过您的耳朵呢？”

两人于是结为知音，并约好第二年再相会论琴。可是第二年伯牙来会钟子期时，得知钟子期不久前已经因病去世。伯牙的痛苦难以用语言表达，于是就摔破了自己从不离身的古琴，从此不再抚弦弹奏，以谢平生难得的知音。

每日一点

真正的朋友是琴瑟相知、默契非常，我们的人生若果真能像伯牙遇到钟子期一样遇到另一位知音，那真要应了这句话：高山流水，夫复何求?

人生的绚丽，**不能缺少友情的滋润**

萨克雷高烧不退，透视后发现胸部有一个拳头大小的阴影，医生怀疑是肿瘤。

同事们纷纷去医院探视。回来的人说："有一个女的，名叫德丽丝，特地从纽约赶到加州来看萨克雷，不知是萨克雷的什么人。"又有人说："那个叫德丽丝的可真够意思，一天到晚守在萨克雷的病床前，喂水喂药端便盆，看样子跟萨克雷可不是一般的关系呀。"

就这样，去医院探视的人几乎每天都能带来一些关于德丽丝的花絮，不是说她头碰头给萨克雷试体温，就是说她背着人默默流泪。更有人讲了一件令人不可思议的奇事，说萨克雷和德丽丝一人拿着一把叉子敲饭盒玩。德丽丝敲几下，萨克雷就敲几下，敲着敲着，两个人就神经兮兮地又哭又笑。心细的人还发现，对于德丽丝和萨克雷之间所发生的一切，萨克雷的妻子居然没有表现出一丝一毫的醋意。于是，就有人毫不掩饰地艳羡起萨克雷的艳福来。

10 天后，萨克雷的病得到了确诊，肿瘤的说法被排除。不久，萨克雷就喜气洋洋地回来上班了。有人问起了德丽丝的事。

萨克雷说："德丽丝是我以前的邻居。大地震的时候，德丽丝被埋在了废墟下面，大块的楼板在上面一层层压着，德丽丝在下面哭。邻居们找来木棒铁棍要撬开楼板，可说什么也撬不动，就说等着用吊车

吊吧。德丽丝在下面哭得嗓子都哑了——她怕呀，她父母的尸体就在她的身边。

“天黑了，人们纷纷谣传大地要塌陷，于是就都抢着去占铁轨。只有我没动。我家就我一个人活着出来了，我把德丽丝看成了可依靠的人，就像德丽丝依靠我一样。我对着楼板的空隙冲下面喊：‘德丽丝，天黑了，我在上面跟你做伴，你不要怕呀……现在，咱俩一人找一块砖头，你在下面敲，我在上面敲，你敲几下，我就敲几下——好，开始吧。’她敲一下，我便也敲一下，她敲几下，我便也敲几下……渐渐地，下面的声音弱了、断了，我也迷迷瞪瞪地睡去。不知过了多长时间，下面的敲击声突然又响起，我慌忙捡起一块砖头，回应着那求救般的声音。德丽丝颤颤地喊着我的名字，激动得哭起来。第二天，吊车来了，德丽丝得救了——那一年，德丽丝 11 岁，我 19 岁。”

女同事们的鼻子有些酸，男同事们一声不吭地抽烟。在这一份纯洁无瑕的生死情谊面前，人们为自己庸俗的心中无端飘落下来的尘埃而感到汗颜。也就在这短短一瞬间，大家倏然明了，生活本身比所有挖空心思的浪漫揣想都更迷人。

每日一点

幸福的时候需要忠诚的友谊，患难的时候尤其需要。

PART

10

感悟幸福：拥有幸福就是成功

❀ **真正的不幸不是困住你的身**，而是被仇恨困住你的心

一个人在他 23 岁时为人陷害，在牢房里待了 9 年，后来冤案告破，他终于走出了监狱。出狱后，他开始数年如一日地反复控诉、咒骂：“我真不幸，在最年轻有为的时候竟遭受冤屈，

在监狱度过本应最美好的一段时光。那样的监狱简直不是人居住的地方，狭窄得连转身都困难。唯一的细小窗口里几乎看不到阳光，冬天寒冷难忍，夏天蚊虫叮咬……真不明白，上帝为什么不惩罚那个陷害我的家伙，即使将他千刀万剐，也难解我心头之恨啊！”

73 岁那年，在贫病交加中，他终于卧床不起。弥留之际，牧师来到他的床边：“可怜的孩子，去天堂之前，忏悔你在人世间的一切罪恶吧。”

牧师的话音刚落，病床上的他声嘶力竭地叫喊起来：“我没有什么需要忏悔，我需要的是诅咒，诅咒那些施予我不幸命运的人……”

牧师问：“您因受冤屈在监狱待了多少年？离开监狱后又生活了多少年？”他恶狠狠地将数字告诉了牧师。

牧师长叹了一口气：“可怜的人，您真是世上最不幸的人！对您的不幸，我真的感到万分同情和悲痛！他人囚禁了你区区 9 年，而当你走出监牢本应获取永久自由的时候，您却用心底里的仇恨、抱怨、诅咒囚禁了自己整整 41 年！”

每日一点

真正困住一个人的不是外在的环境，而是他的内心。放下怨恨，你才真正走出了囚禁你的心灵监狱。

❀ 幸福源自珍惜，**快乐因为拥有**

一天，上帝突发奇想："假如让现在世界上的每一位生存者再活一次，他们会怎样选择呢？"于是，上帝授意给世界众生发一份答卷，让大家填写。

答卷收回后，令上帝大吃一惊，请看他们各自的回答——

猫："假如让我再活一次，我要做一只鼠。我偷吃主人一条鱼，会被主人打个半死。而老鼠呢，可以在厨房翻箱倒柜，大吃大喝，人们对它也无可奈何。"

鼠："假如让我再活一次，我要做一只猫。吃皇粮，拿官饷，从生到死由主人供养，时不时还有我们的同类给它送鱼送虾，很自在。"

猪："假如让我再活一次，我要当一头牛。生活虽然苦点，但名声好。我们似乎是傻瓜、懒蛋的象征，连骂人也都要说是蠢猪。"

牛："假如让我再活一次，我愿做一头猪。我吃的是草，挤的是奶，干的是力气活，有谁给我评过功、发过奖？做猪多快活，吃罢睡，睡罢吃，肥头大耳，生活赛过神仙。"

鹰："假如让我再活一次，我愿做一只鸡，渴有水，饿有米，住有房，还受主人保护。我们呢，一年四季漂泊在外，风吹雨淋，还要时刻提防冷枪暗箭，活得多累呀！"

鸡："假如让我再活一次，我愿做一只鹰，可以翱翔天空，任意捕兔捉鸡。而我们除了生蛋、报晓外，每天还胆战心惊，怕被捉被宰，惶惶不可终日。"

最有意思的是人的答卷。

不少男人一律填写为："假如让我再活一次，我要做一个女人，可以撒娇、可以邀宠、可以当妃子、可以当公主、可以当太太、可以当妻妾……最重要的是可以支配男人，让男人拜倒在石榴裙下。"

不少女人的答卷一律填写："假如让我再活一次，一定要做个男人，可以蛮横、可以冒险、可以当皇帝、可以当王子、可以当老爷、可以当父亲……最重要的是可以驱使女人。"

上帝看完，气不打一处来："这些家伙只知道盲目攀比，太不知足了。"他"哧哧"把所有的答卷全都撕碎，喝道："一切照旧！"

每日一点

真正的幸福来自我们眼下所拥有的一切。幸福源自珍惜，生活不是攀比。

常怀一颗感恩的心，体会温暖的味道

假如将全世界的人口压缩成一个100人的村庄，那么这个村庄将有：

57名亚洲人，21名欧洲人，14名美洲人和大洋洲人，8名非洲人；52名女人和48名男人；30名基督教徒和70名非基督教徒；89名异性恋和11名同性恋；6人拥有全村财富的89%，而这6人均来自美国，80人住房条件不好，70人为文盲，50人营养不良，1人正在死亡，1人正在出生，1人拥有电脑，1人（对，只有1人）拥有大学文凭。

如果我们以这种方式认识世界，我们就可以理解下列信息：

如果你今天早晨起床时身体健康，没有疾病，那么你比其他几千万人都幸运，他们甚至看不到下周的太阳。

如果你从未尝试过战争的危险、牢狱的孤独、酷刑的折磨和饥饿的煎熬，那么你的处境比其他5亿人更好。

如果你的冰箱里有食物可吃，身上有衣可穿，有房可住，有床可睡，那么你比世界上75%的人更富有。

如果你在银行里有存款，钱包里有现钞，口袋里有零钱，那么你属于世界上8%最幸运的人。

如果你读了以上的文字，说明你就不属于20亿文盲中的一员，他们每天都在为不识字而痛苦。

去工作而不要以挣钱为目的，去爱首先忘记所有人对你的不好，去跳舞而不管是否有他人关注，去唱歌而不要想是不是唱得动听，去生活就像这个世界是天堂。你若能够这样做，一定比生活在真正的天堂还幸福。

每日一点

幸福只产生在自认为自己幸福的人身上。生活永远是比上不足，比下有余，知足者常乐。

❀ 幸福的意义在于付出，而不是索取

死海在海平面下 392 米的低处，它的周围是一片无垠的沙漠。死海的水中含有很高的盐分，盐的比重很大，当人掉进去时，身体会自然浮起而不会被淹死。死海的水中无鱼，也没有其他任何生物。

加利利海是一个淡水湖，里面有很多生物，因耶稣基督曾在此地渔猎而享有盛名。海中盛产一种圣彼得鱼，这种鱼虽然外观丑陋，可是肉味鲜美，已成为该地名产。加利利海的岸边餐厅林立，都以售圣彼得鱼为主，来游览的旅客们常常因此大饱口福。

加利利海的岸边，老树枝叶茂密，树上百鸟云集，啼声悦耳，真是一个充满生趣的美丽世界！

相形之下，死海就没有这么活跃。死海没有任何生物生存在其中，周围也没有半棵树，更听不到鸟儿的歌声。连死海上空的空气，都让人觉得沉重。从来没有一只住在沙漠上的动物，到岸边去喝水。因为如此，人们才会将其命名为“死海”吧。

两者为什么形成如此差别呢？

有借此说理的人解释道：加利利海不像死海——只知收，而不知出。

约旦河流入加利利海之后，又流了出来，最后归之死海。

加利利海接受了多少东西，也会给别人多少东西，所以它经常是活生生的。而每一滴水，到了死海之后，都要被占有。死海把所有的东西都据为己有，只知进而不知退，因此它才会

有一片死气沉沉的景象。

世间的事情都一样，只有付出，才有回报。只取不予的做法，是永远不会有成就的。死海因为从来不分给别人什么，它才会“死”在那里，人生也是如此。

每日一点

人生的价值体现在奉献的多寡，而非索取的多少。付出的人永远比索取的人富有，因为只知索取的人贫困不堪，否则缘何不知馈赠？

下　篇

每天努力
一点点

PART

01

目标越高，成功越快

远大的目标是成功的磁石

理想是人的追求，你的理想将决定你成为什么样的人。

美国哈佛大学对一批大学毕业生进行了一次关于人生目标的调查，结果如下：

27%的人，没有目标；60%的人，目标模糊；10%的人，有清晰而短期的目标；3%的人，有清晰而长远的目标。

25 年后，哈佛大学再次对这批学生进行了跟踪调查，结果是：

那 3%的人，25 年间始终朝着一个目标不断努力，几乎都成为社会各界的成功人士、行业领袖和社会精英；10%的人，他们的短期目标不断实现，成为各个领域中的专业人士，大都生活在社会中上层；60%的人，他们过着安稳的生活，也有着稳定的工作，却没有什么特别的成绩，几乎都生活在社会的中下层；剩下 27%的人，生活没有目标，并且还在抱怨他人，抱怨社会不给他们机会。

要成功就要设定目标，没有目标是不会成功的。目标就是方向，就是成功的彼岸，就是生命的价值和使命。

2001 年的亚洲首富孙正义，23 岁那一年得了肝病，在医院住院期间，他大量地阅读，大量地学习。

出院之后，他写了 40 种行业规划，但最后选择了软件业。事实证明，他的选择是对的，软件行业使他成为超级富翁。

选好行业之后，他开始创业。创业初期，条件艰苦，他的办公桌是用苹果箱拼接而成的。他招聘了两名员工。有一次，他和两名员工一起分享他的梦想，他说："我以后要成为亚洲首富。"这是孙正义的梦想，他的梦想支撑他一步一步艰苦创业，成为亚洲首富。

志当存高远，是我国三国时期的著名政治家和军事家诸葛亮的一句名言。诸葛亮在青年时代就具备了远大的志向，在未出茅庐之前就自比管仲、乐毅，就想干一番大事业。远大的志向加上良好的机遇，使他成就了一番伟业。

做高尚的梦，并且飞向你的梦想。你的梦想预示着未来你会成为什么样的人，你的理想是未来的预兆。只要你对自己诚实，对自己的理想诚实，最终你梦想的世界就会变成现实。

你的环境也许并不舒适，但只要你怀有理想，并为实现它而奋斗，那么，你的环境会很快改变。

一位美国的心理学家发现，在疗养院里，有一种现象非常有趣：每当节假日或一些特殊的日子，像结婚周年纪念日、生日等来临的时候，死亡率就会降低。他们中有许多人为自己立下一个目标：要再多过一个圣诞节、一个纪念日、一个国庆日，等等。等这些日子一过，心中的目标、愿望已经实现，继续活下去的意志就变得微弱了，死亡率便立刻升高。生命是可贵的，并且只有在它还有一些价值的时候去做应该做的事，去实现自己的目标，人生才会有意义。

要攀到人生山峰的更高点，当然必须要有实际行动，但是首要的是找到自己的方向和目的地。如果没有明确的目标，更高处只是空中楼阁，望不见更不可及。如果我们想要使生活有突破，到达很新且很有价值的目的地，首先一定要确定这些目的地是什么。只有设定了目的地，人生之旅才会有方向、有进步、有终点、有满足。

让我们为自己找一个梦想，树立一个目标吧，因为人生因梦想而伟大！

每日一点

梦想是所有成就的出发点，很多人之所以失败，就在于他们从来都没有梦想，并且也从来没有踏出他们的第一步。

对成功要有**强烈的进取心**

你需要一个强有力的渴望，才能让你走上另一台阶。

史蒂夫·乔布斯以1300美元起家，在不到5年的时间里，推出的苹果个人电脑席卷了全球。到1980年，年仅25岁的他已拥有数亿美元的个人资产，成了当时最年轻的白手起家的亿万富翁。

他被总统称赞为“美国人心目中的英雄”。有人问他成功的秘诀是什么，他说：“我没有什么秘诀，我只是强烈要求自己去做自己想做的事情。”是的，强烈的进取心、一定要的决心，让他成为“美国人心目中的英雄”。

乔布斯1955年2月24日出生于美国旧金山。他小时候淘气、聪明又好动。1961年，因工作需要，他们全家搬到地处硅谷的山景镇。从此，乔布斯就生活在这个充满着世界上最新科学技术与最先进的管理知识的环境里，耳濡目染中，他的性格也表现出硅谷人的特点——敢于创新、富于竞争和冒险精神。

有一天，邻居赖瑞带了一只原始的碳制麦克风回家，接上电池，挂上喇叭，就可以发出声音。这可把乔布斯给迷住了，他一个劲地向赖瑞问些奇怪的问题。赖瑞不胜其烦，干脆把麦克风送给他，让他自己去仔细研究。此后，乔布斯每天晚上都泡在家中，一点一滴地汲取有关电子的知识。

赖瑞见这个小家伙聪明好学，就推荐他参加惠普公司的“发现者俱乐部”。在这里，乔布斯第一次见到了电脑。一见到电脑，乔布斯就迷上了它。那天晚上，俱乐部展示了一种新式桌上电脑，让大家打着玩。乔布斯一边玩，一边梦想自己要有这么一台电脑该多好呀！

在一次同学聚会上，乔布斯与比他年长5岁的渥兹尼克见面。渥兹尼克是学校电子俱乐部的会长，是个天生的电子设计师。乔布斯与他一见如故。

乔布斯经渥兹尼克介绍加入了学校电子俱乐部，成了一名“电子迷”。高二时，他利用课余时间到一家名为哈尔德克的电子商店打工。

渥兹尼克在工作之余，整天都埋头于设计新型电脑，而乔布斯则更多地在思考如何在电脑上赚点钱。他们有一个共同的愿望，就是拥有一台自己的电脑。就是这个强烈的愿望，使他们推出了价廉物美的个人电脑。

这台电脑严格地讲只是装在木箱里的一块电路板，但有8K储存器，能显示高分辨率图形。虽然简单，却相当诱惑人，俱乐部成员纷纷提出要订购这种电脑。

1974年4月1日愚人节，乔布斯、渥兹尼克等人签署了一份协议，共同创办一家新的电脑公司。为了纪念乔布斯当年在苹果园打工的历史，公司取名苹果(Apple)，标志是一个被咬了一口的苹果，因为“咬”(Bite)与“字节”(Byte)同音。他们

生产的第一款电脑也就命名为“苹果 1”(Apple1)。

因为强烈的进取心，成就了一位电脑巨子、世界超级富豪。

我们要有对成功的强烈渴望，要有“我一定要成功”的信念，而不是“我想成功”。进取心是一种“一定要得到”的心态，是“一定要”的决心。只要我们下定决心，并且为这个决心负责，为这个决心全力以赴，成功离我们就很近了。

梦想和现实之间，总有那么一段距离。如果总希望一觉醒来就能梦想成真，这无异于白日做梦。把梦想变成现实，就要从现在开始，确定一个目标，有成功的强烈愿望，并靠坚定的信念去拼搏，这样才可能成为生活的幸运儿。

三百六十行，行行出状元。不管你以后要从事哪一行的工作，都要努力成为行业里出类拔萃的人。如果一个人对成功有强烈的进取心，想不成功都很难！

记住：目标 + 行动 + 进取心 = 成功

每日一点

我们要有对成功的强烈渴望，要有“我一定要成功”的信念，而不是“我想成功”。企图心是一种一定要得到的心态，是一定要的决心。只要我们下定决心，并且为这个决心负责，为这个决心全力以赴，成功离我们就很近了。

没试过**不要说不行**

绝不放弃万分之一的可能，相信你终有一天会成功；轻易放弃一分希望，得到的将是失败。

迈克·兰顿生长在一个不正常的家庭里，父母关系不和谐。他小的时候，母亲经常闹着要自杀，火气来时便抓起挂衣架追着他毒打。因为生活在这样的环境里，他自幼就有些畏怯而身体瘦弱。

迈克读高中一年级时的一天，体育老师带着他们班的学生到操场教他们如何掷标枪，这一次的经验从此改变了他后来的人生。在此之前，不管他做什么事都是畏畏缩缩的，一点自信都没有，可是那天奇迹出现了——他奋力一掷，只见标枪越过了其他同学的成绩，多出了足足有 9.14 米。就在那一刻，迈克

知道了自己的未来大有可为。在日后面对《生活》杂志的采访时，他回想道："就在那一天我才突然意识到，原来我也有能比其他人做得更好的地方，当时便请求体育老师借给我这支标枪，在那年整个夏天里，我就在运动场上掷个不停。"

迈克发现了使他振奋的未来，而他也全力以赴，结果有了惊人的成绩。

那年暑假结束返校后，他的体格已有了很大的改变，而在随后的一整年中他特别加强重量训练，使自己的体能得到提升。在高三时的一次比赛中，他掷出了全美国中学生最好的标枪成绩，也使他赢得了体育奖学金。

有一次，他因锻炼过度而严重受伤，经检查证实，他必须永久退出田径场，这使他失去了体育奖学金。为了生计，他不得不到一家工厂去担任卸货工人。

不知道是不是幸运之神的眷恋，有一天他的故事被好莱坞的星探发现，问他是否愿意在即将拍摄的一部电影《鸿运当头》中担任配角。迈克应允加入演出，从此就没有回头，先是做演员，然后演而优则导，最后成为制片人，他的人生事业就此一路展开。

一个美梦的破灭往往是另一个未来的开始，迈克原先有在田径场上发展的目标，而这个目标引导他锻炼强健的体格，后来的打击却又磨炼了他的性格。这两种训练不料却成了他另外一个事业所需的特长，使他有了更耀眼的人生。

没试过，就不要轻易否定自己；没试过，千万不要说自己不行。做什么事情，都要有尝试的勇气，都要勇于创造。迈克如果没投第一枪，投了第一枪后如果没有勤奋地去努力，他是不会成功的。不轻易放弃哪怕一丁点的希望，去尝试，去发现自己的长处，相信人会越来越出色，因为这是一种精神，一种人生态度。

这是一个崇尚开拓创新的时代，人人都渴望能证明自我的能力。正因为如此，我们更应该勇敢地去尝试。哪怕最后失败了也并不可怕，由于恐惧失败而畏缩不前才真正可怕。

要战胜自己，改变目前的状态，就不要放弃尝试各种可能。

也许，我们的人生旅途上沼泽遍布，荆棘丛生；也许，我们追求的风景总是山重水复，不见柳暗花明；也许，我们前行的步履总是沉重、蹒跚；也许，我们需要在黑暗中摸索很长时间，才能找寻到光明；也许，我们虔诚的信念会被世俗的尘雾缠绕，而不能自由翱翔；也许，我们高贵的灵魂暂时在现实中找不到寄放的净土……那么，我们为什么不可以以勇敢者的气魄，坚定而自信地对自己说一声“再试一次”，永不放弃万分之一的可能性？

再试一试！哪怕你已经经历了很多次失败，有什么要紧？再试一试，大不了以后的结果和现在一样，自己同样毫无损失。所以，在关键时候，要告诉自己：再试一试。

每日一点

再试一试！哪怕你已经经历了很多次失败，有什么要紧？再试一试，大不了以后的结果和现在一样，自己同样毫无损失。所以，在关键时候，要告诉自己：再试一试。

❀ 永远坐在最前排，**锻造一颗积极进取的心**

20 世纪 30 年代，英国一个不出名的小镇里，有一个叫玛格丽特的小姑娘，自小就受到严格的家庭教育。父亲经常对她说："孩子，永远都要坐前排。"父亲极力向她灌输这样的观点：无论做什么事情都要力争一流，永远走在别人前头，而不能落后于人。"即使是坐公共汽车，你也要永远坐在前排。"父亲从来不允许她说"我不能"或者"太难了"之类的话。

对年幼的孩子来说，他的要求可能太高了，但他的教育在以后的年代里被证明是非常宝贵的。正是因为从小就受到父亲的"残酷"教育，玛格丽特才培养出了积极向上的决心和信心。在以后的学习、生活或工作中，她时时牢记父亲的教导，总是抱着一往无前的精神和必胜的信念，尽自己最大的努力克服一切困难，做好每一件事情，事事必争一流，以自己的行动实践着"永远坐在前排"。

在学校里，玛格丽特永远是最勤恳的学生，是学生中的佼佼者之一。她以出类拔萃的成绩顺利地升入当时像她那样出身的学生绝少能进入的文法中学。

玛格丽特满17岁的时候，她开始明确了自己的人生追求——从政。然而，那个时候，进入英国政坛要有一定的党派背景。她出身保守党派氛围的家庭，但要想从政，还必须要有正式的保守党关系，而当时的牛津大学就是保守党员最大俱乐部的所在地。由于她从小受化学老师的影响很大，同时想到大学学习化学专业的女孩子比其他任何学科都少得多，如果选择其他的某个文科专业，那竞争就会很激烈。

于是，有一天，她终于勇敢地走进校长吉利斯小姐的办公室说："校长，我想现在就去考牛津大学的萨默维尔学院。"

女校长难以置信，说："什么？你是不是欠缺考虑？你现在连一节课的拉丁语都没学过，怎么去考牛津？"

"拉丁语我可以自学掌握！"

"你才17岁，而且你还差一年才能毕业，你必须毕业后再考虑这件事。"

"我可以申请跳级！"

"绝对不可能，而且我也不会同意。"

"你在阻挠我的理想！"玛格丽特头也不回地冲出校长办公室。

回家后她取得了父亲的支持，就开始了艰苦的复习备考工作。这样，在她提前几个月得到了高年级学校的合格证书后，就参加了大学考试并如愿以偿地收到了牛津大学萨默维尔学院的入学通知书。玛格丽特离开家乡到牛津大学去了。

上大学时，学校要求学5年的拉丁文课程。她凭着自己顽强的毅力和拼搏精神，硬是在一年内全部学完了，并取得了相当优异的考试成绩。其实，玛格丽特不光是学业上出类拔萃，她在体育、音乐、演讲及学校活动等方面也都表现得很出色。所以，她的校长这样评价她："她无疑是我们建校以来最优秀的学生之一，她总是雄心勃勃，每件事情都做得很出色。"

40 多年以后，这个当年对人生理想孜孜以求的姑娘终于如愿以偿，成为英国乃至整个欧洲政坛上一颗耀眼的明星，她就是连续 4 年当选保守党党魁，并于 1979 年成为英国第一位女首相，雄踞政坛长达 11 年之久，被世界政坛誉为"铁娘子"的玛格丽特·撒切尔夫人。

人生就是一场战斗，想要快速通关就要奋力冲在最前线。

"永远坐在前排"，不仅可以激励我们追求成功的愿望，更重要的是，它还可以培养我们追求成功的信心和勇气。

每日一点

"永远坐在前排"，不仅可以激励我们追求成功的愿望，更重要的是，它还可以培养我们追求成功的信心和勇气。

PART

02

励志改变人生，
打造强者心态

决心取得成功比任何一件事情都重要

下决心的过程是一种能力的运用，是一个人综合素质的折射。一个人能否成功，很大程度上取决于他是否有决心。抓住机遇，下定决心，离成功也就不远；优柔寡断、踌躇不决，则会错过良机，与成功失之交臂。

按照弗洛伊德的理论，人生来就有“做伟人”的欲望。人为成功而来，也为成功而活。但“想成功”与“要成功”却是有着天壤之别的。所以，我们在生活中会看到很多人都在说“我很想成功”，却没有看到他们真正地下决心。要知道，成功不是喊叫出来的，也不是写出来的，成功是下决心做出来的！

很多想成功的人，对成功只是存在一种向往或一种侥幸心理。他们的目标要么游移不定，要么好高骛远，不着边际，因而很难整合现有资源，很难有计划和方法；要么迟迟不动，要么行动不坚决、不彻底、不持久，一遇挫折，立即为自己找个“本来就是想想而已”的借口，下台了事。

世界顶级的推销员与培训大师汤姆·霍普金斯曾告诉他的

学员们说："成功有三个最重要的秘诀，第一个就是下定决心，第二个还是下定决心，第三个当然还是下定决心。"

这是霍普金斯成功的经验之谈。在他刚刚进入推销行业的时候，他常常害怕敲别人家的门或跟陌生人谈论产品时被拒绝，故而业绩一直无法实现突破。直到有一天，他上了一个课程，在课堂上老师告诉他："下一次还有一个课程非常棒，那个课程可以帮助我们激发所有的潜能，让自己能够成为顶尖人物。"

霍普金斯说："我很想听下个课程，但我没有钱，等我存够了钱再上。"这时候老师却对他说："你到底是想成功，还是一定要成功？"他回答说："我一定要成功。"老师又问："假如你一定要成功的话，请问你会怎么处理这个事情？"于是霍普金斯回答："我会立刻借钱来上课。"

从此，霍普金斯发现了自己一直业绩平平的原因——自己从来没有真正地下过决心。于是在下一次推销之前，他从公司里找了一位同事并带他下楼，他对同事说："你看着，假如我无法向对面那个陌生人推销产品的话，我走过马路来就被车撞死给你看。"

他说完这句话的时候，脑海里一片空白，根本不知道他即将如何推销。但他还是硬着头皮走过去，开始与陌生人交谈，于是他使出了浑身解数向那位陌生人推销产品，经过 20 分钟的苦口婆心之后，不可思议的事情发生了：他终于卖出了产品！

后来，霍普金斯在分析他的人生是怎么改变的时候，发现答案只有四个字，那就是"下定决心"。

莎士比亚说："我记得，当恺撒说'做这个'的时候，就意味着事情已经做了。”

所以，人生从你下定决心的那一刻就已经开始改变，你所作出的任何一个决定都决定着你的人生。

每日一点

成功的人多是真正在成功之前下过坚定决心的人。下定决心，不仅能体现一个人果决的勇气、决断时的自信、坚定不移的志气，更会锻造出自己的魅力，从而赢得他人的信任。

❀ 信念达到了顶点，就能够产生惊人的效果

信念是欲望人格化的结果，是一种精神境界的目标。信念一旦确定，就会形成一种成就某事或达到某种预期的巨大渴望，这种渴望所激发出来的能量，往往会超出我们的想象。由信念之火点燃的生命之灯是光彩夺目的。

信念不但能够唤起一个人的信心，更能够延续一个人的信心，它既是信心的开始，也是信心的归宿。但是，信心时常有，信念却不常有，所以成功的人总是少数。随大流的人、把握不住自己的人、看不清趋势的人，即使找到信心，也发展不到信念。急功近利的人会在信心走向信念的过程中崩溃，浮躁的人会葬送从信心走向信念的坦途。

著名的黑人领袖马丁·路德·金说过：“这个世界上，没有

人能够使你倒下，如果你自己的信念还站立着的话。”所以，信念的力量，在于使身处逆境的你，扬起前进的风帆;信念的伟大，在于即使遭受不幸，亦能召唤你鼓起生活的勇气；信念的价值，在于支撑人对美好事物一如既往地孜孜以求。

当然，如果一个人选择了错误的信念，那必将是对生命致命的打击,起码也会让人导致平庸。错误的信念会夺去你的能量、你的欲望和你的未来。曾有研究者做过这样一个实验：他们把善于攻击鲦鱼的梭鱼放在一个玻璃钟罩里，然后把这个玻璃钟罩放进一个养着鲦鱼的水箱中。罩里的梭鱼看到鲦鱼后，立刻发动了几次攻击，结果它敏感的鼻子狠狠地撞到了玻璃壁上。几次惨痛的尝试之后,梭鱼最终放弃,并完全忽视了鲦鱼的存在。当钟罩被拿走后，鲦鱼们可以自由自在地在水中四处游荡，即使它们游到梭鱼鼻子底下，梭鱼也继续忽视它们。由于一个建立在错误信念基础之上的死结，这条梭鱼终因不顾周围丰富的食物而把自己饿死了。在现实生活中，又有多少错误的信念成了束缚我们的玻璃钟罩呢？

人生是一连串选择的结果，而选择一个正确的信念，会成就我们的一生。弥尔顿说过:“心灵是自我做主的地方。在心灵中，天堂可以变成地狱，地狱也可以变成天堂。”人们的生活由自己选定，而幸福抑或悲哀，全在于心灵的阴晴。强者的天总是蓝的，因为他们坚信乌云终将被驱散；弱者的眼里总是风霜雨雪，漫布着无奈、无望、无尽的悲哀与叹息。人生的变数很多，然而，不管外界多么不易把握，只要心中升腾着信念的火焰，艰难险阻就都将不复存在。

每日一点

信念，是立身的法宝，是托起人生大厦的坚强支柱；信念，是成功的起点，是保证人追求目标成功的内在驱动力；信念，是一团蕴藏在心中的永不熄灭的火焰，是一条生命涌动不息的希望长河。

自信能使一个人征服他相信可以征服的一切

年轻是一种很重要的资源，这种资源专属于青年人。自信能引爆年轻的力量，希望能诠释年轻的真意。充满自信与希望，每个人都能把握未来。

所以，对于年轻人，自信和敢于希望是必要的。一个人在年轻的时候，可以自负，但不要自大；学会自信，但不要自傲。只有学会自信，我们才会有勇气对未来的生活充满希望和憧憬，也只有这样，人生才会丰富而充满激情。

年轻人，应该要用足够的时间去做自己想做的事情，要用足够的精力与自信去实现自己的目标和希望。这就是年轻人的“特权”，把握住这种独特的优势，不灰心，不退却，前途必然无比宽阔和明亮。

希望必然是由自信所带来，所以年轻人学会自信是首要的事情。

一些年轻人之所以缺乏自信，甚至产生自卑心理，就在于对自己有过高的、不切实际的期望。有了愿望却总是无法实现，有了目标却总是达不到，这样信心就会一次次地受打击，甚至迁怒于别人、怨恨社会。事实上，只要他们降低期望，把目标定得切合实际，多几次成功，就能够将心态纠正过来。

自信在于准备充分。心里没底，当然难以积聚信心。准备包括情况的了解、知识的积累、特征信息的收集以及必要的计划、物质和关系的准备。但是，高明的领导者往往在情景不明朗、准备不充分的情况下也能够积聚信心，积聚力量，并把信心坚决地表达出去，表现得信心十足，充分地感染下级，让大家同心协力，共渡难关，突破瓶颈。

生活是个两面体，站在一个视点我们可以看到它的阴暗面，站在另外一个视点上，又能看到它的积极向上、灿烂的一面。这或许是个悖论，但作为年轻人，我们的任务就是去揭示这些悖论，绕开陷阱，把握它朝阳的一面，对自己充满信心，对前途充满希望。

一个年轻人跟一位非常有名的画师学绘画，学了几年之后，老师建议他举办一次个人画展。为了虚心向观众求教，他在一幅他自认为较好的画的旁边放了一支笔和一张纸条，上面写着："如果您认为此画有败笔之处，请在上面作标记。"结果画展第一天就有很多人在上面作了无数个标记。年轻人看了，认为自己根本就不是搞绘画的料，他很泄气，自信心受到极大打击，不想再继续做下去。老师看到他这个样子，哈哈大笑。

第二天，老师让年轻人另准备一幅水准一般的作品挂在展览室内，在作品的旁边仍放着一支笔和一张纸条，不过这次纸条的内容跟上一次不一样："如果您觉得此幅作品有精妙之处，请作上标记。"到了晚上，年轻人惊奇地发现，他的这幅画上被作上了密密麻麻的标记。他兴奋不已，原来自己的画还是蛮受欢迎的嘛。

这个故事说明了这样一个道理：当你因触及生活的阴暗面而感到灰心泄气的时候，请记住这样一句话：我还年轻，我有自信，有希望——这是我的特权！

每日一点

自信是一个人取得成功的前提条件，一个没有自信的人，不可能指望他完成任何事情。希望必然是由自信所带来，所以年轻人学会自信是首要的事情。

❀ 保持平常心，坦然面对生活

一种事物之所以能够存在，源于客观对它的需求，因此它的出现从某种意义上说就是合理的。只要认同这种合理，即是对自己的接受以及对周围的人和事物的认同。这是一种豁达的心态和比较现实的作风，是我们每个人都应该具备的一种品格。

认同自己，这是一个肯定自己存在价值的过程，它所表现出来的不仅仅是一个人的自信，更是一个人坚强不屈的毅力和斗志，是一个人最大精神价值的体现。而认同别人及世间的一切事物，无疑是承认了事物的多样性，只要我们承认了这种多样性，我们就会保持一种开放的心态。承认事物的多样性以及合理性，又能反过来使人们坚信自己存在的必要性，坚持一种“天生我材必有用”的价值观念，从而为自己去赢得一个靓丽的人生，也会为社会做出自己应有的贡献。

懂得认同，承认事物的合理性，首先体现出来的是一种包容万物的博大胸怀，而拥有博大胸怀是人生取得成功的一个重要前提。我们常看到现实中有许多人习惯抱怨社会不公，认为许多事情不合理，其实大可不必，崇尚自由平等只是人的一种追求和向往，世界上是不会有绝对的自由和平等的。所以，当我们看到一些自己难以理解或接受的丑恶现象时，我们首先就是要去承认它，认同它存在的合理性与必然性，因为这是我们革除这种丑恶的前提。

对此，黑格尔无疑给我们提供了一种深刻认识世界的辩证法，也即道家所讲的“阴在阳之内，不在阳之对”的道理。所以，一个人如想要做到大善，心中必先要容得下大恶；一个人如果想要获得别人的赞誉，首先也必须能够承受别人的讥毁；一个人想要获得大成功，也必须能够承受大失败。古今中外成大事者，莫不如此。

承认一切事物的合理性，还能够让我们在看待事物与处理问题时保持一个平静客观的心态，并能够让我们坦然地面对生活。以一种大胸怀去看待一切事物及现象，就不至于让我们对生活产生偏激或片面的看法，也能够让我们在分析和处理问题时，以平和的心态找出现象的前因后果，从而妥善有效地解决问题。更重要的是，这种大胸怀可以让我们时刻保持一颗平常心，坦然面对人生的雨疏风骤、云卷云舒。

当然，需要指出的是，承认一切事物及现象存在的合理性，并不是要我们去麻木或冷漠地接受一切事物。承认一切事物及现象存在的合理性，也并不等于让我们在一切事情面前都要无所作为。在我们认识了事物发展的趋势和规律后，我们可以加速事物的质变。这里重要的是把握好度，事物刚出现你就想改变和否定是不可能的。而当不利于我们进一步存在的事物出现后，如果我们依然不想着去改变和否定，更是一种愚蠢的作为。

凡是存在的都是合理的，虽然从某种程度上说这有失偏颇，但它其实是一种洞若观火的境界。我们只有这样认为了，才不会为挫折和非难徒生许多烦恼与哀怨，而会以积极乐观大无畏的精神状态去迎接生活中所遇到的一切，从而做最好的自己，而不留下遗憾。

每日一点

我们看到一些自己难以理解或接受的丑恶现象时，我们首先要去承认它，认同它存在的合理性与必然性，因为这是我们革除这种丑恶的前提。

❀ 进取心是不竭的动力

进取心是要求自己上进的第一步，是要让自己不满足于停留在现有的位置上。进取心可以帮助你迈出关键的第一步。

到 NBA 去打球，是每一个美国少年最美好的梦想，他们渴望像乔丹一样飞翔。

当年幼的博格斯说出自己同样的梦想时，同伴们竟然把肚子都笑疼了。博格斯的身高只有 160 厘米，在两米都算矮个儿的 NBA 里，这充其量只是一个“侏儒”。

但博格斯却没有因为别人的嘲笑而放弃自己的梦想，“我热爱篮球，我决心要打 NBA”。他把所有的空余时间都花在篮球场上。其他人回家了，他仍然在练球；别人都去沐浴夏日的阳光，他却坚持在篮球场上。

他每日都告诫自己：我要到 NBA 去打球。他让自己的血液里都流淌着进取的精神。他深知，像他这样的身高，要到 NBA 去必须得有自己的“绝活”。他努力锻炼自己的长处：像子弹一样迅速，运球不发生失误，比别人更能奔跑。

后来博格斯成为夏洛特黄蜂队中表现最优秀、失误最少的后卫队员，NBA 中有史以来创纪录的矮子，他常常像一只小黄蜂一样满场飞奔。他控球一流，远投精准，在巨人阵中他也敢带球上篮。而且，他是所有 NBA 球员中断球最多的队员。

博格斯把别人眼中的不可能变成了现实。他曾经自豪地说：“我的血液中流淌着进取的精神，所以，我能实现我的梦想。”

新闻界的“拿破仑”——伦敦《泰晤士报》的大老板诺思

克利夫爵士，最初每月只能拿到 80 元，他对自己的处境非常不满。后来，《伦敦晚报》和《每日邮报》皆为他所有的时候，他还是感到不满足。直到他得到了伦敦《泰晤士报》之后，他才稍稍觉得有点满足。

就算成了《泰晤士报》的大老板，诺思克利夫爵士还是不满足。他要利用《泰晤士报》揭露官僚政府的腐败，打倒几个内阁，推翻或拥护几个内阁总理（亚斯查尔斯和路易乔治），而且不顾一切地攻击“昏迷不醒”的政府……由于他的这种大胆的努力，提高了不少国家机关的办事效率，在某种程度上还改革了整个英国的制度。

不管你目前的职位有多高，都不要满足于现状，应该告诉自己：“我的职位应在更高处。”

向上的力量是每一种生命的本能，这种东西不仅存在于所有的昆虫和动物身上，埋在地里的种子中也存在着这样的力量，正是这种力量刺激着它破土而出，推动它向上生长，向世界展示美丽与芬芳。

这种激励也存在于我们人类的体内，它推动我们去完善自我，去追求完美的人生。

每日一点

进取心是激发人们抗争命运的力量，是完成崇高使命和创造伟大成就的动力。一个具备了进取心的人，就会像被磁化的指针那样显示出矢志不移的神秘力量。

PART

03

只有想不到，没有做不到

走出囚禁思维的栅栏

世界上没有两片完全相同的树叶，同样，世界上也没有两个完全相同的人。每个人自身的独特性，造就其别具一格的思维方式，每个人都可以走出一条与众不同的发展道路来。但在保持个性的同时，也应追求突破创新。

每个人都会有“自身携带的栅栏”，若能及时地从中走出来，实在是一种可贵的醒悟。独一无二的创新精神，勇于进取，绝不自损、自贬，在学习生活中勇于独立思考，在日常生活中善于注入创意，在职业生活中精于自主创新，正是能够从自我囚禁的“栅栏”里走出来的鲜明标志。形成创造力自囚的“栅栏”，通常有其内在的原因——思维的知觉性障碍、判断力障碍以及常规思维的惯性障碍。知觉是接受信息的通道，知觉的领域狭窄，通道自然受阻，创造力也就无从激发；这条通道保持通畅，才能使信息流丰盈、多样，使新信息、新知识的获得成为可能，使得信息检索能力得到锻炼，不断增长其敏锐的接收能力、详略适度的筛选能力和信息精化的提炼能力，这是形成创新心态的重要前提。判断性障碍大多产生于心理偏见和观念偏离。要使判断恢复客观，首先需要矫正心理视觉，使之采取开放的态度，注意事物自身的特性而不囿于固有的见解或观念。这在新事物不断涌现、新知识快速增加的当今时代，尤其值得重视。

要从自囚的“栅栏”里走出来，还创造力以自由，首先就要还思维状态以自由，突破常规思维。在此基础上，对日常生活保持开放的、积极的心态，对创新世界的人与事持平视的、平等的姿态，对创造活动持成败皆为收获、过程才最重要的精神状态，这样，我们将有望形成十分有利于创新生涯的心理品质，并且及时克服内在的消极因素。

一位雕塑家有一个 12 岁的儿子。儿子要爸爸给他做几件玩

具，雕塑家只是慈祥地笑笑，说："你自己不能动手试试吗？"

为了制好自己的玩具，孩子开始注意父亲的工作，常常站在大台边观看父亲运用各种工具，然后模仿着运用于玩具制作。父亲也从来不向他讲解什么，放任自流。

一年后，孩子初步掌握了一些制作方法，玩具造得颇像个样子。这样，父亲偶尔会指点一二。但孩子脾气倔，从来不将父亲的话当回事，我行我素，自得其乐。父亲也不生气。

又一年，孩子的技艺显著提高，可以随心所欲地摆弄出各种人和动物形状。孩子常常将自己的"杰作"展示给别人看，引来诸多夸赞。但雕塑家总是淡淡地笑，并不在乎。

有一天，孩子存放在工作室的玩具全部不翼而飞，父亲说："昨夜可能有小偷来过。"孩子没办法，只得重新制作。

半年后，工作室再次被盗。又半年，工作室又失窃了。孩子有些怀疑是父亲在捣鬼：为什么从不见父亲为失窃而吃惊、防范呢？

一天夜晚，儿子夜里没睡着，见工作室灯亮着，便溜到窗边窥视，只见父亲背着手，在雕塑作品前踱步、观看。好一会儿，父亲仿佛做出某种决定，一转身，拾起斧子，将自己的大部分作品打得稀巴烂！接着，父亲将这些碎土块堆到一起，放上水重新混合成泥巴。孩子疑惑地站在窗外。这时，他又看见父亲走到他的那批小玩具前！父亲拿起每件玩具端详片刻，然后将儿子所有的自制玩具扔到泥堆里搅和起来！当父亲回头的时候，儿了已站在他身后，瞪着愤怒的眼睛。父亲有些羞愧，吞吞吐吐道："我，是，哦，是因为，只有砸烂较差的，我们才能创造更好的。”

10 年后，父亲和儿子的作品多次同获国内外大奖。

父亲不愧是位雕塑家，他不但深谙雕塑艺术品的精髓，更懂得如何雕塑儿子的灵魂。每一个渴望成功的人都必须谨记：只有不断突破自我，超越以往，你才能开创出更美好、更辉煌的人生。

每日一点

成功的人往往是那些不那么“安分守己”的人，他们绝对不会因取得一些小小的成绩而沾沾自喜，获得一点小成功就停下继续前行的脚步。因此，只有突破旧我，才能获得又一次的蜕变，人生才会呈现更好的局面。

不按常理出牌

天才大都是能够自创法则的人。随着时代的发展，尤其是网络的普及，在如今瞬息万变的现代社会中，传统和经验的意义已经远远没有过去那么重要了，时代更加突出了创新的意义，创新重于经验！

对于年轻人来说，更是如此。年轻人要想成功，就必须敢于标新立异、推陈出新。在这里，美国商界奇才尤伯罗斯为我们做出了一个很好的榜样。

1984 年以前的奥运会主办国，几乎是“指定”的。对举办国而言，往往是喜忧参半：能举办奥运会，自然是国家、民族的荣誉，还可以乘机宣传本国形象；但是以新场馆建设为主的大规模硬件软件投入，又将使政府负担巨大的财政赤字。1976年加拿大主办蒙特利尔奥运会，亏损10亿美元，当时预计这一巨额债务到2003年才能还清；1980年，苏联莫斯科奥运会总支出达90亿美元，具体债务更是一个天文数字。奥运会几乎变成了“为国家民族利益”而举办，“为政治需要”而举办，赔本已成奥运定律。

鉴于其他国家举办奥运的亏损情况，洛杉矶市政府在得到主办权后做出了一项史无前例的决议——第23届奥运会不动用任何公用基金，因此开创了民办奥运会的先河。

尤伯罗斯接手奥运事务之后，发现组委会竟连一家皮包公司都不如，没有秘书、没有电话、没有办公室，甚至连一个账号都没有。一切都得从零开始，尤伯罗斯决定破釜沉舟。他以1060万美元的价格将自己的旅游公司的股份卖掉，开始招募雇佣人员，把奥运会商业化，进行市场运作。

第一步：开源节流

尤伯罗斯认为，自1932年洛杉矶奥运会以来，规模大、虚浮、奢华和浪费成为时尚。他决定想尽一切办法节省不必要的开支。首先，他以身作则不领薪水，在这种精神的感召下，有数万名工作人员甘当义工；其次，沿用洛杉矶现成的体育场；最后，把当地的3所大学宿舍做奥运村。仅后两项措施就节约了十几亿美元。

第二步：举行声势浩大的“圣火传递”活动

奥运圣火在希腊点燃后，在美国举行横贯美国本土的1.5万公里圣火接力跑。用捐款的办法，谁出钱谁就可以举着火炬跑上一程。全程圣火传递权以每公里3000美元出售，1.5万公里共售得4500万美元。尤伯罗斯实际上是在卖百年奥运的历史、荣誉等巨大的无形资产。

第三步：别具一格的融资、赢利模式

尤伯罗斯创造了别具一格的融资和赢利模式，让奥运会为主办方带来了滚滚财源。尤伯罗斯出人意料地提出，赞助金额不得低于500万美元，而且不许在场地内包括其空中做商业广告。这些苛刻的条件反而刺激了赞助商的热情。一家公司急于加入赞助，甚至还没弄清所赞助的室内赛车比赛程序如何，就匆匆签字。尤伯罗斯最终从150家赞助商中选定30家。此举共筹到1.17亿美元。

最大的收益来自独家电视转播权转让。尤伯罗斯采取美国三大电视网竞投的方式，结果美国广播公司以2.25亿美元夺得电视转播权。尤伯罗斯又首次打破奥运会广播电台免费转播比赛的惯例，以7000万美元的价格把广播转播权卖给美国、欧洲及澳大利亚的广播公司。

门票收入，通过强大的广告宣传和新闻炒作，也取得了历史最高水平。

第四步：出售与本届奥运会相关的吉祥物和纪念品

尤伯罗斯联合一些商家，发行了一些以本届奥运会吉祥物山姆鹰为主要标志的纪念品。

通过这四步卓有成效的市场运作，在短短的十几天内，第

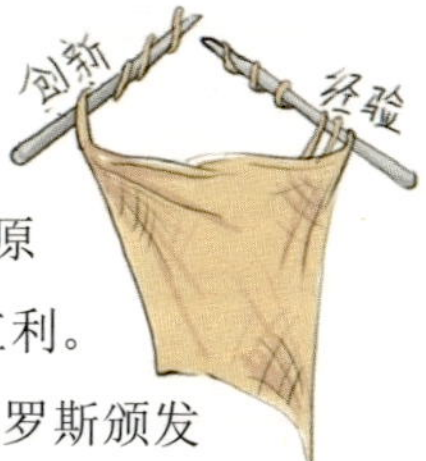

23 届奥运会总支出 5.1 亿美元，盈利 2.5 亿美元，是原计划的 10 倍。尤伯罗斯本人也得到 47.5 万美元的红利。在闭幕式上，时任国际奥委会主席的萨马兰奇向尤伯罗斯颁发了一枚特别的金牌，报界称此为“本届奥运最大的一枚金牌”。

突破是创新的核心。创新不是对过去的简单重复和再现，它没有现成的经验可借鉴，也没有现成方法可套用，它是在没有任何经验的情况下去努力探索。

通常情况下，人们按照自己的常规思路，经历了千万次的试验，还是没有取得成功；有时取得成功却全不费工夫，这种突然而至的东西就往往包含着意想不到的创造性，甚至会迫使人们放弃以前数年辛苦得来的成果。当你处于山穷水尽的境况时，建议你不妨打破常规，不按常理出牌，这样，你才有可能在相反的方向找到问题的答案。

对于成功者来说，经验与创新是相辅相成、缺一不可的。我们不能厚此薄彼，而应在创新的同时仍然要重视常规的经验，并且在常规的基础上，寻求突破创新。

下面的方法有助于你另辟蹊径，从成功的经验中得到启示：

1. 能在平常的事情上思考求变

能够另辟蹊径的人，其思维富有创造性，善于从习以为常的事物中图新求异，去认识世界，改造世界。

2. 不为现行的观点、做法、生活方式所牵制

现行的汽车防盗系统国内外已有不少，许多厂家使尽浑身解数仍然不尽如人意。某研究所青年工程师杨文昭在广泛吸取国内外同类产品优点的同时，大胆创新，另辟蹊径，运用双密码保险、抗强电磁干扰、无电源持续报警和声控自动熄火等新技术，研究出了汽车防盗系列产品，被定为首家“国际”产品。敢于向现行的成果和规则挑战，独闯新路，使杨文昭获得了机会，也获得了成功。

3. 学习他人，超越他人

抱着“他山之石可以攻玉”的想法，盲目模仿他人的经验，并不能获得成功。要养成独立思考的习惯，自己在观察事物、观察别人成功经验的同时，独创出自己之所见。

4. 别出心裁，有自己独到的见解

“大家都想到一块去了”，这并非都是良策。例如，曾经满天飞的广告词尽是“实行三包”“世界首创”“饮誉天下”，但效果如何呢？美国一家打字机厂家的广告语“不打不相识”，一语双关，顾客纷至沓来。

每日一点

对于成功者来说，经验与创新是相辅相成、缺一不可的。我们不能厚此薄彼，而应在创新的同时仍然要重视常规的经验，并且在常规的基础上，寻求突破创新。

❀ 废除无谓的执着

执着是一种良好的品质，但有的时候并不一定是好事。无论是做人，还是做事，都要学会创新，因为只有创新才会找到方法，才会获得捷径。

创新，就是以变化自己为途径，通向成功。哲学家讲："你改变不了过去，但你可以改变现在；你想要改变环境，就必须改变自己。"

种子落在土里长成树苗后最好不要轻易移动，一动它就很难成活。而人就不同了，人有脑子，遇到问题可以灵活处理，用这个方法不成就换一个方法，总有一个方法是对的。做人做事要学会创新，不能太死板，要具体问题具体分析。前面已经是悬崖了，难道你还要跳下去吗？不要被经验束缚了头脑，要冲出惯性思维的樊篱。执着很重要，但盲目的执着是不可取的。

俗话说："变则通，通则久！"所以在生活中，人应该学着变通，不能死钻牛角尖，此路不通就换条路，千万不能一条路走到黑。生活不是一成不变的，人也应该求新求变。

记载商鞅思想言论的《商君书》中有一段名言，大意是：聪明的人创造法度，而愚昧的人受法度的制裁；贤人改革礼制，而庸人受礼制的约束。圣人创造"规矩"，开创未来；常人遵从"规矩"，重复历史。为什么孔子是圣人，而他的三千弟子不是？原因就在于孔子思想解放，敢于创新，敢于自主地、实事求是地思考分析问题。

许多成功人士一生不败，关键就在于用了为人处世的创新之道，进退之时，俯仰之间，都超人一等，让他人暗自佩服，以之为师。

学会为人处世的创新之道不是“空头支票”，而是决定你能否从人群中脱颖而出的第一关键。凡不知为人处世的创新之道者，一定会在许多重要时刻碰得头破血流，跌入失败之境地。

在生活和工作中，当我们遇到障碍，经过努力仍然没有进展的时候，就要想想是不是可以从其他角度来解决这一问题。换个角度去思考问题，往往能将你带到一个柳暗花明的新境界。面对问题时，不能只是盲目地执着，也不能只从问题的直观角度去思考，要不断挖掘自己的潜力，从不同的角度寻找解决问题的办法，这样往往就会使问题出现新的转机。

下面这个故事就阐释了这个道理。

杨亮是一家大公司的高级主管，他面临一个两难的境地：一方面，他非常喜欢自己的工作，也很喜欢工作带来的丰厚薪水——他的位置使他的薪水只增不减；但是，另一方面，他非常讨厌他的上司，经过多年的忍受，他发觉已经到了忍无可忍

的地步了。经过慎重思考之后，他决定去猎头公司谋求一个别的公司高级主管的职位。猎头公司告诉他，以他的条件，再找一个类似的职位并不费劲。

回到家中，杨亮把这一切告诉了他的妻子。他的妻子是一个教师，那天刚刚教学生如何重新界定问题，也就是把你正在面对的问题换一个角度考虑，把正在面对的问题完全颠倒过来看——不仅要跟你以往看这问题的角度不同，也要和其他人看这问题的角度不同。她把上课的内容讲给了杨亮听，杨亮听了妻子的话后，一个大胆的主意在他脑中浮现了。

第二天，他又来到猎头公司，这次他是请猎头公司替他的上司找工作。不久，杨亮的上司接到了猎头公司打来的电话，请他去别的公司高就，尽管他完全不知道这是他的下属和猎头公司共同努力的结果，但正好这位上司对自己现在的工作也厌倦了，所以没有考虑多久，他就接受了这份新工作。

这件事最奇妙的地方，就在于上司接受了新的工作，结果他目前的位置就空出来了。杨亮申请了这个位置，于是他就坐上了以前他上司的位置。

在这个故事中，杨亮本意是替自己找份新工作，以躲开令自己讨厌的上司。但他的妻子让他懂得了如何从不同的角度考虑问题，结果，他不仅仍然干着自己喜欢的工作，而且摆脱了令自己无法忍受的上司，还得到了意外的升迁。

作为有理想、有抱负的现代人，我们应努力培养自己突破创新的能力。俗话说："穷则变，变则通。"当某路走不通时，不要再一味"坚持"，而要变换思路，换个角度去思考。这个世界上，没有什么东西是永远静止不变的，我们的思维要学会创新，才能跟上时代的步伐。

每日一点

在面对问题时，不能只是盲目地执着，也不能只从问题的直观角度去思考，要不断挖掘自己的潜力，从不同的角度寻找解决问题的办法，这样往往就会使问题出现新的转机。

甩掉“金科玉律”的束缚

我们从小就会被教导不能做这、不能做那，久而久之就形成了一种固定的观念。这些观念成为我们行走社会的“金科玉律”，它们在让我们少受挫折的同时，也常常阻碍我们去开拓新的人生格局。这些观念禁锢着我们的大脑，侵蚀着我们的潜能。因此，要改变命运，我们就得先从改变观念开始。

大家都记得这句金科玉律：“想要别人怎样对待你，就先怎样对待别人。”这可能是一句大家从小就学到，且会拿来教导孩子的至理名言。

遗憾的是，若把这句名言应用到组织问题上，问题可就大了。

这句金科玉律的假定是，你喜欢的对待方式会跟其他人喜欢的对待方式一样。这就是“先怎样对待别人”的立论。把这种观点应用在解决组织问题时，就等于说在协调冲突、决策和搜集信息上，你会跟大家的看法一致。

很多人把这句名言当成个人生活的策略，我们也这样处理周遭发生的事。但把这句名言当成策略，很可能会陷入本位主义的泥潭。因为这句名言假定自己的看法就是他人的看法，因此，自己所想的就是适当、正确的。如果你就是在这种金科玉律的教导下长大的，难免会养成这种思考逻辑。不过，如果你以不同的观点思考，就能开启许多前所未有的成功之门。

我们被自己对世界的偏见所蒙蔽，看不到个人见解的可笑和荒谬。这种狭隘的观念，直接影响了我们在处理变革引发的差异时，采取的决策和行动。

如果你认为所有看待事情的观点是绝不相同的，那在处理变革差异的冲突及协商决策时会相当危险。尤其在一意孤行地盲从自己的观点，不考虑他人时，情况便会更危险。

要真正有效处理变革所引起的差异，就得具备求同存异的能力，适时从别人的观点和立场来看事情。要这么做，就必须把先前的金科玉律改变一下，换成新版的：“以别人想被对待的方式对待他们。”其实，只要观念上稍微调整一下，变革的成效就有天壤之别。

在我们生活的世界中，存在着各种各样的“应该”“必须”等条条框框，它们编织了一个很大的误区，将现实生活中的人们网罗其中，而我们很多人往往习以为常，不假思索地照“章”行事。

我们每个人都生活在一个社会群体中，因此，我们不可能是一个完全孤立的个体，我们的思想和行为可能时时受到世俗的约束与制约。对于这些规则和方针，你也许不以为然，但同时又无法摆脱束缚，无法确定自己应该遵循哪些适用的规则和方针。

任何事物都不是绝对的。任何规则或法律都不能保证在各种场合均能适用，或取得最佳效果。相比之下，具体情况具体分析的原则应成为我们生活和行事的准则。然而，你可能会发现，违反一条不适用的规定或打破一种荒谬的传统却很困难，甚至不可能。顺应社会潮流有时的确不失为一种生存的手段，然而如果走向极端，这也会成为一种神经过敏症。在某些情况下，按条条框框办事甚至会使你情绪低落、忧心忡忡。

林肯曾经说过："我从来不为自己确定永远适用的政策。我只是在每一具体时刻争取做最合乎情理的事情。"他没有使自己成为某项具体政策的奴隶，即使对于普遍性政策，他也并不强求在各种情况下都加以实施。

如果一种规定或规矩妨碍着人们的精神健康，阻碍着人们去积极生活，它就是不健康的。如果你知道这种规矩是消极而令人讨厌的，而你又一直遵守规矩，那你就陷入了人生的另一种误区——你放弃了自我选择的自由，让外界因素控制了自己。生活中有两种类型的人，即外界控制型与内在控制型。认真分析一下自己属于哪种类型，这将有助于你进一步审视自己生活中的大量误区性条条框框。

你或许觉得自己在很多事情上难以做出决定，甚至在小事上也是如此。这是习惯于以是非标准衡量事物的直接后果。如果当你要做出某些决定时，能抛开一些僵化的是非观念，而不顾忌什么是是非非，你将轻而易举地做出自己的决定。如果你在报考大学时竭力要做出正确的选择，则很可能不知所措，即使做出决定后，也还会担心自己的选择可能是错误的。因此，你可以这样改变自己的思维方法："所谓最好、最合适的大学是不存在的，每一所大学都有其利与弊。"这种选择谈不上对与错，仅仅是各有不同而已。

衡量是否更适合生活的标准并不在于能否做出正确的选择。你在做出选择之后，控制情感的能力则更为明确地反映出自我抑制能力，因为一种所谓正确的标准包含着我们前面谈到的"条条框框"，而你应当努力打破这些条条框框。这里提出的新的思维方法将在两个方面对你有所帮助：一方面，你将完全摆脱那些毫无意义的"应该"标准；另一方面，在消除了是非观念的误区之后，你便能够更加果断地做出各种决定。

生活是不断变化的，观念也要不断地更新。无数的事实告诉我们，成功的喜悦总是属于那些思路常新、不落俗套的人。

因此，想别人所不敢想，做别人所不敢做，往往会为我们创造意想不到的机遇。

每日一点

在我们生活的世界中，存在着各种各样的“应该”“必须”等条条框框，它们编织了一个很大的误区，将现实生活中的人们网罗其中，而我们很多人往往习以为常，不假思索地照“章”行事。

不断创新，成功就会降临

一个没有创新能力的人是可悲的，一个没有创新意识的人是缺少希望的。一个人若想改变当前的境遇，必须不断创新。只有锐意创新，成功才会降临到你头上。

日本有一家高脑力公司，公司上层发现员工一个个萎靡不振、面色憔悴。经咨询多方专家后，他们采纳了一个最简单而别致的治疗方法——在公司后院中用圆滑光润的800颗小石子铺成一条石子小道，每天上午和下午分别抽出15分钟时间，让员工脱掉鞋在石子小道上随意行走散步。起初，员工们觉得很好笑，更有许多人觉得在众人面前赤足很难为情，但时间一久，人们便发现了它的好处，原来这是极具医学原理的物理疗法，起到了一种按摩的作用。

一个年轻人看了这则故事，便开始着手他火红的生意。他请专业人士指点，选取了一种略带弹性的塑胶垫，将其截成长方形，然后带着它回到老家。老家的小河滩上全是光洁漂亮的小石子，他在石料厂将这些拣选好的小石子一分为二，一粒粒稀疏有致地粘满胶垫，干透后，他先踩上去反复试验感觉，反复修改了好几次后，确定了样品，然后就在家乡批量生产。后来，他又把它们分为好几个规格，产品一生产出来，他便尽快将产品鉴定书等手续一应办齐，然后在一周之内就把能代销的商店全部上了货。将产品送进商店只完成了销售工作的一半，另一半则是要把这些产品送进顾客手里。随后的半个月内，他每天都派人去做免费推介员。商店的代销稳定后，他又开拓了一项上门服务：为大型公司在后院中铺设石子小道；为幼儿园、小学在操场边铺设石子乐园；为家庭装铺室内石子过道、石子浴室地板、石子健身阳台等。一块本不起眼的地方，一经装饰便成了一块小小的乐园。

紧接着，他将单一的石子变换为多种多样的材料，如七彩的塑料、珍贵的玉石，以满足不同人士的需要。

800 粒小石子就此铺就了一个人的成功之路。

因此，人人都能创新。

你现在需要做的就是不断激发自己的创新能力，多一些想法，多一些创造，那么成功迟早会来临。

培育创新能力要克服创新障碍，更要懂得方法。该如何培育创新能力呢？下面的四个步骤将给你提供帮助。

1. 全面深入地探讨创新环境

创新不是在真空中产生的，而是来自艰苦的工作、学习和实践。如果你正为一项工作绞尽脑汁，想在这个具体的问题上有所建树，那么你需要全身心地投入到这项工作中，对其关键的问题和环节做深入的了解，对这项工作进行批判的思考，通过与他人讨论来搜集各种各样的观点，思考你自己在这个领域的经验。总之，要全面深入地探讨创新环境，为创新准备“土壤”。

2. 让脑力资源处于最佳状态

在对创新环境有了全面的认识之后，就可以把你的精力投入到手头的工作上来了。要为你的工作专门腾出一些时间，这样你就能不受干扰，专注于你的工作了。当人们专注于创新的这个阶段时，他们一般就完全意识不到发生在他们周围的事，也没有了时间的概念。当你的思维处于这种最理想的状态时，你就会竭尽全力地做好你的工作，挖掘以前尚未开发的脑力资源——一种深入的、“大脑处于最佳工作状态”的创新思路。

让脑力资源处于最佳状态，对于“思想做好准备”是很有必要的，我们可以通过以下几种方式来做到让脑力资源处于最佳状态：

（1）调节。当我们

进入教堂，我们就会使自己适应这里的气氛，表现出专注和认真。你可以用同样的方式来调节你在学习环境中的注意力，在选择学习环境时，要考虑到它是否有利于你专心。

（2）心理习惯。每个人都具有大量的习惯性的行为，有的行为是积极的，有的则是消极的，大多数则居于两者之间。学习需要全身心地集中和投入，这意味着你要改掉影响全身心投入的坏习惯，如同时总想做好几件事，或用有限的时间去完成很重要的任务。同时，要使脑力资源处于最佳状态，还包括要养成新的心理习惯：找一个合适的地方，调配足够的时间，以及进行认真的和有创意的思考。这些新的习惯可能需要你付出更大的努力，耗费更大的心血，但是这些行为很快就会成为你自然的和本能的一部分。

（3）冥想。大脑充满着思想、感情、记忆、计划——所有这一切都在竞争，想引起你的注意。在你整日沉浸于来自方方面面的刺激，需要从身心上做出反应时，这种大脑“吵架”的现象更为严重。为了专注于从事创新，你需要净化和清理你的大脑。做到这一点的一个有效的方法就是做冥想练习。

3. 运用技巧促使新思维产生

创新的思考要求你的大脑松弛下来，在不同的事情之间寻找联系，从而产生不同寻常的可能性。为了把自己调整到创新的状态上来，你必须从你熟悉的思考模式，以及对某事的固定成见中摆脱出来。为了用新的观点看问题，你必须打破看问题的习惯方式。为了避免习惯的束缚，你可以用以下几种技巧来活跃你的思维。

（1）群策攻关法。群策攻关法是艾利克斯·奥斯伯恩于1963年提出的一种方法：与他人一起工作从而产生独特的思想，并创造性地解决问题。在一个典型的群策攻关期间，一般是一组人在一起工作，在一个特定的时间内提出尽可能多的思想。提出了思想和观点以后，并不对它们进行判断和评价，因为这样做会抑制思想自由地流动，阻碍人们提出建议。批判的评价可推迟到后一个阶段。应鼓励人们在创造性地思考时，善于借鉴他人的观点，因为创造性的观点往往是多种思想交互作用的结果。你也可以通过运用你思想无意识的流动，以及你大脑自然的联想力，来迸发出你自己的思想火花。

（2）创造“大脑图”。“大脑图”是一个具有多种用途的工具，它既可用来提出观点，也可用来表示不同观点之间的多种联系。你可以这样来开始你的“大脑图”：在一张纸的中间写下你主要的专题，然后记录下所有你能够与这个专题有联系的观点，并用连线把它们连起来。让你的大脑自由地运转，跟随这种建立联系的活动。你应该尽可能快地思考，不要担心次序或结构，让其自然地呈现出结构，要反映出你的大脑自然地建立联系和组织信息的方式。一旦完成了这个过程，你能够很容易地在新的信息和不断加深理解的基础上，修改其结构或组织。

4. 留出充裕的酝酿时间

把精力专注于你的工作任务之后，创新的下一个阶段就是停止你的工作，为创新思想留出酝酿时间。虽然你的大脑已经停止了积极的活动，但是你的大脑仍在继续运转——处理信息，使信息条理化，最终产生创新的思想和办法。这个过程就是大家都知道的“酝酿成熟”的阶段，因为它反映了创新思维的诞生过程。当你在从事你的工作时，你从事创新的大脑仍在运转着，直到豁然开朗的那一刻，酝酿成熟的思想最终会喷薄而出，出现在你大脑意识层的表面上。最常见的情况是这样的：当参加一些与某项工作完全无关的活动时，这个豁然开朗的时刻常常会来临。

创新并不神秘，但它的力量却异常强大和神奇。为了在现代竞争中占据一席之地，不断创新是唯一的出路。

每日一点

一个没有创新能力的人是可悲的，一个没有创新意识的人是缺少希望的。一个人若想改变当前的境遇，必须不断创新。只有锐意创新，成功才会降临到你头上。

PART 04

方法总比问题多

没有笨死的牛，**只有愚死的汉**

俗话说：“山不转，路转；路不转，人转。”我国古书《易经》也说：“穷则变，变则通。”的确，天无绝人之路，遇到问题时，只要肯找方法，上天总会给有心人一个解决问题、取得成功的机会。

人们都渴望成功，那么，成功有没有秘诀？其实，成功的一个很重要的秘诀就是寻找解决问题的方法。俗话说：“没有笨死的牛，只有愚死的汉。”任何成功者都不是天生的，只要你积极地开动脑筋、寻找方法，终会“守得云开见月明”。

世间没有死胡同，就看你如何寻找方法，寻找出路。且看下文的故事是如何打破人们心中“愚”的瓶颈，从而找到自己成功的出路的。

当你驾车驶在路上，眼看就要到达目的地了，这时车前突然出现一块警示牌，上书4个大字：“此路不通！”这时你会怎么办？

有人选择仍走这条路过去，大有不撞南墙不回头之势。结果可想而知，已言明“此路不通”，那个人只能在碰了钉子后灰溜溜地调转车头返回。这种人在工作中常常因“一根筋”思想而多次碰壁，空耗了时间和精力，却无法将工作效率提高一丁点，结果做了许多无用功。

有人选择停车观望，不再向前走，因为“此路不通”，却也不调头，或者是认为自己已经走了这么远，再回头心有不甘且尚存侥幸心理：若我走了此路又通了岂不亏了？或者是想如果回头了其他的路也不通怎么办？结果停车良久也未能前进一步。这种人在工作中常常会因懦弱和优柔寡断而丧失机会，业绩没有进展不说，还会留下无尽的遗憾。

还有另一类人，他们会毫不犹豫地调转车头，去寻找另外一条路。也许会再次碰壁，但他们仍会不断地进行尝试，直到找到那条可以到达目的地的路。这种人是工作中真正的勇者与智者，他们懂得变通，直到寻找到解决问题的办法，并且往往能够取得不错的业绩。

A 地由于一些工厂排放污水，很多河流污染严重，以至于

下游居民的正常生活受到了威胁，环保部门联合有关当局决定寻找解决问题的办法。他们考虑对排污工厂进行罚款，但罚款之后污水仍会排到河流中，不能从根本上解决问题。有人建议立法强令排污工厂在厂内设置污水处理设备，本以为问题可以得到彻底解决，但在法令颁布之后发现污水仍不断地排到河流中。而且，有些工厂为了掩人耳目，对排污管道乔装打扮，从外面不能看到破绽，可污水却一刻不停地在流。

之后，当地有关部门立刻转变方法，采用著名思维学家德·波诺提出的设想：立一项法律——工厂的水源输入口必须建立在它自身污水输出口的下游。

看起来是个匪夷所思的想法，经事实证明却是个好方法。它能够有效地促使工厂进行自律：假如自己排出的是污水，输入的也将是污水，这样一来，能不采取措施净化输出的污水吗？

面对问题，成功者总比别人多想一点，老王就是这样的人。

老王是当地颇有名气的水果大王，尤其是他的高原苹果色泽红润，味道甜美，供不应求。有一年，一场突如其来的冰雹把将要采摘的苹果砸开了许多伤口，这无疑是一场毁灭性的灾难。然而面对这样的问题，老王没有坐以待毙，而是积极地寻找解决这一问题的方法。不久，他便打出了这样的一则广告，并将之贴满了大街小巷。

广告上这样写道："亲爱的顾客，你们注意到了吗？我们的脸上有一道道伤疤，这是上天馈赠给我们高原苹果的吻痕——高原常有冰雹，只有高原苹果才有美丽的吻痕。味美香甜是我们独特的风味，那么请记住我们的正宗商标——伤疤！"

从苹果的角度出发，让苹果说话，这则妙不可言的广告再一次使老王的苹果供不应求。

世上无难事，只怕有心人。真正杰出的人，都富有积极的开拓和创新精神，他们绝不会在没有努力的情况下就找借口逃避。条件再难，他们也会创造解决的条件；希望再渺茫，他们也会找出许多办法去寻找希望。因为他们相信：没有笨死的牛，只有愚死的汉。只要积极开动脑筋，寻找方法，总能找到解决之道，冲出困境。

每日一点

世上无难事，只怕有心人。面对问题，如果你只是沮丧地待在屋子里，便会有禁锢的感觉，自然找不到解决问题的正确方法。如果将你的心锁打开，开动脑筋，勇敢地走出自己固定思维的枷锁，你将收获很多。

对问题束手无策的**六种人**

在工作和生活中，有些人在面对问题时，不去积极地开动脑筋，主动寻求解决的方法，而是一味抱怨，或找出种种自以为冠冕堂皇的理由来推脱，所以很难成就什么大事。在此，我们将这些人具体分为以下六类，以示警醒。

第一类人：爱找借口的人

生活中，不知有多少人抱怨自己缺乏机会，并努力为自己的失败寻找借口。为什么他们总是如此煞费苦心地找寻借口，却无法将工作做好呢？如果每个人都善于寻找借口，那么努力尝试用找借口的创造力来找出解决困难的办法，也许情形会大大不同。如果你存心拖延、逃避，你自己就会找出成千上万个理由来辩解为什么不能够把事情完成。事实上，把事情“太困难、太无头绪、太麻烦、太花费时间”等种种理由合理化，确实要比相信“只要我们足够努力、勤奋，就能做成任何事”的信念要容易得多。如果我们经常为自己找借口，我们就做不成任何事，这对我们以后的职业生涯也是极为不利的。

如果你常常发现，自己会为没做或没完成的某些事而制造借口，或想出成百上千个理由为事情未能照计划实施而辩解，那么，你自己不妨还是多做自我批评，多多地自我反省吧！

第二类人：凡事拖延的人

拖延是解决问题的最大敌人，它不仅会影响工作的执行，更会带来个人精力的极大浪费。

拖延并不能使问题消失，也不能使解决问题变得容易，而只会使问题深化，给工作造成严重的危害。我们没解决的问题会由小变大，由简单变复杂，像滚雪球那样越滚越大，解决起来也越来越难。而且，没有任何人会为我们承担拖延的损失，拖延的后果可想而知。

社会学家库尔特·卢因曾经提出一个概念，叫作“力场分析法”。他描述了两种力量：阻力和动力。他说，有些人一生都踩着刹车前进，比如被拖延、害怕和消极的想法捆住手脚；有的人则是一路踩着油门呼啸前进，比如始终保持积极、合理和自信的心态。这一分析同样适用于工作。如果你希望在职场中生存和发展，你得把脚从刹车踏板——拖延上挪开。

第三类人：投机取巧的人

古罗马人有两座圣殿，分别是勤奋的圣殿和荣誉的圣殿。在安排座位时，他们有一个顺序：必须经过前者，才能到达后者。荣誉的必经之路是勤奋，试图投机取巧、想绕过勤奋就获得荣誉的人，总是被荣誉拒之门外。

许多生活中的实例证明，不管面临什么样的问题，如果总想投机取巧，表面上看，也许会节省一些时间或精力，但最终往往会导致更大的浪费。而且，投机取巧会使我们的能力日渐消退。只有努力寻找方法，将工作做到完美，我们才会收获更多。

第四类人：浅尝辄止的人

在自然界，每一个物种都在发展和加强自己的新特征，以求适应环境，获得生存空间。生命的演化如此，生活和事业的发展也是如此。社会对个人的知识和经验不断提出了更高、更广、更深的要求，泛泛地了解一些知识和经验是远远不够的。企图掌握好几十种职业技能，还不如精通其中的一两种。什么事情都知道些皮毛，还不如在某一方面懂得更多，理解得更透彻。因为这样，我们就能将精力集中在一个方向上，从而使得前进路上的方法总比问题

多，就足以使自己获得巨大的成功。

有一位发明家，他尝试着发明一种新型的榨汁机，但是经受多次挫折后，他丧失了耐心，在离成功只有一步之遥时，他放弃了努力。他将长时间积累的职业经验和资源都舍弃了，自然也就无法形成自己的核心能力。

许多“离成功只有一步之遥”的人，恰恰是因为缺乏最后跨入成功门槛的勇气而功败垂成，这是他们为浅尝辄止所付出的沉重代价。

第五类人：消极怠慢的人

王峰毕业后在一家服装公司从事销售工作，虽然这与他当初的理想和目标相距甚远，但他没有消极悲观，满怀热情并全心全意地投入自己的工作中。他把热情与活力带到了公司，传递给了客户，使每一个和他接触的人都能感受到他的活力。正因为如此，尽管他才工作了一年，就被破格提升为销售部主管。

同样很年轻的李远，也在短期内被提升为公司的管理人员。有人问他成功的秘诀，他答道：“在试用期内，我发现每天下班后其他人都走了，而老板却常常工作到深夜。我希望能够有更多的时间学习一些业务上的东西，就留在办公室里，同时给老板提供一些帮助。尽管没人这么要求我，而且我的行为还受到一些同事的议论，但我相信我是对的，并坚持了下来。长时间下来，我和老板配合得很好，他也渐渐习惯要我负责一些事……”

在很长一段时间里，李远并未因积极主动的工作而获取任何酬劳，可他学到了很多知识，并获得了老板的赏识与信任，最终赢得了升职的机会。

大多数人并不像王峰和李远，他们常常以一种怠惰而被动的态度来对待自己的工作，在遇到问题时也不急于寻求解决之道。其实他们不是没有自己的理想，但很容易一遇困难就放弃，他们缺少一种精神支柱，缺少克服困难、解决问题的主动性。

一个人在工作中所表现出来的精神面貌，不仅会对工作效率和工作质量有影响，而且对品格的形成也有很大影响。不管你的工作和地位是如何的平凡，倘若你能够全心全意投入你的工作，就像艺术家投身于他的作品，那么所有的疲劳与懈怠都会消失。其实，我们在各行各业都有施展才华和升职的机会，关键要看你是不是以积极主动的态度来对待你的工作，以积极主动的态度来寻找解决问题的方法。

第六类人：畏惧问题的人

获得成功，谈何容易！这需要克服各种困难、解决各种问题。

可不是吗？好比赤手空拳去建立自己的王国，你要招揽人才、建立军队、开辟领地、确立制度、发展经济、治理国民，每一项工作都存在着许多困难和问题，需要你去克服解决。

不管你的王国是建立在哪种行业上，情形都是一样。当然，王国的规模愈大，问题就愈多、愈复杂。

在关键的地方无法解决问题，便会招致失败。即使这个问题解决了，又会有新问题出现。总之，在你面前，经常潜伏着失败的阴影。

胆怯的人，一想到要面对重重困难，想到失败的可怕，便会停下脚步，不敢往前走。结果，未起步的，永远停在原地；已起步的，就半途而废。

巴顿将军有句名言："一个人的思想决定一个人的命运。"不敢向高难度的问题挑战，对问题束手无策，是对自己能力的否定，只能使自己无限的潜能化为有限的成就。只有勇于向问题挑战，才能获得成功。

每日一点

面对困难，一个人解决问题的能力就会突显出来。一个不会解决问题的人，他可能并不缺少工作的热情，也绝对敬业，但工作成效却不尽如人意，面对问题也往往束手无策。

❀ 方法是解决问题的敲门砖

拿破仑·希尔曾说："你对了，整个世界就对了。"当你的工作或生活出现问题，换一种方法，换一种思路，事情就会豁然开朗。因为，方法是完美解决问题的敲门砖，方法对了，一切问题就能够迎刃而解。

日本的火箭研制成功后，科学家选定 A 海岛做发射基地。经过长久的准备，进入可以实际发射的阶段时，A 岛的居民却群起反对火箭在此发射。于是全体技术人员总动员，反复地与岛上的居民谈判、沟通，以寻求他们的理解。可是，交涉却一直陷入泥淖状态，虽然最后终于说服了岛上的居民，可是前后却花费了 3 年的时间。

后来他们重新检讨这件事情，发现火箭的发射基地并不是非 A 岛不可。当时只要把火箭运到别的地方，那么 3 年前早就完成发射了。可是此前，却从来没有人发现这个问题。当时他们太执着于如何说服岛民的问题上，所以才连“换个地方”这么简单而容易的方法都没有想到。

在我们的工作和生活中，类似的例子屡见不鲜。销售经理经常对业务受挫的推销员说：“再多跑几家客户！”上司常对拼命工作的下属说：“再努力一些！”但是这些建议都有一个漏洞。就像有人曾经问一位高尔夫球高手：“我是不是要多做练习？”高尔夫球高手却回答道：“不，如果你不先把挥杆要领掌握好，再多的练习也没用。”

一个人能否成功，有时候并不是看他是否勤奋和努力，更多时候是看他能不能迅速地找到解决问题最简单的方法。

美国总统罗斯福在参加总统竞选时，竞选办公室为他制作了一本宣传册，在这本册子里有罗斯福的相片和一些竞选信息，而且要马上将这些宣传册印刷出来。可就在要分发这些宣传册的前两天，突然传来消息说这本宣传册中的一张图片的版权出现了问题，他们无权使用，这张照片归某家照相馆所有。时间已经来不及了，可如果这样分发下去，将意味着一笔巨大的版权索赔费用。

一般情况下的做法是派人去这家照相馆协调，以最低的价格买下这张照片的版权。可是竞选办公室并没有这样做，他们通知该照相馆：总统竞选办公室将在他们制作的宣传册中放一幅罗斯福的照片，贵照相馆的一幅照片也在备选之列。由于有好几家照相馆都在候选名单中，所以竞选办公室决定借此机会进行拍卖，出价最高的照相馆会得到这次机会。如果贵馆感兴趣的话，可以在收到信后的两天内将投标寄出，否则将丧失竞价的机会。

结果，竞选办公室很快就收到这家照相馆的竞标和支票。这本来是一个应向对方付费的问题，由于找到了合适的方法，却变为对方付费的问题！运用正确的方法，竞选办公室不仅解决了问题，而且还把问题变成了机会。法国物理学家朗之万在总结读书的经验与教训时深有体会地说：“方法得当与否往往会主宰整个读书过程，它能将你托到成功的彼岸，也能将你拉入失败的深谷。”

许多成功者，他们都有一个共同的特点——开动智慧，寻找方法。因为他们知道，在这个世界上，唯有方法，才是完美解决问题的敲门砖。逃避问题的投机取巧者无法成功，不去寻找方法的偷懒者更是永远没有出头之日。

每日一点

许多成功者，他们都有一个共同的特点——开动智慧，寻找方法。因为他们知道，在这个世界上，唯有方法，才是完美解决问题的敲门砖。逃避问题的投机取巧者无法成功，不去寻找方法的偷懒者更是永远没有出头之日。

发现问题才有解决之道

纵观古今中外的名人，不管是自然科学家还是社会科学家，是政治家还是外交家，是哲学家还是数学家，几乎都是善于思考、观察、发现和提出问题，或是善于在他人发现的基础上提出问题并找出解决方法而获得成功的人。

爱因斯坦说："发现问题，提出问题，比解决问题更重要。因为解决问题也许仅是一个数学上或实验上的技能而已，而提出新的问题、发现新的可能性，从新的角度去看旧的问题，都需要有创造性的想象力，而且标志着科学的真正进步。"

的确，解决问题的能力很重要，对于个人或事物的发展和成功都是必不可少的。但发现问题并不比解决问题逊色，有时甚至比解决问题来得更重要。

解决问题是个人综合能力的体现，而发现问题更是个人水平的体现。无法创造性地使用知识，无法发现问题，那是毫无用处的，而且往往很容易让我们陷入问题所带来的困境。唯一让我们摆脱陷入问题所带来的困境的方法，就是主动寻找问题。成功需要人们寻找解决问题的方法，但成功更需要我们有超越他人的发现问题的能力。“电话之父”贝尔的成长经历就是一个很好的例子。

贝尔原是语音学教授，一天他在家修理电器时偶然发现，当电流接通或截断时，螺旋线圈会发出噪音。于是他想，能否以电传送语音甚至发明电话？

这一设想一提出，立即遭到许多人的讥笑，说他不懂电学才会有如此奇怪的想法。贝尔的确一点也不懂电学，但他并没有放弃，而是千里迢迢前往华盛顿，向美国著名的物理学家、电学专家约瑟夫·亨利请教。亨利对他的想法给予了充分肯定，并鼓励贝尔去学习电学知识。

亨利的肯定对贝尔产生了很大的影响，他辞去了教授职务，一心扎入发明电话的试验中。他刻苦用功地学习电学知识。两年后，世界上第一部电话由贝尔试验成功。

为何电话不是由那些懂得电学知识的专家，而是由一个语音学家发明的呢？因为他善于发现问题，这使他比别人更快地找到了“市场的标靶”和可以为之奋斗的目标。而相关知识，即使一时不具备，也可以去学。

一个人具有某方面的能力是很重要的，但真正要想获得成功，必须具备捕捉问题的能力。

当然，发现了问题并不等于解决了问题，我们也并不期许所有的问题被解决时就是完善的、完美的，问题的解决有待社会的发展、个人能力的提高。但是不可否认，有了发现才能有所认识，提出问题才可能解决问题，发现问题是解决问题的第一步，也是重要的一步。

传说 4000 多年前，我们的祖先黄帝发现了磁石可指南的现象，因而设计了“指南车”，并用于战争；哥白尼发现了“地心说”的谬误，进而提出了“日心论”的科学假设；马克思发现了“资本的剩余价值”，进而提出了“科学社会主义”的构想；爱因斯坦 12 岁时就提出“假如我以光速追随一条光线的运动，那会看到什么现象”，这个问题最终成为他一生为之奋斗的目标，并获得巨大的成功……

创造奇迹的关键，在于具备一双发现的眼睛。生活需要发

现的眼睛，问题需要发现的眼睛。许多伟大的发明和创造都是从不经意的发现开始的，难题的解决也基于它本身的发现，或许只是一个简单的想法、一个美丽的假设。但正是因为问题的发现，它才得到了关注和认识，才有了解决的可能。

每日一点

的确，解决问题的能力很重要，对于个人或是事物的发展和成功都是必不可少的。但发现问题并不比解决问题逊色，有时甚至比解决问题来得更重要。

变通地运用方法解决问题

在善于变通地运用方法解决问题的人的世界里，不存在困难这样的字眼。再顽固的荆棘，也会被他们用变通的方法拔根而起。他们相信，凡事必有方法可以解决，而且能够解决得很完美。事实也一再证明，看似极其困难的事情，只要变通地运用方法，必定会有所突破，有所成就。

《围炉夜话》中说："为人循矩度，而不见精神，则登场之傀儡也；做事守章程，而不知权变，则依样之葫芦也。"一个卓越的人必是善于变通地运用方法解决问题的人。当他发现一条路不通或太挤时，就会及时转换思路、改变方法，寻求一条更为通畅的路。

一流之人善于变通，末流之人故步自封。凡能变通地运用方法解决问题的人，都是能够主动创新的人，也是最受欢迎的人。凡世间取得卓越成就之人无不深知变通之理，无不熟谙变通之术。

换一种思维方式，能使你在做事情、遭遇困境时找到峰回路转的契机，同时赢得一片新的天地。

在一个家电公司的会议上，高层主管们正在为自己新推出的加湿器制订宣传方案。

在现有的家电市场上，加湿器的品牌已经多如牛毛，而且每一个厂家都挖空了心思来推销自己的产品。怎样才能在如此激烈的竞争中，将自己的加湿器成功地打入市场呢？所有的主管都为此一筹莫展。

这时，一个新上任的主管说道："我们一定要局限在家电市场吗？"所有的人都愣住了，静听他的下文。"有一次，我在家里看见妻子做美容用喷雾器，于是就想，我们的加湿器为什么不可以定位在美容产品上呢……"

他还没有说完，总裁就一跃而起，说道："好主意！我们的加湿器就这样来推销！"

于是，在他们新推出的广告理念中，加湿器就被作为冬季最好的保湿美容用品。他们的口号是——加湿器：给皮肤喝点水。

新的加湿器一上市，就成功抢占了市场，当然，这和他们新颖的创意宣传是分不开的。

在家电市场竞争日益激烈的销售战中，几乎每一种品牌都在无所不用其极地使人们记住他们的产品，在这种情况下，如果依然在家电圈子里打主意，意义就不大了。

重新为自己的产品定位，给自己的产品一个新的角度，该家电公司的这一全新的理念为自己赢来了一个新的市场。这样的创新，不仅使消费者耳目一新，重新认识了加湿器，也使他们避开了激烈的家电市场竞争，成功地推销了自己的产品。

随着社会的发展，变通地运用方法解决问题越来越重要，也越来越被人们所认识。只有善于变通、勤于寻找方法的人，在社会上才具有更大的价值，才是社会最需要的人。

每日一点

在善于变通地运用方法解决问题的人的世界里，不存在困难这样的字眼。再顽固的荆棘，也会被他们用变通的方法拔根而起。他们相信，凡事必有方法可以解决，而且能够解决得很完美。

PART

05

没有任何借口

❀ 绝对执行，**不找任何借口**

美国人常常讥笑那些随便找借口的人说："狗吃了你的作业。"借口是拖延的温床，习惯找借口的人总会找出一些借口来安慰自己，总想让自己轻松一些、舒服一些。这样的人，不可能成为称职的员工，要知道，老板安排你这个职位，是为了解决问题的，而不是听你关于困难的分析。不论是失败了，还是做错了，再好的借口对于事情本身也是没有丝毫用处的。

许多人都可能会有这样的经历：清晨闹钟将你从睡梦中惊醒，你虽然知道该起床了，可就是躺在温暖的被窝里面不想起来——结果上班迟到，你会对上司说你的闹钟坏了。

又一次，你上班迟到，明明是你躺在被窝里面不起来，却说路上塞车。

……

糊弄工作的人是制造借口的专家，他们总能以种种借口来为自己开脱，只要能找借口，就毫不犹豫地去找。这种借口带来的唯一"好处"，就是让你不断地为自己去寻找借口，长此以往，你可能就会形成一种寻找借口的习惯，任由借口牵着你的鼻子走。这种习惯具有很大的破坏性，它使人丧失进取心，让自己松懈、退缩甚至放弃。在这种习惯的作用下，即使是自己做了不好的事，你也会认为是理所当然的。

一旦养成找借口的习惯，你的工作就会拖拖拉拉、没有效率，做起事来就往往不诚实。这样的人不可能是好员工，他们也不可能有完美的人生。

罗斯是公司里的一位老员工了，以前专门负责跑业务，深得上司的器重。只是有一次，他把公司的一笔业务“丢”了，造成了一定的损失。事后，他很合情合理地解释了失去这笔业务的原因。那是因为他的脚伤发作，比竞争对手迟到半个钟头。以后，每当公司要他出去联系有点棘手的业务时，他总是以他的脚不行、不能胜任这项工作为借口而推诿。

罗斯的一只脚有点轻微的跛，那是一次出差途中出了车祸引起的，留下了一点后遗症，根本不影响他的形象，也不影响他的工作，如果不仔细看是看不出来的。

第一次，上司比较理解他，原谅了他。罗斯很得意，他知道这是一宗比较难办的业务，他庆幸自己的明智，如果没办好，那多丢面子啊。

但如果有比较好揽的业务时，他又跑到上司面前，说脚不行，要求在业务方面有所照顾，如就易避难、趋近避远，如此种种，他大部分的时间和精力都花在如何寻找更合理的借口上。碰到难办的业务能推的就推，好办的差事能争就争。时间一长，他的业务成绩直线下滑，没完成任务他就怪他的腿不争气。总之，他现在已习惯因脚的问题在公司里可以迟到，可以早退，甚至工作餐时他还可以喝酒，因为喝点酒可以让他的脚舒服些。

现在的老板都是很精明的，有谁愿意要这样一个时时刻刻找借口的员工呢？罗斯被炒也是在情理之中的事。善于找借口的员工往往就像罗斯一样，因为糊弄自己的工作而“糊弄”了自己。

因此，要成功就不要找借口。不要害怕前进路上的种种困难，不要为自己的平庸寻找种种托词，也不要为自己的失败解释种种原因，抛开借口，勇往直前，你就能激发出巨大潜能，从而在前进的路上，披荆斩棘，直抵成功。

为什么美国海军陆战队要求“毫无保留地服从”？这是一个十分简单的道理。因为没有服从的精神，就没有纪律，没有纪律的军队就没有战斗力，有效地完成任务则更无从谈起。

如果你亲眼看到过美国海军陆战队的训练和生活，你体会最深的可能莫过于“服从”二字。

长官一声令下，队员立即无条件执行——

滂沱大雨中，士兵照常训练，执行口令不得有丝毫懈怠；

没有长官的命令，行进路上的水洼沟壑好像根本就不存在；

新兵的第一次跳伞训练，每个人在机舱口都不得有一丝犹豫。

无论前面是生是死、是水是火，只要你是美国海军陆战队员，“毫无保留地服从”就是你的首要职责！

对于任何团体和组织，服从精神的重要性都不言而喻。职场中，我们的团队同样需要无条件地服从：对上级命令的服从，对下达任务的服从，对公司利益的服从。我们的身边常常有这样或那样企图推卸责任或拒绝服从命令的情况发生，是服从还是敷衍，这样的选择经常在一个人心头徘徊：

“这件事我不大清楚，请你问问别人。”

“老板，我星期六有事，您看看还有没有其他人选。”

“对不起，星期五下午我们不处理类似事务。”

“这个我不会。”

“学校里没教过这个。”

……

工作中，服从不仅是对上级命令的贯彻，它更多地表现为对工作积极接受的态度，意味着一个人具有不逃避责任、热情投入以及牺牲的精神。它常常在我们的生活中以另一种姿态出现，那就是“敬业”。

林红是一名保险公司的从业人员，她是大区仅有的六个顶级会员之一。别人问起她成功的经验时，她说：“我曾是一名军人，客户的需求就是命令。对于每一项命令，我都会全力以赴，不计代价地完成，因为服从命令是我的习惯。”

服从命令的习惯不仅能让个人变得敬业，还能强化整个团队的工作能力。试想，如果团队中的每个人都具有完全的服从精神，对每项任务都认认真真去完成，谁又能不兢兢业业、竭尽所能？团队有如一部联动机，当所有的部件都能忠实履行自己的职责时，整个机器才能运转自如；而当各个部件都有超常表现时，整个机器的性能就会成倍地提高。

相反，各自为政不仅会毁掉个人的前途，也会腐蚀掉整个团队的战斗力。对分配的工作百般推脱的员工只会令老板徒增烦恼，更不可能被委以重任。同样，没有服从精神的团队，必定是一盘散沙。

在执行中，对命令的尊重与服从是至关重要的。命令是贯穿整个行动计划的关键，只有每个成员都能坚决服从命令并完成自身的任务，才能保证整体行动的顺利进行。

每日一点

在同样的公司、做同样的工作，为什么有人一路擢升、顺风顺水，有人却每况愈下、越发窘迫呢？虽然每个人成功的因素各不相同，但大多数成功人士都有一个共同的特点：他们从不为自己的工作寻找借口。

扔掉“可是”这个借口

拒绝“可是”，拒绝借口，你才能找到解决问题的切入点，才能真正认识到自己的能力，而后准确地给自己定位。因为任何“可是”、任何借口，其实都是懒人的托词，只能慢慢地把你推向失败的旋涡，让你处于一种疲惫且不知前进的状态。而扔掉“可是”这个借口，你才能发掘出自己的潜能，闯出属于自己的一片天地。

“我本来可以，可是……”

“我也不想这样，可是……”

“是我做的，可是这不全是我的错……”

“我本来以为……可是……”

行事不顺时，我们都喜欢以“可是”这个借口来推脱责任，却很少有敢于承担后果的勇气，很少去思考解决问题的方法，就这样不断地求助于“可是”，不断地寻找各种各样的借口，糟糕的事情不断发生，生活也就不断地出现恶性循环。须知，唯有扔掉“可是”这个借口，你才能跨出心灵的囚笼，取得意想不到的辉煌成果。

对于很多善于找借口的人来说，从一件事情上入手来尝试着丢掉借口，抓紧时间，集中精力去做好手边的事，也许结果会大不相同。

一次，美国著名教育家、人际关系专家戴尔·卡耐基先生的夫人桃乐西·卡耐基女士，在她的训练学生记人名的一节课后，一位女学生跑来找她，说：

“卡耐基太太，我希望你不要指望你能改进我对人名的记忆力，这是绝对办不到的事。”

“为什么办不到？”卡耐基夫人吃惊地问，“我相信你的记忆力会相当棒！”

“可是这是遗传的呀，”女学生回答她，“我们一家人的记忆力都不好，我爸爸、我妈妈将它遗传给我。因此，你要知道，我在这方面不可能有什么更出色的表现。”

卡耐基夫人说：“小姐，你的问题不是遗传，是懒惰。你觉得责怪你的家人比用心改进自己的记忆力容易。你不要把这个‘可是’当作你的借口，请坐下来，我证明给你看。”

随后的一段时间里，卡耐基夫人专门耐心地训练这位小姐做简单的记忆练习，由于她专心练习，学习的效果很好。卡耐基夫人打破了那位小姐认为自己无法将记忆力训练得优于父母的想法。那位小姐就此学会了从自己本身找缺点，学会了自己改造自己，而不是找借口。

“可是”这个借口是人们回避困难、敷衍塞责的“挡箭牌”，是不肯自我负责的表现，是一种缺乏自尊的生活态度的反映。怎样才能不再找借口，并不是学会说“报告，没有借口”就足够了，而是要按照生活真实的法则去生活，重新寻回你与生俱来但又在成长过程中失去的自尊和责任感。

你改变不了天气，请不要说“可是”，因为你可以调整自己的着装；你改变不了风向，请不要说“可是”，因为你可以调整你的风帆；你改变不了他人，请不要说“可是”，因为你可以改变你自己。所以，面对困难，你可以调整内在的态度和信念，通过积极的行动，消除一切想要寻找借口的想法和心理，成为一个勇于承担责任的人，成为一个不抱怨、不推脱、不“可是”、不为失败找借口的人。

扔掉“可是”这个借口，让你没有退路、没有选择，让你的心灵时刻承载着巨大的压力去拼搏、去奋斗，置之死地而后生。只有这样，你的潜能才会最大限度地发挥出来，成功也会在不远的地方向你招手！

成功的人不会寻找任何借口，他们会坚毅地完成每一项简单或复杂的任务。一个追求成功的人应该确立目标，然后不顾一切地去追求目标，最终达到目标，取得成功。

许多人总爱为自己找各种各样的借口，以便让自己保存一些脸面。殊不知，这种错误的心理和方式只会让自己逐渐滑入失败的深渊。通常情况下，借口会让人失去信心，处于一种疲软的生活状态之中。拒绝“可是”这个借口、向借口开刀是决定你胜出一般人的第一标志。

每日一点

成功的人不会寻找任何借口，他们会坚毅地完成每一项简单或复杂的任务。一个追求成功的人应该确立目标，然后不顾一切地去追求目标，最终达到目标，取得成功。

❀只为成功找方法，**不为问题找借口**

制造托词来解释失败，这已是世界性的问题。这种习惯与人类的历史一样古老，这是成功的致命伤！制造借口是人类本能的习惯，这种习惯是难以打破的。柏拉图说过："征服自己是最大的胜利，被自己所征服是最大的耻辱和邪恶。"

顾凯在担任云天缝纫机有限公司销售经理期间，曾面临一种极为尴尬的情况：该公司的财务发生了困难。这件事被负责推销的销售人员知道了，并因此失去了工作的热忱，销售量开始下跌。到后来，情况更为严重，销售部门不得不召集全体销售员开一次大会。全国各地的销售员皆被召去参加这次会议，顾凯主持了这次会议。

首先，他请手下最佳的几位销售员站起来，要他们说明销售量为何会下跌。这些被叫到名字的销售员一一站起来后，每个人都有一段令人震惊的悲惨故事要向大家倾诉：商业不景气、资金缺少、物价上涨，等等。

当第5个销售员开始列举使他无法完成销售配额的种种困难时，顾凯突然跳到一张桌子上，高举双手，要求大家肃静，然后说道："停止，我命令大会暂停10分钟，让我把我的皮鞋擦亮。"

然后他命令坐在附近的一名小工友把他的擦鞋工具箱拿来，并要求这名工友把他的皮鞋擦亮，而他就站在桌子上不动。

在场的销售员都惊呆了，有些人以为顾凯发疯了，人们开始窃窃私语。这时，只见那位小工友先擦亮他的一只鞋子，然后又擦另一只鞋子，他不慌不忙地擦着，表现出一流的擦鞋技巧。

皮鞋擦亮后，顾凯给了小工友 1 元钱，然后发表他的演说。

他说："我希望你们每个人好好看看这个小工友。他拥有在我们整个工厂及办公室内擦鞋的特权。他的前任的年纪比他大得多，尽管公司每周补贴他 200 元的薪水，而且工厂里有数千名员工，但他仍然无法从这个公司赚取足以维持他生活的费用。

"可是这位小工友不仅不需要公司补贴薪水，还可以赚到相当不错的收入，每周还可以存下一点钱来。他和他的前任的工作环境完全相同，也在同一家工厂内，工作的对象也完全相同。

"现在我问你们一个问题，那个前任拉不到更多的生意，是谁的错？是他的错，还是顾客的？"

那些推销员不约而同地大声说：

"当然了，是那个前任的错。"

"正是如此。"顾凯回答说，"现在我要告诉你们，你们现在推销缝纫机和一年前的情况完全相同：同样的地区、同样的对象以及同样的商业条件。但是，你们的销售成绩却比不上一年前。这是谁的错？是你们的错，还是顾客的错？"

同样又传来如雷般的回答：

"当然，是我们的错。"

"我很高兴，你们能坦率地承认自己的错误。"顾凯继续说，"我现在要告诉你们。你们的错误在于，你们听到了有关本公司财务发生困难的谣言，这影响了你们的工作热情，因此你们不像以前那般努力了。只要你们回到自己的销售地区，并保证在以后的30天内，每人卖出5台缝纫机，那么本公司就不会再发生什么财务危机了。你们愿意这样做吗？”

大家都说“愿意”，后来果然也办到了。那些他们曾强调的种种借口，如商业不景气、资金缺少、物价上涨等，仿佛根本不存在似的，统统消失了。

卓越的必定是重视找方法的人。在他们的世界里不存在借口这个字眼，他们相信凡事必有方法去解决，而且能够解决得最完美。事实也一再证明，看似极其困难的事情，只要用心寻找方法，必定会成功。真正杰出的人只为成功找方法，不为问题找借口，因为他们懂得：寻找借口，只会使问题变得更棘手、更难以解决。

每日一点

看似极其困难的事情，只要用心寻找方法，必定会成功。真正杰出的人只为成功找方法，不为问题找借口，因为他们懂得：寻找借口，只会使问题变得更棘手、更难以解决。

患上“借口症”

我们来看看几个常见的借口是如何的荒谬。

一、年龄借口

两个儿时的玩伴，十几年后聚在一起，大家都大为感慨，于是亲切地聊起来。然而，令人吃惊的是，两人竟都说自己已经“老”了。“现在只是为了孩子赚钱，还有十几年就要退休养老了，没有其他想法了。”

老天，才三十五六岁！怎么就等待退休养老呢？

怪不得我们这个社会有那么多失败者，他们不去努力追求成功，却随意找借口，迎接和等待人生的失败。

按说这两位玩伴现在都具有很好的条件去设立某个目标，努力攀登。遗憾的是，他们竟然放弃了一切追求，年龄的借口和其他的交谈都显露了他们消极失败的心态，三十五六岁就说“老”了。事实恰恰相反，三十五六岁的人生是最有作为、精力最旺盛的时候。因为这个时候，人们因吸收广泛的生活养料而比较成熟，更容易认识和把握自己。

许多大成功者，都是在 30 ～ 60 岁的年龄阶段达到自己事业的顶峰的。北京天安制药集团总裁吕克键，49 岁才开始辞职创业；山东乳山百万富翁养蚶专家辛启泰，50 岁才从海边滩涂上寻找到成功之路；四川“蚊帐大王”杨百万 66 岁才从摆小摊开始做生意；美国总统里根 73 岁还参加竞选。

拿破仑·希尔对 2500 人进行分析，发现很少有人在 40 岁以前取得事业上的大成功。美国著名的汽车大王福特，40 岁还没有迈出成功的重要步伐。美国钢铁大王安德鲁·卡内基取得巨大成功之时，已过 40 岁。希尔本人出版第一本成功学著作时已是 45 岁，之后他为事业成功还奋斗了 42 年，他 80 岁的时候还在出书。

年龄，绝不能成为不成功的借口。

二、工作中的借口

我们经常会听到这样或那样的借口。借口在我们的耳畔窃窃私语，告诉我们不能做某事或做不好某事的理由，它们好像是“理智的声音”“合情合理的解释”，冠冕而堂皇。上班迟到了，会有“路上堵车”“手表停了”“今天家里事太多”等借口；业务拓展不开，工作无业绩，会有“制度不行”“政策不好”或“我已经尽力了”等借口。事情做砸了有借口，任务没完成有借口。只要有心去找，借口无处不在。借口就是一块敷衍别人、原谅自己的“挡箭牌”，就是一个掩饰弱点、推卸责任的“万能器”。有多少人把宝贵的时间和精力放在了如何寻找一个合适的借口上，而忘记了自己的职责和责任啊！

寻找借口，就是把属于自己的过失掩饰掉，把应该自己承担的责任转嫁给社会或他人。这样的人，在企业中不会成为称职的员工，在社会上也不是大家可信赖和尊重的人。这样的人，

注定只能是一事无成的失败者。

三、教育和文凭的借口

“我没有受过良好的教育”“我没有文凭”，这是不少人常用的借口。事实上学习知识的途径多种多样，学校教育、文凭教育仅仅是千万条求知途径中的一种。要知道从学校的书本上学东西常常有很大的局限性，真正的教育来自社会大学和自学。

我们看看那些成功人物的教育与文凭情况：椰树集团董事长王光兴，初中文凭；果喜集团总裁张果喜，小学文凭；治秃专家赵章光，高中文凭；美国钢铁大王安德鲁·卡内基 13 岁开始工作，几乎没接受什么正规教育；美国石油大王洛克菲勒，高中辍学；日本松下幸之助只有小学四年级的学历；香港富商李嘉诚，初中辍学……这些成功者的知识与能力全靠自学而来。

受到良好的学校教育，当然对成功有帮助；没有受到学校教育、没有文凭的人，只要愿意，自学永远不晚。

四、资金借口

“我没有资金，所以我不能成功……”

事实是，有资金可以帮助我们成功，但没有资金，只要想办法同样可以创业赚钱，同样可以成功。其实，资金来源途径很多：积少成多地积累，大雪球是由小雪球滚成的；向亲朋好友借钱集资；寻找一个能生财的门路；抓住机会找银行贷款；或找有钱单位和个人合伙；集资入股……许多做大生意的人都不是靠个人的资金，而是充分利用了银行、信用社以及社会闲散资金。

失败者大都喜欢找借口，成功者却大都拒绝找借口，向一切可以作为借口的原因或困难挑战。富兰克林·罗斯福因患小儿麻痹症而下身瘫痪，他是最有资格找借口的。可是他以信心、勇气和顽强的意志向一切困难挑战，居然冲破美国传统束缚，连任四届美国总统。他以病残之躯，在美国历史上，也在人类历史上，写下了光辉灿烂的成功篇章。

此外，还有“运气”借口、“健康”借口、“出身”借口、“人际关系”借口等。希尔在他的《思考致富》里将一位个性分析专家编的借口表列出来，竟然有50个之多。希尔说：“找借口解释失败是全人类的惯常做法。这种做法同人类历史一样源远流长，且对成功有着致命的破坏力。”

那么我们该如何根治自己的“借口症”呢？

当你面对失败时，不要寻找借口，而应找出失败的原因。

一个人做事不可能一辈子一帆风顺，就算没有大失败，也会有小挫折。而每个人面对失败的态度也都不一样，有些人不把失败当一回事，他们认为“胜败乃兵家常事”；也有人拼命为自己的失败找借口，告诉自己，也告诉别人：他的失败是因为别人扯了后腿、家人不帮忙，或是身体不好、运气不佳等。在现实生活中，不把失败当一回事的人实在不多，而这种人也不一定会成功，因为如果他不能从失败中吸取教训，就算有过人的意志也没用。但不敢面对失败，老是为失败寻找借口，也不能获得成功。

面对失败是件痛苦的事，就如同自己拿着刀割伤自己一样，但不这样做又能如何？人要追求成功就必须找出失败的原因来，以便对症下药。

要找出失败的原因并不容易，因为人常会下意识地逃避，因此应双管齐下，自己检讨，也请别人批评。自己检讨是主观的，有正确的，也有不正确的；别人批评是客观的，当然也有正确的和不正确的，两者相比较，便能找出失败的真正原因了，这些原因一定和你的个性、智慧、能力有关。你应该好好分析这些问题，诚实地面对，并自我修正。如果能这么做，那你就不会再犯同样的错误，并且成功得比较快。如果一碰上失败就找借口，那你失败的机会很可能会多于成功的机会，因为你并未从根本上解决“病因”，当然也就要时常发病了！

每日一点

生活中，因各种借口造成的消极心态，就像瘟疫一样毒害着我们的灵魂，并且互相感染和影响，极大地阻碍着人们正常潜能的发挥，使许多人未老先衰，丧失斗志，消极处世。然而，正像任何传染病都可以治疗一样，“借口症”这个心态病也是可以克服的。办法之一就是用事实将借口一一驳倒，使它没有理由在我们心中立足。

❀ 财富不和借口在一起

在现今的经济社会生活中，每个人都想发财，每个人都有一个发财的美梦。但是，很多人很快就放弃了自己的梦想，于是生活就失去了动力，以后的生活就是往下混了，人生也就失去了意义。这就是他们失败而默默无闻的原因。只要不放弃雄心，即使你一辈子都没有实现你的发财梦，你也会觉得没有虚度此生。更何况你只要行动，就会有收获。拿破仑·希尔把致富的过程总结为六大步骤：

第一，牢记你所渴望金钱的确切数目。

第二，决定一下，你要付出什么以求报偿。

第三，设定你想拥有所渴望金钱的确切日期。

第四，草拟实现渴望的确切计划，并且立即行动，不论你准备妥当与否，都要将计划付诸实施。

第五，简单明了地写下你想获得的金钱数目及获得这笔钱的时限。

第六，一天朗读两遍你写好的计划，早晨起床时念一遍，晚上睡觉前念一遍。

这六大步骤的核心就是要行动，任何伟大的财富追求只有在行动中才会变为现实。

由此，我们每个人都应该执着地坚持自己创富的信念，保持昂扬的斗志，让梦想焕发惊人的力量，推动我们勇往直前，切莫让“没有发财的命”之类的想法演化成一种借口，从而成为制约你创造财富的枷锁。

广东阳西县（深圳光明）鱼粉有限公司董事长陈广富当年就是一个渔民，后为鱼贩，常在广州洲头咀码头和一德路水产市场售卖鱼虾，因为经营不善，经常血本无归。经过多少次的跌跌撞撞之后，陈广富开始认识到，要发展就要充分利用当地海边资源，通过招商引资走以商带家、以工促农、农工商齐发展之路。说干就干的陈广富，先是创办了儒洞海发水产贸易部，进行水产品加工贸易，然后投入 500 万元，与渔民合资、联营造船 60 艘共同发展渔业产业。后来，他又邀请深圳光明农场加盟建立阳西县（深圳光明）鱼粉有限公司，先后投入 1500 万元，把原来的简单机械加工改为进口丹麦湿法鱼粉加工设备（3 条流水线），这些设备和所采用的技术是当时国内最先进的。年产鱼粉1万多吨，鱼油1000多吨，产值5000多万元。随后又投入2300万元建成两条饲料生产线，年产各种饲料8万多吨，产值4000多万元。他一手创办的阳西县（深圳光明）鱼粉有限公司从而成为广东省首批20家农业龙头企业之一。

从陈广富身上我们可以看出，要致富，首先得敢致富。恰恰这一点是许多人缺乏的，也是许多人所忽视的。

只有敢于亮出致富的旗帜，敢于采取致富的行动，才有可能走上富裕的道路。

每日一点

人在致富问题上总是哀叹："我天生没有什么野心，不是发财的料。"这是一种典型的借口。"王侯将相，宁有种乎？"没有人天生注定要发大财，但人人都可以做发财梦，激发发财的野心。要知道，许多成功者之所以成功，是从形成谋财的"野心"开始的。

PART

06

以信念的烛光 点燃成功的圣灯

❀信念是幸福人生的航道

唐代的百丈禅师，曾制定《百丈清规》，并笃实奉行，“一日不作，一日不食”，一面修行，一面劳作。他年老时仍然照常操作，弟子们于心不忍，偷偷地把他的农作工具藏匿起来。禅师找不到工具，那一天没工作，但是那一天他也真的没吃东西。百丈禅师为何能精勤不休？是因为他的信念和抱负鞭策着他。

清末时，梨园中有“三怪”，他们声名远播。

跛子孟鸿寿，幼年身患软骨病，身长腿短，头大脚小，走起路来不能保持身体平衡。于是，他暗下决心，勤学苦练，扬长避短，后来一举成为丑角大师。

盲人双阔，自小学戏，后来因疾失明，从此他更加勤奋学习，苦练基本功。他在台下走路时需人搀扶，可是上台表演却寸步不乱，演技超群，终于成为一名功深艺湛的武生。

王益芬，先天不会说话，平日看父母演戏，一一默记在心，虽无人教授，但他每天起早贪黑练功，常年不懈。艺学成后，一鸣惊人，成为戏园里有名的武花脸，被戏班奉为导师。

身有残疾的梨园三怪，为什么能够成才呢？是因为他们不被自己的缺陷所压服，身残的压力让他们更加坚定了人生的信念。看似失败的人生，实际还有通向成功的途径。他们身残志坚、扬长避短，再加上勤奋，于是他们从勤奋中造就了最好的自己，同时也成就了一番事业。

每日一点

抱着坚定的信念，铁树也有可能开花。信念，为幸福人生指明了航道。

智者不打无准备之仗，不为明天做准备的人永远不会有未来。

❀ 命运女神只垂青于**执着地相信自己的人**

一位经验丰富的农夫在自己的田里种黄豆，由于天气干旱和地鼠为患，他把种子埋得很深。

过了几天，农夫带着年仅 6 岁的儿子去查看，翻开土壤，他们发现很多种子都长出了长茎，顶上是两瓣黄黄的嫩芽，这柔弱的生命正在土壤的空隙中七弯八拐地往上生长着，很快将要破土而出。

儿子惊讶地问：“小苗长眼睛了吗？”

“没有。”

“那它怎么都知道要往上生长，而不往下长呢？”

“因为它要寻找太阳，没有阳光它们最终会死的。”

儿子又问农夫：“那么，如果我要是没有阳光会死吗？”

农夫告诉儿子：“孩子，你放心，对生活对自己有信心，就不会没有阳光的。”

如同种子一样，我们每一个人也应坚信：幸福的阳光就在自己的头顶上。

我们每个人只利用了体魄和心智能源的极小部分，若与人的潜力相比，我们只是半醒状态。正如美国诗人惠特曼诗中所说：

我，我要比我想象的更大、更美
在我的，在我的体内
我竟不知道包含这么多美丽
这么多动人之处……

人是万物的灵长，我们每个人都具有发扬生命的本能。为“生命本能”效力的就是人体内的创造机能，它能创造人间的奇迹，也能创造一个最好的你。

一个人相信自己是什么，就会是什么。一个人心里怎样想，就会成为怎样的人。相信你是个强者，你就可能是个强者，我们每个人的心里都有一幅“心理蓝图”或一幅自画像，有人称它为“自我心像”。自我心像有如电脑程序，直接影响它的运作结果。如果你的心想象的是做最好的你，那么你就会在你内心的“荧光屏”上看到一个踌躇满志、不断进取的自我，同时还会经常收听到“我做得很好，我以后还会做得更好”之类的信息，这样你注定会成为一个最好的你。

每日一点

相信自己，创造最好的“我”，幸福、成功将悄然而至。

❀ 热忱源于信念

热忱并非上天赐予的，或外界强加于你的，它源于内心，源于信念。

热忱是坚定的信念在行动上的表现，是被称为燃烧的欲望的强烈情绪，是促使你将思想付诸行动的巨大力量。

在励志大师卡耐基的办公桌上有一块牌子，他家的镜子上也吊了同样的一块牌子。巧的是麦克阿瑟将军在南太平洋指挥盟军的时候，办公室的墙上也挂着一块牌子，上面都写着同样的文字：

你有信仰就年轻，疑惑就年老；

有自信就年轻，畏惧就年老；

有希望就年轻，绝望就年老；

岁月使你皮肤起皱，但是失去了热忱，就损伤了灵魂。

这是对热忱最好的赞词。培养并发挥热忱的特性，我们就可以为我们所做的每件事情加上火花和趣味。

IBM 成为当今世界上最大的计算机制造公司的成功秘诀就是为顾客创造良好的售后服务条件。长期以来，该公司挑选了一批优秀的技术骨干，专门负责解决顾客的问题和疑难，而且向顾客许诺：服务会在顾客提出要求后的 24 小时之内完成。

有一次，一家使用IBM计算机的公司打来长途电话，请求该公司立即派人前去帮助修理计算机出现的故障。可是这家用户地处偏远的山区，靠一般的交通工具需要花费两天的时间才能到达那里。为了及时帮助顾客排忧解难，维护公司的声誉，经过短时间的研究之后，该公司的维修人员毅然踏上了直升机，及时赶到了用户家里，而且对用户表示歉意，满怀热情地为用户顺利而及时地排除了故障，使这家客户大为感动。优质的产品及工作人员良好的工作热情，使IBM公司在世界计算机销售领域中独占鳌头。

一个热忱的人，无论是在挖土，还是经营大公司，都会认为自己的事业是一项神圣的天职，并怀着深切的兴趣。对自己的事业热忱的人，不论事业有多少困难，或需要多少的努力，始终会用不急不躁的态度去投入。只要抱着这种态度，任何人都一定会成功，一定会达到目标。

一个没有热忱的人，不论有什么能力，都发挥不出来。热忱可以改变一个人对他人、工作以及对全世界的态度，热忱使人更热爱人生。

每日一点

爱默生说："有史以来，没有任何一件伟大的事业不是因为热忱而成功的。"事实上，这不是一段单纯而美丽的话语，而是迈向成功之路的路标。

❀“不可能”是机会的代名词

一个信念可以造就一段传奇，一个信念可以把常人眼中的“不可能”变为“可能”。

1485 年 5 月，哥伦布到西班牙极力游说：“我从这儿向西也能到达东方，只要你们拿出钱来资助我。”当时，没有一个人阻止他，也没有人刺杀他，因为当时的人认为，从西班牙向西航行，不出 500 海里（926 千米）就会掉进无尽的深渊，到达富庶的东方是绝对不可能的。

不料，在他第一次航行成功，第二次又要去的时候，不仅遇到了空前的阻力，而且还有人在大西洋上拦截，并企图暗杀他。至于原因，非常简单，因为沿这条航线绝对能够到达富庶的东方，他再去一回，那儿的黄金、玛瑙、翡翠、玉石、皮毛、香料，就会使他富比王侯，不可一世。

在法国，一位小男孩创办了一个专门提供玩具信息的网站。当时没有一个人把他放在眼里，没有一家同类的公司与之为敌，也没有哪家行业会来找他签订行业约束条款。他们认为，那个网站只是一个孩子的游戏，成不了什么气候。谁知结果却出人意料，这个小男孩不仅把网站做大了，而且在他十几岁时，就通过广告收入，成了法国最年轻的百万富翁。

可见，“不可能”的另一面，即为“机会”。

因为不可能，必然谁也不去关注，谁也不去攻击，谁也不去设防；再者，不可能实现的事，一般都没有竞争对手，第一个去做的人正好可以独自乘虚而入。

另外，一般人认为不可能的事，肯定是件十分困难，甚至是难以想象的事。因为太难，所以畏难；因为畏难，所以根本不去问津，不但自己不去问津，甚至认为别人也不会问津。可以说，世界上真正的大业，都是在别人认为不可能的情况下完成的。在人类一步步从过去走向未来的过程中，不可能的事，一件还没有发现。

每日一点

唯有信念坚定的强者，最爱人们眼中的“不可能”，因为其中潜藏着无数的机遇。

PART
07

别抱怨，谁的人生没有坎坷

人生没有过不去的坎

“没有永久的幸福，也没有永久的不幸”，尽管在生活中，我们每个人都会遇到各种各样的挫折和不幸，而且有的人不仅仅要承受一种磨难，甚至受打击的时间可以长达几年、十几年，但是让人极度讨厌的厄运也有它的“致命弱点”，那就是它不会持久存在。

人们在遭受了生活的打击之后，总是习惯抱怨自己的命运不好，身边没有能够帮忙的朋友，家世也不好，没有可依靠的父母，等等。其实抱怨并不能解决问题，问题发生的时候，我们一定要相信——厄运不久就会远走，好运迟早会到来。

匹兹堡有一个女人，她已经 35 岁了，过着平静、舒适的中产阶层的家庭生活。但是，她突然连遭四重厄运的打击。丈夫在一次事故中丧生，留下两个小孩。没过多久，一个女儿被烤面包的油脂烫伤了脸，医生告诉她孩子脸上的伤疤终生难消，母亲为此伤透了心。她在一家小商店找了份工作，可没过多久，这家商店就关门倒闭了。丈夫给她留下了一份小额保险，但是她耽误了最后一次保费的续交期，因此保险公司拒绝支付保费。

碰到一连串不幸事件后，女人近于绝望。她左思右想，为了自救，她决定再做一次努力，尽力拿到保险补偿。在此之前，她一直与保险公司的普通员工打交道。当她想面见经理时，一位接待员告诉她经理出去了。她站在办公室门口无所适从，就在这时，接待员离开了办公桌。机会来了。她毫不犹豫地走进了经理的办公室，结果看见经理独自一人在那里，经理很有礼貌地问候了她。她受到了鼓励，沉着镇静地讲述了索赔时碰到的难题。经理派人取来她的档案，经过再三思索，决定应当以德为先，给予赔偿，虽然从法律上讲公司没有承担赔偿的义务。工作人员按照经理的决定为她办了赔偿手续。

但是，由此引发的好运并没有到此中止。经理尚未结婚，他对这位年轻寡妇一见倾心。他给她打了电话，几星期后，他为寡妇推荐了一位医生，医生为她的女儿治好了病，脸上的伤疤被清除干净；经理通过在一家大百货公司工作的朋友给寡妇安排了一份工作，这份工作比以前那份工作好多了。不久，经理向她求婚。几个月后，他们结为夫妻，而且婚姻生活相当美满。

这个故事很好地阐释了厄运与好运的意义，厄运不会一直存在于我们的生活里，即使是现在深陷困境，也会在不久之后就等到厄运的夭折期。

易卜生说：“不因幸运而故步自封，不因厄运而一蹶不振。真正的强者，善于从顺境中找到阴影，从逆境中找到光亮，时时校准自己前进的目标。”

任何时候，都不要因厄运而气馁，厄运不会时时伴随你，阴云之后的阳光很快就会来临。

每日一点

任何时候，都不要因厄运而气馁，厄运不会时时伴随你，阴云之后的阳光很快就会来临。

不要把自己禁锢在眼前的苦痛中

世事无常，我们随时都会遇到困厄和挫折。遇见生命中突如其来的困难，你都是怎么看待的呢？不要把自己禁锢在眼前的困苦中，眼光放远一点，当你看得见成功的未来远景时，便能走出困境，达到你梦想的目标。

断崖上，不知何时长出了一株小小的百合。它刚发芽的时候，长得和野草一模一样，但是它心里知道自己并不是一株野草。它的内心深处，有一个单纯的念头："我是一株百合，不是一株野草。唯一能证明我是百合的方法，就是开出美丽的花朵。"它努力地吸收水分和阳光，深深地扎根，直直地挺着胸膛，对附近的杂草置之不理。

在野草和蜂蝶的鄙夷下，百合努力地释放内心的能量。百合说："我要开花，是因为知道自己有美丽的花；我要开花，是为了完成作为一株花的庄严使命；我要开花，是由于自己喜欢以花来证明自己的存在。不管你们怎样看我，我都要开花！"

终于，它开花了。它那灵性的洁白和秀挺的风姿，使它成为断崖上最美丽的风景。每年春天，百合努力地开花、结籽。最后，这里被称为“百合谷地”，因为这里到处是洁白的百合。

我们生活在一个竞争十分激烈的社会，有时在某方面一时落后，有时困难重重，有时失败连连，甚至有时被人嘲笑……无论什么时候，我们都不能放弃努力；无论什么时候，我们都应该像那株百合一样，为自己播下希望的种子。

内心充满希望，它可以为你增添一分勇气和力量，它可以支撑起你一身的傲骨。莱特兄弟研究飞机的时候，许多人都讥笑他们是异想天开，当时甚至有句俗语说：“上帝如果有意让人飞，早就使他们长出翅膀。”但是莱特兄弟毫不理会外界的说法，终于发明了飞机。伽利略用望远镜观察天体，以证明地球绕太阳而行的时候，教皇曾将他下狱，命令他改变主张，但是伽利略依然继续研究，并著书阐明自己的学说，他的研究成果后来终于获得了证实。最伟大的成就，常属于那些在大家都认为不可能的情况下却能坚持到底的人。坚持就是胜利，这是成功的一条秘诀。

暂时的落后一点都不可怕，自卑的心理才是可怕的。人生的不如意、挫折、失败对人是一种考验，是一种学习，是一种财富。我们要牢记“勤能补拙”，既能正确认识自己的不足，又能放下包袱，以最大的决心和最顽强的毅力克服这些不足，弥补这些缺陷。人的缺陷不是不能改变，而是看你愿不

愿意改变。只要下定决心，讲究方法，就可以弥补自己的不足。

在不断前进的人生中，凡是看得见未来的人，也一定能掌握现在，因为明天的方向他已经规划好了，知道自己的人生将走向何方。留住心中的“希望种子”，相信自己会有一个无可限量的未来，心存希望，任何艰难都不会成为我们的阻碍。只要怀抱希望，生命自然会充满激情与活力。

每日一点

当我们身处厄运的时候，当我们面对失败的时候，当我们面对重大灾难的时候，只要我们仍能为自己的生命之杯盛满希望之水，那么，无论遭遇何种坎坷，我们都能保持快乐的心情，我们的生命才不会枯萎。

笑迎人生风雨

生活中难免有痛苦和失落，但是我们不能总是用悲观的心去对待生活，而应该在艰难中给自己一点希望，让自己坚强起来，再苦也要笑一笑。

钟爱东——百亩鱼塘的主人，被评为省“巾帼科技兴农带头人”。

从一名普通的下岗女工到身家千万的养殖大王，不惑之年的钟爱东仍然勤劳淳朴。事业几经起落，她说，横下一条心，没有过不去的坎儿。

1997 年 1 月 1 日，是钟爱东不能忘却的日子，这一天，本以为捧着“铁饭碗”的她下岗了。在这家工厂工作了近 20 年，还成了厂里的“一把手”，钟爱东说，她把全部的心血、最好的青春年华都给了工厂，甚至没有时间照顾年幼的孩子。“当时觉得,心里有什么东西被人硬掰了下来。”钟爱东说。那天,她哭了。

下岗后，她接到的第一个电话是花都区妇联打来的。她说，就是这个电话，在最艰难的时候教会她“用笑容去迎接困难”。钟爱东在当厂长的时候就经常与周围的农民接触，知道养殖水产有赚头，看准这一点，她拿出了仅有的 2000 元“压箱底钱”，又东奔西走借了些款，一咬牙承包了 200 亩低洼田，资金不够，就赚一分投入一分，滚动式周转。几年下来，天天“泡”鱼塘、搞技术，200 亩低洼田变成了水产养殖地。钟爱东说，那时照看鱼塘就是她全部的生活了。她每天早上都要花一个小时绕池塘走上几圈。

钟爱东没想到，生活中的第二次打击来得这么快。那一天，是钟爱东伤心的日子。一场大洪水湮灭了她刚刚兴旺的鱼塘。站在堤坝上，看着不断上涨的洪水一点点吞没了鱼塘，钟爱东绝望地回了家。“哪里跌倒就从哪里爬起来”，钟爱东说，这是当时丈夫说的唯一的话，倔强的她这次没有流泪。她开始带着工人挖塘、养苗，引进新技术、新鱼种，被洪水湮灭的鱼塘一点点“回来”了。

钟爱东成了远近闻名的“鱼王”，鱼塘越做越大，还办起了企业。多年的艰难经营，“养鱼为生”的钟爱东对技术情有独钟：一个没有创新、没有新产品的企业，就像脱水的鱼。

钟爱东有个温暖的四口之家，她说，在最困难的时候，家人的支持成了她的精神支柱。“当初好多次想到放弃，是他们帮我挺过了难关。”屡经磨难，钟爱东说最重要的是要学会如何看待失败，“下岗、失败都不用怕，路是自己走出来的，认定目标走下去，一定会成功。”

生命，有起有落，有悲有喜，起伏不定，但是太阳却依然明亮，月亮仍然美丽，星星依旧闪烁……一切的一切仍旧是那么和谐，而生命，依然会有着更美丽的色彩，亟待我们去开发。明天，总是美好的，只要我们有心，只要我们在艰难中咬紧牙关，我们就能够在痛苦中盼来新一轮的朝阳。

每日一点

生活中难免有痛苦和失落，但是我们不能总是用悲观的心去对待生活，而应该在艰难中给自己一点希望，让自己坚强起来，再苦也要笑一笑。

❀ **不要为了错过太阳而痛苦**，美丽的月亮正升起

生活中，我们看到的往往只是事物的一个侧面，这个侧面让人痛苦，但痛苦却可以转化。蚌因身体嵌入砂粒，伤口的刺激使它不断分泌物质来疗伤，如此才出现一颗晶莹的珍珠。哪颗珍珠不是由痛苦孕育而成的？可见，任何不幸、失败与损失，都有可能成为我们有利的因素。

1900 年前，在意大利的庞贝古城里，有一个叫莉蒂雅的卖花女孩。她自小双目失明，但并不自怨自艾，也没有垂头丧气把自己关在家里，而是像常人一样靠劳动自食其力。

不久，一场毁灭性的灾难降临到了庞贝城。没有任何预兆的维苏威火山突然爆发，数亿吨的火山灰和灼热的岩浆顷刻间把庞贝城给吞没了。

整座城市被笼罩在浓烟和尘埃中，漆黑如无星的午夜。惊慌失措的居民跌来碰去寻找出路，却无法找到。许多人来不及逃脱，被活活埋葬；有些人设法躲入地窖，但因熔岩和火山灰层的覆盖而窒息，也没有幸免。城中两万多居民大部分逃到了别处，但仍有两千多人遇难。由于盲女莉蒂雅这些年走街串巷地卖花，她的不幸这时反而成了她的大幸。她靠着自己的触觉和听觉找到了生路，而且还救了许多人。残疾，成为她的财富。

生活中谁都难免遭遇挫折，只要你树立信心，继续努力，生活中肯定会有“柳暗花明又一村”的新景象。

西娅在维伦公司担任高级主管，待遇优厚。很长一段时间，

她都为到底去什么地方度假而烦恼。但是情况很快就变得糟糕起来。为了应对激烈的竞争，公司开始裁员，而西娅则是被裁掉的一员。那一年，她 43 岁。

“我在学校一直表现不错！”她对好友墨菲说，“但没有哪一项特别突出。后来，我开始从事市场销售。30 岁的时候，我加入了那家大公司，担任高级主管。”

“我以为一切都很好，但在我 43 岁的时候，我失业了。那感觉就像有人给了我的鼻子一拳。”她接着说，“简直糟糕透了。”

西娅似乎又回到了那段灰暗的日子，语气也沉重了许多。但是，不久她凭借自己的优势找到了工作，两年后，她已经拥有了自己的咨询公司。

"被裁员是一件糟糕的事情，但那绝对不是地狱。也许，对你来说，可能还是一个改变命运的机会，比如现在的我。重要的是如何看待，我记得那句名言：世界上没有失败，只有暂时的不成功。"西娅真诚地对墨菲说。

在人的一生中，每个人都不能保证事业上能够一帆风顺。很多人刚刚步入社会，自身的经验、才能都尚在成长之中，加上社会上竞争激烈，各个用人单位对人才的要求不尽相同，这期间面试遭淘汰，或者工作不适被辞退，都是很正常的事情。你不必为此感到屈辱，耿耿于怀。

世界充满了就业的机遇，也充满了被淘汰的可能。被淘汰不一定是坏事，也许这正是上帝在以另一种方式告诉你：你未尽其才，需要寻找更适合发展的空间。

每日一点

世界充满了就业的机遇，也充满了被淘汰的可能。被淘汰不一定是坏事，也许这正是上帝在以另一种方式告诉你：你未尽其才，需要寻找更适合发展的空间。

让心中的抱怨"工厂"关门大吉

杯子里只有半杯水了，一个人看见会说："唉，只有半杯水了。"而另一个则说："啊，还有半杯水呢！"这就是对待事物的不同心态。前者是抱怨而悲观的，而后者是感恩而乐观的。

我们应该养成积极的心态，确信天黑透了，就能够看见星星，而不是去抱怨没有太阳，因为太阳绝不会听到你的抱怨。

1972 年，新加坡旅游局给总理李光耀打了一份报告，大意是说，我们新加坡不像埃及有金字塔，不像中国有长城，不像日本有富士山，不像夏威夷有十几米高的海浪。我们除了一年四季直射的阳光，什么名胜古迹都没有，要发展旅游事业，实在是巧妇难为无米之炊。

李光耀看过报告，非常气愤。据说，他在报告上批示了这么一行字：你想让上帝给我们多少东西？阳光，阳光就够了！

后来，新加坡利用那一年四季直射的阳光种花植草，在很短的时间里，发展成为世界上著名的“花园城市”。

与旅游局长心存抱怨形成鲜明对照的是，李光耀总理心存感谢。即使是一缕阳光，那也是上天的恩赐，新加坡正是抓住了阳光，做大了阳光产业，从而发展成为亚洲“四小龙”之一。

一个国家如此，一个人也应如此，一定要心怀感恩：对自己的生活环境充满感激，对自己的家人充满感激，对自己的朋友充满感激。

有的人会对工作抱怨，诸如今天又遇到比较烦的事、比较难沟通的客户，但如果你换个角度想想，假如你把比较烦的事情都做好了，比较难沟通的客户给协调好了，那说明你的服务水平又提高了，你又有进步了。如果你用积极乐观的心态去做事，相信从此你会多一分快乐，少一分抱怨。

不知感恩是一种严重的职业癌症，会严重阻碍职业发展，甚至是把自己毁灭掉。得了这种癌症的患者的症状是：不是千方百计想办法战胜困难，而是先指责、埋怨一番。

在一次某企业的招聘中，有两个年轻人脱颖而出，最后主考官单独约见了他们，问了他们同一个问题："你觉得以前你工作的那个公司怎么样？"

一个面试者抱怨说："糟透了，同事们整天不干正事，主管的水平实在太低！真难以想象我在那里是怎么度过了两年的！"

另外一个面试者却说："虽然我原来工作的是一家很小的公司，管理也不是很规范，不过在我工作的那段时间里，学到了不少的东西。正因如此，我现在才有勇气坐在这里。我很感激原来工作的公司。"

最后被录取的，毫无疑问，当然是后者！

不知感恩，缺乏感恩心态，会导致一个人的情感变得麻木；

对人对事缺乏热情与认真；工作、生活懈怠，渐渐蜕化成冷漠无情的动物。不懂感恩的人，他们的存在价值会大打折扣。

我们或许有时会感叹自己的工作平淡无味，有时会觉得自己的生活琐碎繁重，有时会气馁于某种失败，但其实只要我们用一种感恩的眼光去看待生活，就会发现我们的人生早就给我们安排了快乐和幸福，只是我们一直都被悲观遮住了眼睛。

一生一世，都是恩惠。我们应该把拥有的一切看成是“天上掉的馅饼”，没有一个快乐的人不深爱自己的生活，没有一个幸福的人不懂得感恩。一个不懂感恩的人，抱怨自己生活和工作现状的人，必定不善于利用手中的资源，也无法发掘现有的价值优势。

所以，只有关闭心中的抱怨“工厂”，搭建心中的感恩“花园”，你的生活才会实现神奇的改变。从现在开始，每天抽出一点时间，为自己目前所拥有的一切而感恩，为自己的生活而感谢吧。

每日一点

只有关闭心中的抱怨“工厂”，搭建心中的感恩“花园”，你的生活才会实现神奇的改变。从现在开始，每天抽出一点时间，为自己目前所拥有的一切而感恩，为自己的生活而感谢吧。

PART

08

拒绝平庸，走向卓越

精业才能立业

“无论从事什么职业，都应该精通它。”这句话应当成为一个高效能人士的座右铭。下决心掌握自己职业领域的所有问题，使自己变得比他人更精通。如果你是工作方面的行家里手，精通自己的全部业务，就能赢得良好的声誉，也就拥有了一种获得成功的秘密武器。

重庆煤炭集团永荣电厂的罗国洲，是一名有着 30 年工龄的普通员工，从烧锅炉工到司炉长、班长、大班长，至今他仍深情地爱着陪伴他成长并成熟的锅炉运行岗位。就是在这个岗位上他当上了锅炉技师，成为远近闻名的“锅炉点火大王”和锅炉“找漏高手”；就是这个岗位，让他感受到了一名工人技师的荣耀和自豪。

罗国洲有一副听漏的“神耳”，只要围着锅炉转上一圈，就能从炉内的风声、水声、燃烧声和其他声音中，准确地听出锅炉受热面是哪个部位有泄漏声；往表盘前一坐，就能在各种参数的细微变化中，准确判断出哪个部位有泄漏点。

除了找漏，罗国洲还练就了一手锅炉点火、锅炉燃烧调整的绝活，在用火、压火、配风、启停等多方面，他都有独到见解。锅炉飞灰回燃不畅，他提出技术改造和加强投运管理建议，实施后使飞灰含碳量平均降低到8%以下，锅炉热效率提高了4%，为企业年节约32万元。针对锅炉传统运行除灰方式存在的问题，罗国洲提出“恒料层”运行的方案，实施后，解决了负荷大起大落的问题，使标煤耗下降0.4克/千瓦时，年节约200多万元。

罗国洲学历不高，工种一般，职务很低，但他却成了社会公认的技术能手和创新能手。他的成长经历给我们的启迪就是：干一行，爱一行，精一行，只要努力，就有收获！

除非你确实厌恶了某个行业，否则最好不要轻易转行，因为这样会让你中断学习。每一行都有其苦乐，因此你不必想得太多，关键是要把精力放在工作上，要像海绵一样，广泛吸取这一行业中的各种知识。你可以向同事、主管、前辈请教，还可以吸收各种报章、杂志的信息。另外，专业进修班、讲座、研讨会也都要参加，也就是说，要在你所干的这一行业中全方位地深度发展。

每日一点

“无论从事什么职业，都应该精通它。”让这句话成为你的座右铭吧！下决心掌握自己职业领域内的所有问题，使自己变得比他人更精通。如果你是工作方面的行家，精通自己的全部业务，就能赢得良好的声誉，也就拥有了一种获得成功的秘密武器。

❀ 拒绝平庸，绝不安于现状

李洋曾经在一家合资企业担任首席财务官。在成为首席财务官之前，他工作非常努力，并取得了出色的成绩。老板非常赏识他，第一年就把他提拔为财务部经理，第二年又提拔他为首席财务官。

当上首席财务官以后，拿着高薪，开着公司配备的专车，住着公司购买的豪宅，李洋的生活品质得到了很大的提升。然而，他的工作热情却一落千丈，把更多的精力放在了享乐上面。

当朋友问他还有什么追求时，他说："我应该满足了，在这家公司里，我已经到达自己能够到达的顶点了。"李洋认为公司的 CEO 是董事长的侄子，自己做 CEO 是不可能的，能够做到首席财务官就到达顶点了。

他在首席财务官的位置上坐了差不多一年的时间，却没有干出值得一提的业绩。朋友善意地提醒他："应该上进一点了，没有业绩是危险的。"

没想到，李洋竟然说："我是公司的功臣，而且这家公司离不了我李洋，老板不会把我怎么样的！"

他甚至在心里对自己说："高薪永远属于我，车子永远属于我，房子永远属于我，没人可以夺去，因为没人可以替代我。"

的确，公司很多工作都离不开李洋。然而，他的糟糕表现还是让老板动了换人的念头。终于，在一个清晨，李洋开着车，和往日一样来到公司，优越感十足地迈着方步踱进办公室，第一眼看到的却是一份辞退通知书。

他被辞退了，高薪没了，车子不得不还给公司。而且，他还从舒适的房子里搬了出来，不得不去租一间小得可怜、上厕所都不方便的小套间。

李洋以为自己不可替代，事实上，现在这个社会最不缺的就是人才。就在他被辞退的当天，公司就又招聘了一位首席财务官。

事实上，在很多企业里，“功臣”都因为安于现状而失败。这些“功臣”们在失败到来时，常常埋怨老板“不念旧情、忘记过去”，却没有想过，自己虽然昨天是“功臣”，可今天已经成了浪费企业资源的“罪人”了。

要避免类似于李洋那样的遭遇，有两点是必须记住的：

第一，努力奋斗，不断改变自己的“现状”。

第二，过去的成绩只能属于过去。不管你是如何功勋卓著，在你不能为企业创造新价值的时候，你就是一文不值的。老板不可能因为你昨天干得好，就把你一直养下去。

只有不断超越平庸，永远不安于现状，你才能在职场上永远处于

不败之地。

不安于现状，是优秀经理人的基本素质，也是优秀员工的立身之本。任何企业所需要的，都是不断创新的人。那种必须推着才肯前进的人，肯定会被社会所淘汰。

职业人士要想在职业领域中大显身手、功成名就，就需要坚持不懈地追求卓越！

推销员乔晓做了一年半的业务，看到许多比他后进公司的人都晋升了职位，而且薪水也比他高许多，他百思不得其解，想想自己来了这么长时间了，客户也没少联系，薪水也还够自己开支，可就是没有大的订单让他在业务上有所起色。

有一天，乔晓像往常一样下班就打开电视若无其事地看起来，突然发现有一个频道是专题采访专家的栏目——“如何使生命增值”，这引起了他的关注。

心理学专家回答记者说：“我们无法控制生命的长度，但我们完全可以把握生命的深度！其实每个人都拥有超出自己想象 10 倍以上的力量。使生命增值的唯一方法就是在职业领域中努力地追求卓越！”

乔晓听完这段话后，信心大增，他立即关掉电视，拿出纸和笔，严格地制订了半年内的工作计划，并落实到每一天的工作中……

两个月后，乔晓的业绩明显大增。9 个月后，他已为公司赚取了 2500 万元的利润，年底他当上了公司的销售总监。

乔晓现已拥有了自己的公司。他每次培训员工时，都不忘记说：“我相信你们会一天比一天更优秀，因为你们拥有这样的能力！”于是员工们信心倍增，公司的利润也飞速递增。

市场是无情的，只有最优秀的企业才能够在市场上生存下来。老板要让企业优秀起来，就必须挑选最优秀的员工，那些只求合格的人必然要被淘汰。有很多人，包括职员、公务员，甚至大学教授，都因为“只求合格”而丢了工作。

要成为最优秀的职员，要想从合格迈向卓越，就必须养成事事追求卓越的习惯。一位作家这样说过：“无论做什么事情，都应该尽心尽力、一丝不苟，因为究竟什么才是真正的大局，什么才是最重要的，这一点其实我们并不清楚。也许，在我们眼里微不足道的细节，实际上却可能生死攸关。”

有什么样的目标，就有什么样的人生色彩；有什么样的追求，就能达到什么样的人生高度。在公司里，如果员工勤勤恳恳地工作，超越平庸，主动进取，就能取得职场上的成功，就会拥有精彩的人生。

追求卓越、拒绝平庸是职场人士必备的品质之一。不要满足于一般的工作表现，要做就做最好，要成为老板眼中不可缺少的人物。拿破仑曾鼓励士兵：“不想当将军的士兵不是好士兵。”无论你从事何种职业，追求卓越都是你迈向成功的法宝。

每日一点

在职场中，每个人都应该把自己看成是一名杰出的艺术家，而不是一个平庸的工匠，应该永远带着热情和信心去工作，那样你才能在职场走得更远。

❀ 把每一个细节做到完美

俗语说“一滴水可以折射整个太阳”，许多“大事”都是由微不足道的“小事”组成的。日常工作中同样如此，看似烦琐、不足挂齿的事情比比皆是。如果你对工作中的这些小事轻视怠慢、敷衍了事，到最后就会因“一着不慎”而失掉整盘棋。所以，每个人在处理细节时，都应当重视。

有一位老教授说起过他的经历：“在我多年来的教学实践中，发觉有许多在校时资质平凡的学生，他们的成绩大多是中等或中等偏下，没有特殊的天分，有的只是安分守己的诚实性格。这些孩子走上社会参加工作，不爱出风头，默默地奉献。他们平凡无奇，毕业之后，老师、同学都不太记得他们的名字和长相。但毕业几年、十几年后，他们却带着成功的事业回来看老师。而那些原本看来有美好前程的孩子，却一事无成。这是怎么回事？

“我常与同事一起琢磨，认为成功与在校成绩并没有什么必然的联系，但和踏实的性格密切相关。平凡的人比较务实，比较能自律，所以许多机会落在这种人身上。平凡的人如果加上勤能补拙的特质，成功之门必定会向他大方地敞开。”

人们都想做大事，而不愿意或者不屑于做小事，中国人想做大事的人太多，而愿意把小事做好的人太少。事实上，随着经济的发展，专业化程度越来越高，社会分工越来越细，真正所谓的大事实在太少。比如，一台拖拉机，有五六千个零部件，要几十个工厂进行生产协作；一辆福特牌小汽车，有上万个零件，需上百家企业生产协作；一架波音747飞机，共有450万个零部件，涉及的企业单位更多。

因此，多数人所做的工作只是一些具体的事、琐碎的事、单调的事，它们也许过于平淡，也许鸡毛蒜皮，但这就是工作，是生活，是成就大事不可缺少的基础。所以无论做人、做事，都要注重细节，从小事做起。一个不愿做小事的人，是不可能成功的。老子就一直告诫人们："天下难事，必作于易；天下大事，必作于细。"要想比别人更优秀，只有在每一件小事上下功夫。不会做小事的人，也做不出大事来。

一个小小的细节，一件再小不过的事情，往往就蕴含着巨大的危机和决定你一生成败的因素。而那些真正伟大的人物非常清楚这个道理，他们从来都不蔑视日常生活中的各种小事情。即使常人认为很卑贱的事情，他们也都满腔热情地去干。

对于每一位职场中人来说，成功最重要的秘诀之一，就是去做别人不愿意做的小事。

不因小而失大，不因少而失多。抛弃大小的竞争，抛弃高下的念头，抛弃富贵的欲望，而一心一意从小事做起，就是洗厕所、扫大街，也会比别人打扫得更干净。

越是那种埋怨自己工作价值渺小的人，真正给他们一份棘手的工作时，他们越是退缩而不敢接受。具有十成力量的人，去做仅仅需要一成力量的工作，其中有生命的意义和悠闲的心情。在我们漫长的人生旅程中，这种生命的意义和悠闲的心情对于人格的形成与扩展，有决定性的帮助作用。认真观察你就会发现，那些成功者及伟人都是注意小事的人，因此不要看轻任何一个细小的历练，没人可以一步登天。认真对待每一件事，你会发现自己的人生之路越来越广，成功的机遇也会接踵而来。

每日一点

古人云："不积跬步，无以至千里；不积小流，无以成江海。"说的就是要想成大事必须从细节做起的道理。在工作中，关注细节，反映的是一种忠于职业、尽职尽责、一丝不苟、善始善终的职业道德和精神，其中也糅合了一种使命感和道德责任感。把每一件小事、每一个细节做到完美，这样我们才有机会在工作中铸就自己的辉煌。

树立**及时充电**的理念

在这个知识与科技发展一日千里的时代，必须不断地学习，不断地充实自己，不断地追求成长，才能使自己在职场上始终立于不败之地。用知识及时给自己"充电"，是时下流行的名词，也是成大事的基本要求。

只有严格要求自己、不断进取的人，才有资格与人比高下。一个颇有魄力的老总在公司的总结会上说了这样一段话：

"美国的大公司，在开办新的分公司或增设分厂时，20世纪50年代出生的人，往往就任主管职位。如果现在公司任命你担任技术部长、厂长或分公司经理的话，你们会怎样回答？你会以'尽力回报公司对我的重用，作为一个厂长，我会生产优良产品，并好好训练员工’回答我，还是以‘我能胜任厂长的职务，请安心地指派我吧’来马上回答呢？

“一直在公司工作，任职10年以上，有了10年以上工作经验的你们，平时不断地锻炼自己、不断地进修了吗？一旦被派往主管职位，有跟外国任何公司一较高下、把工作做好的胆量吗？如果谁有把握，那么请举手。”

这位老总环顾了一下四周，发现没有人举手，他继续说：“各位可能是由于谦虚，所以没有举手。到目前，很多深受公司、同行和社会称赞的主管，都是因为在委以重任时表现优异。正是由于他们的领导，公司才有现在的发展，他们都是从年轻的时候起，就在自己的工作岗位上不断进修，不断磨炼自己，认真学习工作要领的人。当他们被委以重任，能够充分发挥自己的力量，带来良好的成果。”

从这个例子中也可以看出，只有时常激励自己，不断努力，保持不断进取的精神，才能够在工作中更上一层楼。不断进步，不断学习，这一点无论何时何地都不能改变。

在一定程度上，你的学习能力决定了你能在公司爬多高，因为任何工作都是需要学习才可以改进或

者创新的。当一个人没有从外界学习新东西的能力或者兴趣时，当一个人不愿意或者没时间思考时，当一个人排斥创新时，他的进步与成长之路也就停止了。

当然，在职场上奋斗的人在学习上有别于在校学生的学习，因为他们缺少充裕的时间和心无杂念的专注，所以积极主动的学习尤为重要。下面是几种适用于职场的学习方法：

1. 在工作中学习

工作是任何职业从业人员的第一课堂，要想在当今竞争激烈的职场中胜出，就必须学习从工作中吸取经验，探寻智慧的启发，获取有助于提升效率的资讯。

2. 努力争取培训的机会

多数公司都有自己的员工培训计划，培训的费用一般列入公司人力资源开发的成本开支。而且公司培训的内容与工作紧密相关，所以争取成为公司的培训对象是十分必要的。为此你要详细了解公司的培训计划，如培训周期、人员数量、时间的长短，还要了解公司的培训对象有什么条件，是注重资历还是潜力，是关注现在还是关注将来。如果你觉得自己完全符合条件，就应该主动向老板提出申请，表达渴望学习、积极进取的愿望。老板对于这样的员工是非常欢迎的，同时技能的增长也是你晋升加薪的能力保障。

3. 自费进修

公司不能满足你的培训要求，也不要放松下来，可以自费进修一些课程。当然首选应是与工作密切相关的科目，其他还可以考虑一些热门的或自己感兴趣的科目。这类培训更多意义上被当作一种“补品”，在以后的职场中会增加你的“分量”。

随着知识、技能的更新越来越快，不通过学习、培训进行更新，适应性自然会越来越差。而老板又时刻把目光盯向那些掌握新技能、能为公司提高竞争力的员工。

未来的职场竞争将不再是知识与专业技能的竞争，而是学习能力的竞争。一个人如果善于学习，他的前途必会一片光明。

每日一点

杰菲逊说：“一个人拥有了别人不可替代的能力，就会使自己立于不败之地。”是的，一个能在短时间内主动学习更多的有关工作范围的知识，不单纯依赖公司培训，主动提高自身技能的人，就是公司不可替代的优秀员工。

规划自己的职业生涯

社会的不断开放与发展，决定了我们的一生当中很有可能会从事多份不同的工作。也许每过几年就会换一次工作，或者是公司内部调动，或者跳槽到其他公司，或者干脆转行，这些情况都有可能发生。面对这么多的变化，你现在的知识和技能最终都会被时间所淘汰。为了使自己不被淘汰，你必须不断学习新的知识和技能。

为了防患于未然，你应该经常问自己这样一个问题：“我的下一份工作会是什么？”然后根据周围情况的变化和你现在工作的新需要，还有未来的潮流来决定你一年以后将从事什么工作、5 年以后从事什么工作。

然后你可以这么问自己："我的下一份事业会是什么？"由于你所在的行业处于不断的变化之中，为了能够拥有成功而幸福的生活，你是否必须进入一个全新的领域？哪个领域最吸引你？如果你能在任何一个行业就业，你会选择哪个行业？

职业生涯设计的目的绝不只是协助个人达到和实现个人目标，更重要的是帮助个人真正了解自己，并进一步评估内外环境的优势、限制，在"衡外情，量己力"的情形下，设计出合理且可行的职业生涯发展方向。

作家贾平凹的职业生涯的最终定位就充分说明了这一点。他在上大学的时候，因为在校刊上发表了一首顺口溜，于是便开始努力写诗。两年之中写了上千首诗，却反应平平；接着，他写起古诗来，也不怎么样；后来，学写评论、散文、随笔，同样没有突出的成绩。当他的第一个短篇小说发表之后，他才意识到，这种文学形式才是最适合自己的，于是便一发而不可收了，写了大批短篇小说，从而开始在中国文坛上崭露头角。

贾平凹的经历说明，每一个人不见得都能完全认识到自己的才能。"知己"如同"知彼"一样，绝非易事。正因为这样，每个人根据自身的特点，选择适合成才的目标，是要经过一番摸索、实践的。人无全才，各有所长，亦有所短。所谓发现自己，就是充分认识自己所长，扬长避短。如果你有自知之明，善于找到自己最擅长的工作，你就会获得成功。

找到一份工作，虽然意味着求职历程的结束，却只是一个人职业生涯的开始。工作的目的并不仅仅是混口饭吃，因此求职者要坚决摒弃那种“有奶便是娘”的想法，必须在求职之初就为自己的职业生涯做好规划，这样才可能使你的人生更精彩。事实上，求职绝不是一个孤立的环节，它跟你的整个人生密切相关。对每一个人来说，职业生涯都有着不同的阶段，不同的阶段都会遇到不同的问题，这些问题就是职业生涯为了考验你而赋予你的任务。如何完成这些任务将关系到你职业生涯的发展方向，你未来的前途也将在不断的提出问题和解决问题的过程中，逐渐露出它清晰的面目。

在开始设计职业规划的周期性任务之前，每个人都必须对职场生命有一个清晰的认识，只有这样你才不至于在工作中感到无所适从。因此在这里我们引入了“职业周期阶段”这一概念，从而把每个人的职业生涯分成不同的周期和阶段。也就是说，你在实现职业生涯宏伟目标的过程中，将会经历不同的阶段。在这些周期阶段中，你将会面对一些清晰可见的任务，这些不同的阶段任务组成了你向职业生涯顶峰攀登的一条崎岖之路，它们也将决定你未来职业生涯的方向。

那么，如何规划你的职业蓝图呢？

1. 20岁至30岁，走好第一步

这一阶段的主要特征，是从学校走上工作岗位，是人生事业发展的起点。如何起步，直接关系到今后的成败。这一阶段的主要任务之一，就是选择职业。在充分做好自我分析和内外环境分析的基础上，选择适合自己的职业，设定人生目标，制订人生计划。

2. 30岁至40岁，不可忽视修订目标

这个时期是一个人风华正茂之时，是充分展现自己的才能、获得晋升、事业得到迅速发展之时。此时的任务，除发奋图强、展示才能、拓展事业以外，对很多人来说，还有一个调整职业、修订目标的任务。人到30多岁时，应当对自己、对环境有更清楚的了解。看一看自己所选择的职业、所选择的人生路线、所确定的人生目标是否符合现实，如有出入，应尽快调整。

3.40岁至50岁，及时充电

这一阶段，是人生的收获季节，也是事业上获得成功的人大显身手的时期。到了这个年龄仍一无所得、事业无成的人应深刻反省一下原因何在，重点在从自己身上找原因，对环境因素也要做客观分析，切勿将一切过错都归咎于外界因素、他人之过。只有正确认识自己，找出客观原因，才能解决问题，把握今后的努力方向。此阶段的另一个任务是继续“充电”。

很多人在此阶段都会遇到知识更新问题，特别是近年来科学技术高速发展，知识更新的周期日趋缩短，如不及时充电，将难以满足工作需要，甚至影响事业的发展。

4.50岁至60岁，做好晚年生涯规划

此阶段是人生的转折期，无论是在事业上继续发展，还是准备退休，都面临转折问题。由于医学的进步和生活水平的提高，很多人此时乃至以后的十几年，身体都能健康，照样工作，所以做好晚年生涯规划十分重要。主要内容应包括以下几个方面：一是确定退休后的二三十年内，你准备干点什么事情，然后根据目标，制订行动方案；二是学习退休后的工作技能，最好是在退休前3年开始着手学习；三是了解退休后再就业的有关政策；四是寻找退休后再就业的工作机会。

正如前面列出的职业生涯中的周期阶段、问题和任务中所见，职业生涯周期中每一个阶段的年龄范围都相当宽泛。不同职业的人经历这些阶段的速度不同，个人方面的因素还强烈地影响着职业生涯的运动速度。个人如何与何时穿越一个组织包含的等级和职能边界，将取决于组织的职业开发程序、个人才干和工作的动机，何时何处需要何种人的情境因素，以及其他难以预料的情况。因此，分析职业生涯的阶段时，最好把它们看作是每个人都会以各种不同的方式碰到的一系列范围广泛的共同问题，而不是谋求把它们与特定的年龄或其他生命阶段相符合。

每日一点

欲想成就一番不平凡的事业，拥有一个成功的人生，必须要对自己的职业生涯有个合理规划。因为只有这样，你才会有一个坚定的目标，并且能够扬长避短，朝着这个目标持续前进。

PART

09

行动起来，一切皆有可能

行动永远是第一位的

英国前首相本杰明·迪斯雷利曾指出，虽然行动不一定能带来令人满意的结果，但不采取行动就绝无满意的结果可言。

因此，如果你想取得成功，就必须先从行动开始。

天下最可悲的一句话就是："我当时真应该那么做，但我却没有那么做。"经常会听到有人说："如果我当年就开始做那笔生意，早就发财了！"一个好创意胎死腹中，真的会叫人叹息不已，永远不能忘怀。一个人被生活的困苦折磨久了，如果有了一个想要改变的梦想，那他已经走出了第一步，但是若想看见成功的大海，只走一步又有什么用呢？

曾目睹两位老友因车祸去世而患上抑郁症的美国男子沃特，在无休止的暴饮暴食后，体重迅速膨胀到了无法自抑的地步，直线逼近200公斤。当逛一次超市就足以让沃特气喘吁吁缓不过气儿时，沃特意识到自己已经到了绝境。绝望之中的沃特再也无法平静，他决定做点什么。

打开年轻时的相册，里面的自己是一个多么英俊的小伙子啊。深受刺激的沃特决定开始徒步全美国的减肥之旅，迅速收拾好行囊，沃特带着接近200公斤的庞大身躯出发了。穿越了加利福尼亚的山脉，行走了新墨西哥州的沙漠，踏过了都市乡村，旷野郊外……整整一年时间，沃特都在路上。他住廉价旅馆，或者就在路边野营。他曾数次遇到危险，一次在新墨西哥州，他险些被一条剧毒的眼镜蛇咬伤，幸亏他及时开枪将之打死。至于小的伤痛简直就是家常便饭。但是他坚持走过了这一年，一年后，他步行到了纽约。

他的事情被媒体曝光后，深深触动了美国人的神经。这个徒步行走立志减肥的中年男子，被《华盛顿邮报》《纽约时报》等媒体誉为“美国英雄”，他的故事感动了美国。不计其数的美国人成为沃特的支持者，他们从四面八方赶来，为的就是能和这个胖男人一起走上一段路。每到一个地方，就会有沃特的支持者们在那里迎接他。

当他被美国一个知名电视节目请到现场时，全场掌声雷动，为这个执着的男人欢呼。出版商邀请他写自传，电视台找他拍摄专辑……更不可思议的是，他的体重成功减掉50公斤，这是一个多么惊人的数字！

许多美国人称：沃特的故事使他们深受激励，原来只要行动，生活就可以过得如此潇洒。沃特说这一切让他感到意外：“人们都把我看作是一个美国英雄式的人物，但我只是一个普通人，现在我意识到，这是一次精神的旅行，而不仅仅是肉体。”他的个人网站“行走中的胖子”吸引了无数访问者，很多慵懒的胖子开始质问自己：“沃特可以，为什么我不可以？”

徒步行走这一年，沃特的生活发生了巨变。从一个行动迟缓的胖子到一个堪比“现代阿甘”的传奇式人物，沃特用了一年的时间，他的收获绝不仅仅是减肥成功这么简单。放弃舒适的固有生活，做一种人生的改变，人人都可以做到，但未必人人愿意行动。所以，沃特成功了。

你也是，只要付诸行动，没有什么不可以。勇敢行动起来，创造自己生命的奇迹吧！

每日一点

一个人的行为影响他的态度，行动能带来回馈和成就感，也能带来喜悦，通过潜心的工作得到自我满足和快乐，这是其他方法不可取代的。这么说来，如果你想寻找快乐，如果你想发挥潜能，如果你想获得成功，就必须积极行动，全力以赴。

消除犹豫不决的行动障碍

世界上有许多人没能意识到自己的潜力，过分的谨慎阻碍了他们前进的脚步。他们知道自己能干得更好，但他们从没有向前进取过。同那些比他们成功的人相比，他们有同样的能力取得事业上的成功，但他们自觉不如，总是找很多的理由说服自己。他们看见了机遇，但不去抓住它们。他们看到老朋友成功了，就纳闷自己为什么不行。他们想拥有万贯家财，但就是不采取行动。

从很大程度上看，他们的惰性和忧虑是直接的。惰性指的是物体保持自身原有的运动状态的性质，不受外力作用就不会变化。惰性的原理也适用于人，也许就适用于你。要想在工作中取得很大的变化，也许得下大决心、花大力气。

在面对是否采取行动的问题上，特别是当这种行动涉及冒险时，我们会发现自己容易犹豫不决、坐失良机。在这种情况中，是传统的观点在作怪：不要轻易去尝试，不要轻易鲁莽行动，这里很可能有危险。

缺乏信心是人们常常犹豫不决的原因。我们能完全意识到我们的弱点，而怀疑就经常从这里产生。我们对一切了解得太多，所以我们生性谨慎，宁愿推迟重大的决定，有时甚至无动于衷。

怎样才能知道别人比你决心更大呢？如果你既了解自己，也了解他人，你可能不会对他们的恶习和弱点感到吃惊，他们完全有可能比你更加踌躇。问题是，你对你的一切知道得又具体又透彻，而对他人的一切却了解甚微。其实，你与“那人”可能十分相同，只要你有相同的成功机遇，你完全可以同他一决高下。

大自然中没有任何一种事情可以自己行动，即使我们天天要用的几十种机械设备也离不开这个原理。因此，每一个行动前面都有另一个行动。

有一位幽默大师曾说：“每天最大的困难是离开温暖的被窝，走到冰冷的房间。”他说得不错，当你躺在床上认为起床是件不愉快的事时，它就真的变成一件困难的事了。就是这么简单的起床动作，即把棉被掀开，同时把脚伸到地上的自动反应，都足以击退你的恐惧。

为了养成行动的好习惯，你可以遵照以下两点去做。

第一，用自动反应去完成简单的、烦人的杂务。

不要想它烦人的一面，什么都不想就直接投入，一眨眼就完成了。

大部分的家庭主妇都不喜欢洗碗，拿破仑·希尔的母亲也不例外。但她发明了一套做法来解决这个问题，以便有时间做她喜欢做的事。

她离开饭桌时，便带着空盘子，在她根本没想到洗碗这个工作时，就已经开始洗碗了，几分钟就可以洗好。这种做法不是比清洗一大堆堆了很久的脏盘子更好吗？

现在就开始练习，先做一件你不喜欢的工作，在还没想到它讨厌之前就赶快做，这是处理杂务最有效的方法。

第二，将这种方法推而广之。

把这种方法应用到“设计新构想”“拟订新计划”“解决新问题”，以至应用到需要仔细推敲的工作上。不能等精神来推动你去做，要推动你的精神去做。

这里有个技巧保证有效，用一支铅笔和白纸去计划。铅笔是使你全神贯注的最好工具。潜能大师安东尼·罗宾认为，如果要从“布置豪华、设备完善的办公室”跟“铅笔与纸”中任

选一项来提高工作效率的话，他宁肯选择铅笔与纸，因为用铅笔与纸可以把心思牢牢专注在一个问题上。

把你的想法写在纸上时，你的注意力就会集中在上面，你的潜能也会因此而被发掘出来。因为我们无法一心二用，何况你在纸上写东西时，也会同时将它写在心里。如果把相关的想法同时写出来，就可以记得更久，记得更准确，这是许多实验已经证实并得出的结论。

一旦养成这个习惯，你的思想就会促使你行动，你的行动就会引发新的行动。

每日一点

行动能使人走向成功，这似乎是尽人皆知的道理，但当人们面临行动时，往往就会犹豫不决，畏葸不前。“语言的巨人，行动的矮子”不在少数。你总是在无意识地寻找各种维持现状的理由，其实是因为你没有决心、没有勇气。你根本不需要考虑这么多，只要付诸行动，一切的犹豫就会自行消散。

克服拖延的毛病

《明日歌》中写道:“明日复明日，明日何其多！我生待明日，万事成蹉跎。”这说明了拖延给我们的生活带来的影响。生活中拖延的现象屡见不鲜，但拖延久了，事事拖延，就养成了一种习惯，这种习惯势必让你产生病态的拖延心理。拖延心理会让人一事无成，甚至毁掉你的前程。所以在生活中一定要克制拖延，克制拖延你才能成功。

人为什么会被“拖延”的恶魔所纠缠？很大的原因在于当认识到目标的艰巨时所采取的一种逃避心理——能以后再面对的就以后再面对，只要今天舒服就行。拖延就这样成为“逃避今天的法宝”，而逃避是弱者最明显的特征。

有些事情你的确想做，绝非别人要求你做，尽管你想，却总是在拖延。你不去做现在可以做的事情，却想着将来某个时间再做。这样你就可以避免马上采取行动，同时你安慰自己并没有真正放弃决心。你会跟自己说：“我知道我要做这件事，可是我也许会做不好或不愿意现在就做，应该准备好再做，于是我当然可以心安理得了。”每当你需要完成某个艰苦的工作时，你都可以求助于这种所谓的“拖延法宝”，这个法宝成了你最容易，也是最好的逃避方式。

人的本质都是懦弱的，从这一点上说，拖延和犹豫是人类最合乎人性的弱点。但是正因为它合乎人性，没有明显的危害，所以无形中耽误了许多事情，因此而引起的烦恼，其实比明显的罪恶还要厉害。你拖延得了一时，却拖延不了一世，今天你利用拖延避免了危险和失败，但这样做又能达到怎样的目的呢？在你避免可能遭到失败的同时，你也失去了取得成功的机会。

当你养成"现在就动手做"的习惯，那么你就将掌握个人主动进取的精髓。

记住，立即行动！

每日一点

人生总有许多理想和憧憬，假使你能够将一切憧憬都抓住，将一切理想都实现，将一切计划都执行，那你事业上的成就，真不知要怎样的宏大；你的生命，真不知要怎样的伟大！然而，总是有很多人有憧憬而不去抓住，有理想而不去实现，有计划而不去执行，最终使各种憧憬、理想、计划破灭掉。

制订切实可行的计划

生物学家沃森在回顾自己的职业生涯时说："我的助手有一个非常好的习惯，这也是我一直没有替换他的主要原因。他有一本形影不离的工作日记，每天早晨，他都会把前一天写好的工作计划再翻看一遍，而在一天的工作结束后，他要对这一天的工作进行总结，同时把下一天的计划再做出来。”

制订计划是一种很好的行为，它能有效地引导我们的行动，使我们的生活变得井井有条起来。那么，我们又该如何制订切实可行的计划呢？

没有一个明确可行的工作计划，必然会浪费时间，要高效率地工作就更不可能了。试想，如果一个搞文字工作的人把资料乱放，就是找个材料都会花半天工夫，那么他的工作是没有效率可言的。工作的有序性，体现在对时间的支配上，首先要有明确的目的性。很多成功人士指出：如果能把自己的工作任务清楚地写下来，便是很好地进行了自我管理，就会使得工作条理化，因而使得个人的能力得到很大的提高。

只有明确自己的工作是什么，才能认识到自己工作的全貌，从全局着眼观察整个工作，防止每天陷于杂乱的事务之中。明确的办事目的将使你正确地掂量各个工作之间的不同侧重，弄清工作的主要目标在哪里，防止不分轻重缓急，耗费时间又办不好事情。

在制订工作计划的过程中，我们不仅要明确自己的工作是什么，还要明确每年、每季度、每月、每周、每日的工作及工作进程，并通过有条理的连续工作，来保证以正常速度执行任务。在这里，要为日常工作和下一步进行的项目编出目录，这不但是一种不可低估的时间节约措施，也是提醒我们记住某些事情的方法。可见，制订一个合理的工作日程是多么重要。

工作日程与计划不同，计划在于对工作的长期计算，而工作日程表是指怎样处理现在的问题。比如今天还有明天的工作，就是逐日推进的计划。有许多人抱怨工作太多又太杂乱，实际上是由于他们不善于制定日程表，无法安排好日常工作，有时候反而抓住没有意义的事情不放，不得不被工作压得喘不过气来。

菲尔德爵士指出："制订计划是为了达成计划，计划制订好之后，就要付诸行动去实现它。如果不化计划为行动，那么所制订的计划就失去了意义。"

在这个世界上，想成功没有别的途径，只有行动才是达成计划的唯一途径。

计划制订好后，就不能有一丝一毫的犹豫，而要坚决地投入行动。观望、徘徊或者畏缩都会使你延误时间，以致使计划化为泡影。

很多人都有过这样的经验，刚订好计划时颇有磨刀霍霍的干劲，可是过了 3 个星期后就没劲了，更别提实现计划的自信了。当你拟妥一项计划后，首要的步骤就是把它写在纸上，当你把计划写下来之后，随之而来最重要的一步就是立即让自己行动起来，向着实现计划的方向拿出具体的行动，可别一拖再拖。一个真正的决定必然是有行动的，并且还是立即的行动，此时你就要针对自己的计划采取积极的行动。你先别管要行动到什么程度，最重要的是要行动起来，打一个电话或拟一份行动方案都是可行的，只要在接下来的10天内每天都有持续的行动。当你能这么做时，这10天的行动必然会形成习惯，最终把你带向成功。

把计划转化为行动，可尝试按以下步骤进行：

1. 将没有开始行动的若干原因写下来

为什么我当时没有行动？是不是当时有什么困难？回答这些问题有助于你认识未付诸行动的原因，一般是跟去做的痛苦有关，因此宁可拖延。如果你认为这跟痛苦无关的话，那么不妨再多想一想，或许是这个痛苦在你眼里微不足道，以至于你并不认为那是痛苦。

2. 写出如果你不马上改变所造成的后果

如果你再不停止吃那么多的糖分和脂肪，那么会怎么样？如果你不停止抽烟，后果会如何？如果你不打通认为应该打的电话会怎样？如果你不每天运动的话，对健康会有什么影响？2年、3年、4年及5年后会生出什么样的毛病？如果你不改变的话，在人际关系上得付出什么样的代价？在自我形象上会付出什么代价？在钱财上会付出什么样的代价？对这些问题你要怎么回答呢？找出能使你感到痛苦的答案，那么痛苦便会成为你的朋友，帮助你改掉不能马上改变的坏习惯，以实现人生计划。

每日一点

现代社会，人类生活工作的节奏越来越快，要做的事越来越多，如何从纷繁复杂的大小事中确定你真正要做的事，冲破迷雾明确人生目标呢？这时你需要的是计划，短至日常工作计划，长至人生计划，由它们指引你在人生路上取得节节胜利。

抱怨失败不如**用行动接近成功**

一张地图，不论它多么详细，比例尺有多么精密，绝不能够带它的主人在地面上移动；一本羊皮纸的法典，不论它有多么公正，也绝不能够预防罪行；一个卷轴，绝不会赚一分钱或制造一个赚钱的字。只有行动，才是导火线，才能点燃地图、羊皮纸、卷轴的价值。行动才是滋润成功的食物和水，因此我们必须铭记“行动”这个成功准则，绝不拖延和犹豫不决。

我们不逃避今天的责任而等到明天去做，让我们现在就采取行动吧，即使行动不会为我们马上换回财富，但是，动而失败总比坐而待毙好。即使财富可能不是行动所摘下来的那个果子，但是没有行动，任何果子都会在树上烂掉。从今以后，我们要一遍又一遍、每一小时、每一天重复这句话，而跟在它后面的行动，要像我们眨眼睛那种本能一样迅速。有了这句话，我们就能够振作我们的精神，实现使我们成功的每一个行动。有了这句话，我们就能够振作我们的精神，迎接失败者躲避的每一次挑战。

我们要一次又一次地重复这句话。

当我们醒来，而失败者还要多睡一个小时的时候，我们要说这句话，接着从床上跳下来。

当我们走进市场，而失败者还在考虑是否会遭到拒绝的时候，我们要说这句话，并立刻面对我们第一个可能的顾客。

当我们遇到人家闭着门，而失败者带着惧怕和惶恐的心情在门外徘徊的时候，我们要说这句话，并随即敲门。

当我们面临诱惑的时候，我们要说这句话，抄大路行动，离开邪恶。

当我们想停下来明天再做的时候，我们要说这句话，并立刻行动。

只有行动才能决定我们在市场上的价值，要想扩大我们的价值，就要加强我们的行动。我们要走到失败者怕走的地方去。

当失败者想休息的时候，我们要工作。

当失败者仍在沉默的时候，我们要说话。

当失败者说太迟的时候，我们要说已经做好了。

我们只想着现在，明日是为懒人保留的工作日，而我们并不

懒惰。明日是使邪恶变好的日子，而我们并不邪恶。明日是衰弱变强壮的日子，而我们并不衰弱。明日是失败者要成功的日子，而我们并不是一个失败者。

狮子饥饿的时候会吃，苍鹰口渴的时候会喝，如果它们不采取行动的话，就会灭亡。我们要饱食成功与富裕，我们渴望幸福和心灵的宁静。如果我们不采取行动，我们就会在失败、贫困和彻夜失眠的生活中灭亡。

成功不会等待，财富也不会从地下冒出来，如果我们犹豫不决，它就会永远弃我们而去。

每日一点

只有行动才能决定我们在市场上的价值，要想扩大我们的价值，就要加强我们的行动。

“明日复明日，明日何其多！
我生待明日，万事成蹉跎。”

“一个人拥有了别人不可替代的能力，
就会使自己立于不败之地。”